ちくま学芸文庫

物理の歴史

朝永振一郎 編

筑摩書房

目　次

物理の歴史

第1章　運動と力

1　運動と力を測ること

自然はさまざまの姿をくりひろげながらわれわれを取り囲み，われわれの五感に訴える——あるいはゆるやかに，あるいは速やかに移ろいながら．そのさまざまの姿さまざまの変化のなかでいちばんとらえやすいものは配置であり，またそれが移り変わっていくという意味の運動——いわゆる機械的運動——であろう．ゆく雲・沈む夕日・のぼる煙・流れる水・水面をわたるさざなみ・まい落ちる木の葉・揺れる鐘等々，さまざまの運動をわれわれは見る．それらはたがいに似ていたり違っていたりとりどりで，単に表面的な観察ではなにか共通の規則といったものを見いだすことはむずかしい．

とにかくしかし，運動を調べるには運動の観察から出発せねばならないだろう．運動を観察するというのは，物の位置がどう変わっていくかを見ることであり，単に目で見るだけでなくて測ることであり，結局，空間と時間の測定に帰着する．

物差しなどを使って距離や角度を測るということはもち

ろん古くから行なわれていたことであったが，古代ギリシア人は，これらの幾何学的な事実の間の論理的な関連を追究してこれを最初の演繹的《えんえきてき》な科学（ユークリッドの体系）に仕上げたのである．

刻々に流れ去って二度とは帰らぬ時間を測定するということは，もう少しむずかしい．二つの時刻が同時か前か後かということがいえるだけで，過ぎ去った時間とこれからやってくる時間を直接つき合わせてその長さを比べるということはできないから，時間を測る仕方はさしあたり任意なものであり，したがって運動の経過を観測するということは，単にこれを他のもう一つの運動・変化の経過と比較するということにすぎない．

しかし，時間を測る基準として適切な「周期的な」運動，あるいは「一様な」運動を選ぶのに人々はそんなに迷うことはなかった．1日という時間の単位，さらにこれを細分しうるような日時計や水時計を古代人は見いだし，作りだしたのである．時間をどのように測るべきかは基礎的な自然法則をできるだけ簡単な形に定式化せしめるようなものにとるべきであるが，このことがすでに暗黙のうちに水時計などの中に考慮されているわけである．

こうして運動を観測する方法がわかったにしても，それが十分実行できなかったり，あるいは十分実行しようとしないで思弁にふけったりしたので，運動の把握は簡単には成立しなかった．

「力学」の形成の出発点を与えた経験事実としては，運動の観察のほかにもう一つ力に関する経験があった．われわれが物を押したり引っ張ったりして動かそうとするとき，あるいは単に物をささえるとき，筋肉の緊張を感じる．このことからさらにわれわれの手の代わりに台が物をささえているようなときにも，台は一定の作用を受けながらこれに抗して物をささえているのだと考えるようになった．

このような物体間の力に関する経験と知識は古代人の技術的な実践活動を通じて拡大され蓄積された．ことに彼らは力を節約し重い物体を動かすためのいろいろの単一機械（テコ・滑車・斜面など）を活用することを覚えた．この地盤の上にすでに古代において力（とくに物の重さ）を客観的に測る方法——秤《はかり》——が発明され，こうして力が物理的な量としてとらえられるとともに，力の概念や力のつりあいについての法則性なども相当にはっきりしてきて「静力学」の基礎が築かれた．これは近代にいたってステヴィンやガリレイによってさらに進められた．これには立ち入らないことにするが，静力学は動力学の前提となった．

2　天上の運動

われわれはさまざまの運動を見るが，さしあたりこれを天上の運動と地上の運動に大別することは無意味でないように思われる．なぜなら地上の種々雑多な運動に比して，天空をいく太陽や星々の運行はより規則正しいように見えるからである．それは最も印象的に自然の秩序をわれわれに啓示する.

その運行は果てしなく，同じような経過が何回も繰り返されながら進んでいく（つまり周期的である）という著しい特徴を持っている．毎朝太陽は東の空から出て西の空に入り昼夜の区別をつくり，太古から人間はそれにリズムを合わせて生活してきた．古代人には大切な灯火であった月はひと月を周期として満ちたり欠けたりを繰り返す．昼夜の長さが変わっていき，四季が繰り返される1年という周期も農業の仕方などを支配する大切なものであり，したがってこの変化が太陽や星の運行の変化と一定の並行関係にあるということも太古から知られていたのは不思議でない．人々は太陽と月と星の運行を調べ，これに合わせて暦を作り上げることに長い努力を重ねてきた.

こうして久しく，人々は太陽の動きをたどり，また夜空を見つめて星々の運行の大パノラマを覚えようとしたのであるが，ただじっと見つめるだけでなく，地上に柱を立てて，太陽の投げるその影がどう地上をはっていくかを見，あるいは星の方向に棒の向きを合わせてそれが地面に対してどういう方向をとるか（その高さを指定する角とその方位を指定する角との二つの角で，方向が定められる）を読んでもっとうまく太陽や星の位置をつかまえるようになった．前者は日時計であり，後者は4分儀である．このような観測を時間を測りながら[1]繰り返していけば運行がたど

1） 時間を測る基準になにをとるかは問題であるが，さしあたり1太陽日，すなわち正午（太陽が子午線を通過する時刻）から次の

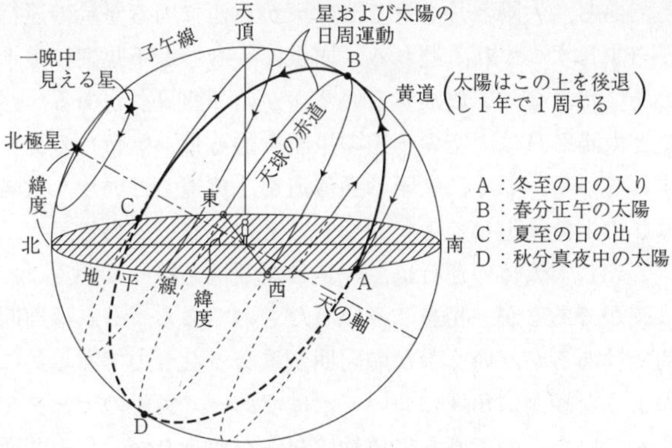

図1　星と太陽の見かけの運動

れるが，ただ太陽や星はわれわれの手の届かないはるかかなたを動いているので，直接わかるのはその方向だけであって距離はわからないから，これで直ちにその運動がとらえられたわけではない．

とにかくしかしこのような天体の見かけの運動が観測されれば，その中になんらかの規則性が見いだされるかどうかが問題になってくる．まずわかることはおびただしい星の大群は北極星の方向を軸として毎晩回っているというこ

正午までをとり，これを水時計などで適当に細分する方法がとられた．実は太陽日よりもこれと少しく食い違う恒星日（地球が恒星に相対的に1回転する時間）のほうが時間の基準として適当であることが後に判明するが．

とである．太陽と月も日ごとに東から西に回るが星の運行から少しずつずれ，遅れる．同様に，もっと不規則に星々のあいだを縫って放浪するいくつかの「惑星」がある．惑星と太陽と月は天空の一定の星座を通る帯（獣帯）の上をずれていく．とくに太陽の通る道を「黄道」という．太陽はこの上を後退して1年でもとにもどるわけである．

こうして天体の運行は，一定の規則性を持っていることは確かであるが，相当こみいったものである．それは周期的ではあるが，いくつかの周期が重なったものである．このような観測は角度についてだけであって距離のデータを含んでいないので直ちに運動にならなかったが，今や問題は見かけの運行から運動学に，すなわち天体の運動の経過を空間・時間の中に描き出していくことに移る．地上のさまざまの地点における，そして長期にわたる観測のデータを矛盾なく一つの運動に統一することは，決して簡単でも自明でもなく，むしろ常識を克服していく仕事であった．実は星を一つの物体として考えることさえ最初は必ずしも自明ではなかった．星が天のドームの穴で，その外側に満ちている光が，ここから漏れてくるのだというふうな考えもありえたわけである．まして天体の「軌道」という概念も簡単に成立したものではない．

最も素朴な考えでは地面は平面的に延び広がっていて，天の丸天井をささえ，太陽は日ごとに新しく東の空に生まれ，西の空に消えるとされた．きょう出る太陽が，きのう没した太陽と同じ一つの物だという考えに進むと，没した

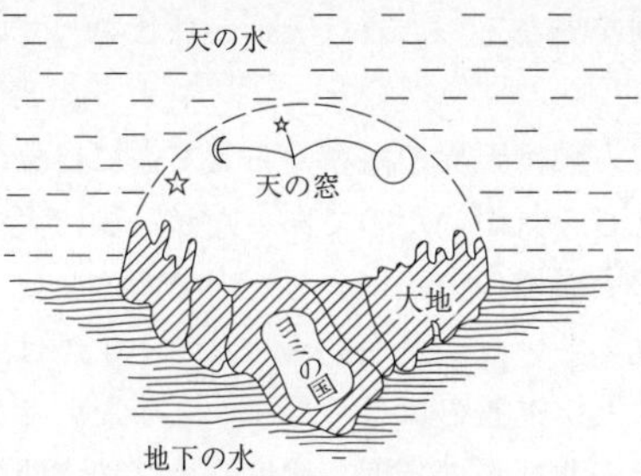

図2 古代ユダヤ人の宇宙

太陽が夜のあいだに大地の下側をくぐりぬけて再び東の空に顔を出すためには，地面や地の底は果てしなく続いているものではなくて大地はなにかしら閉じたものであろうと考えられてくる．だが，それはたとえば円板状のものかもしれない．もし球のように丸いのだとして裏側にも人間などがいるとすれば，どうして地面から落ちてしまわないのか不可思議だ．

いや円板状のもので裏側には人間などいないとしても，そのささえがなくて単に空間に浮んでいるのだとしたら，やはりその全体が果てしない奈落の底に落ちるのではないか？

隔たった地点での天体の観測のデータを矛盾なくとらえるためにまず必要だったことは，まさに地球が丸いという認識であった．地上を北に行くほど北極星は水平線から遠く高く見える．また東西に隔たった地点では日の出・日の入りの時刻が異なる．これは大地が球状をしている証拠である．

こうして人類は天界の観察からして逆に自分の載っている大地の丸さを気づいたのであったが，後に大地の運動に気づいたのも同様の方法によったのである．

地球が丸いということが認められさえすれば，その大きさを知ることに進むのはそうむずかしくないであろう．南北2地点での北極星の高度（緯度）と2地点間の地上距離とから地球の周が算出される．すでにアレキサンドリアのエラトステネスは同種の方法で地球の周を1割程度の誤差で与えることができた．

次に恒星の相互の位置をくずさない整然たる運行は，地球を取り囲む大きな天球面にそれらがちりばめられていて，この天球面が動くのだとまず考えられた．恒星の大群が毎晩，北極星のまわりを回るのは，この天球が北極星の方向を向く天の軸のまわりを，1昼夜で回転すると考えればよい．

太陽と月と惑星の運行はこれからずれるから，同様の回転に他の運動が重なったものであろう．これらが天球面の内側にあることはいろいろの事実から考えられる．とくに月が一番近いことは視差が見られることから明らかである．すなわち，地上の違った点から見ると月とそのまわりの恒星との関係位置が異なって見える．アレキサンドリアのヒッパルコスはすでに月の視差を測り，これから月の距離（地球半径の約60倍ということ）をほぼ正しくだした．

このように一般に距離に関するデータを得るにはある時刻に空間的に離れた2点から一つの天体を見る二つの角を用いる三角測量の方法が必要であるが，月以外に対して視差が観測されるようになったのは，ずっと後になってからであった．

このように地球を基準として天体の運動を描きだす方法はアレキサンドリアのプトレマイオスにいたって集大成された．問題は太陽・月・惑星の運動にあるが，彼らの方法の特徴はこれら天体の運動をいくつかの一様な円運動の重ね合わせで作り上げようとする点にある．

たとえば太陽は地球より少しく離れた点を中心とする一つの円周（離心円）上を運動する．惑星は同様の離心円上

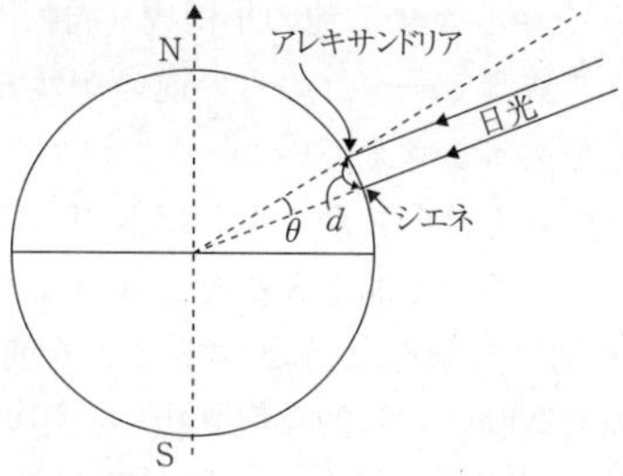

図3　エラトステネスの地球の回りの算出．エジプトのシエネでは夏至の正午に太陽が天頂にくる．この時にアレキサンドリアで太陽は天頂から天の円周の50分の1の距離にある．両地点は子午線上にあり，900キロ離れている．これから地球の回りは45,000キロと計算された（今日の値は40,000キロ）．

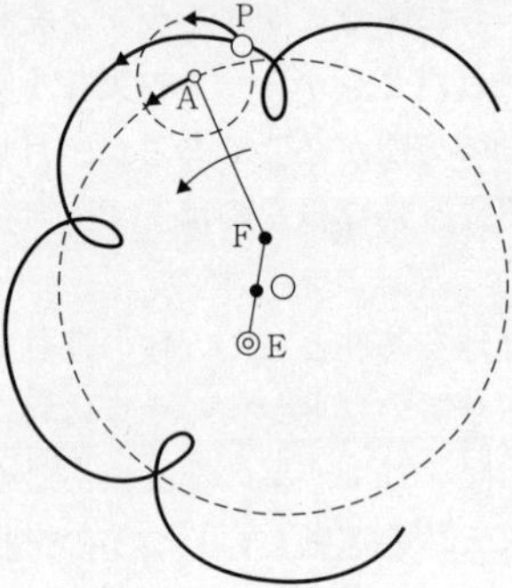

図4　離心円と周転円による惑星の軌道．地球Ｅからずれた○点を中心とする円上をＥとも○とも異なるＦ点から見て，一様な角速度でＡ点が回ると考える．

を回る１点Ａを中心とする他の小円周（周転円）上を等速で回る．これで観測データとの食い違いが残ると小円の上にさらに小円を次々と考えていく．

このようなやり方は今日から見れば無用な技巧とも見えようが，観測される周期的な運動を，簡単な周期運動である一様な円運動に分解しようとすることを意味するわけで，これは周期運動の数学的な取り扱いに用いられる近代のフーリエ展開の方法にいささか似たものである[1]．しか

1)　第１の周転円はいっそう合理的である．同一平面内で共通の中心のまわりを等速円運動する二つの点の一方から他方を見たときの運動は実際周転円である．地球と各惑星とはほぼこのような運動をしている．しかし離心円という考えのほうは，今日の常識か

も彼らの立場では見かけの複雑な運動が円運動から導き出せるという，まさにそのことにおいて自然の秩序を認めようとしているのである．

実際このような方法は観測を整理するのに役立ち，したがってまたある程度の予測を可能とした．しかし，事実を正確に写しとろうとすればするほど，そして観測の精度があがるたびごとに組み合わせるべき円の数を増してゆかねばならず，ますます煩雑なものとなっていった．

ともあれ，こうして天文学は古代においてすでに豊富なデータの蓄積とこれを組織する一定の理論とを持ち，科学の他の部門に比してずっと進んでいたわけである．

3 地球は動いている

ここで科学のしぼんだ中世の1300年ばかりをひとまたぎにして中世末期に目を転じよう．そのころまでに技術における重要な前進[2]と市民階級の手による商業と工業的生産の発展がかなりの程度に進められていた．そして社会そのものが古代から大きく変わっていた．ようやく崩壊に向

らすれば，かなり不自然な考えである．等速円運動を第1近似として次の近似に進む場合，離心円より楕円のほうが自然であろう．離心円という考えにそらされたのは円の原理にしがみついた結果である．

2) 中世においては技術は徐々に，しかしその長い年月には豊富な進歩をもたらした．紙・めがね・羅針盤・火薬・小銃・歯車・時計・印刷術等の順次の出現，水車や採鉱技術の進歩等．

かいつつある封建制度の中から工場手工業《マニユフアクチユアー》的な資本主義が準備されつつあった．こうした基盤の上にイタリアを中心としてルネサンスの花が開いた．そしてこの中から近代科学の出発点もまたきざしたのである．

それは最初は長い中世を通じて伝達されてきた古代の成果の回復ということから着手されたが，やがて古代的な限界を突き破って進まずにはいない社会的な地盤と動力があった．コペルニクスの地動説が現われたとき，再び1800年前のアリスタルコスの地動説のように忘却のふちに沈んでしまうことはなかったのである．

商業・貿易が盛んになるとともに航海はよりひんぱんに，より大胆になっていったが，それに伴ってとくに測地学・天文学が復興し始めた．天体の観測から海上における自己の位置を見いだそうという問題は天文学を必要とする．

コロンブスらの航海も当時の測地学・天文学に依存したが，今や彼らによる一種の「実験」が，前述の地球が丸いという「理論」を直接に実践的に証明することになった．のみならず，こうした地理的視野の拡大はやがていろいろの観測事実を科学にもたらし，近代科学の船出によい刺激剤となるのである[1)]．

コペルニクスはポーランドの出身であるが，先進国イタリアに遊学してから，フラウエンブルクで比較的めぐまれ

1)　ギルバートの磁気論，リシェの重力の場所による変化の発見（後出）など．

た聖職者生活の余暇を研究にあてた．彼の到達した新しい——現在では陳腐だが——学説は36年のためらいの後，ようやく一生の終わりになって「天体の回転について」という論文で発表された（1543年）．これは法王にささげるという形で公刊されたのであるが，プトレマイオスの権威と教会のドグマに対する挑戦であり，科学の宗教からの解放の最初のマニフェストであるという本質に変わりはなかった．

太陽が動いて見えるということは，それが地球に相対的に動いていることを意味するにすぎない．したがって動いているのが，太陽なのか，地球なのかあるいは両方ともかについて，そのどれかに頭から決めてしまう理由はないはずである．コペルニクスは地球が静止し，太陽が回るという従来の立場を，その逆の立場に転倒したのである．このような転倒は古い理論そのものの中から示唆される．すなわち古い理論ではすべての恒星と太陽が1日の周期の回転運動を持ち，またすべての外惑星はちょうど1年の周期の周転円を内惑星は1年の周期の離心円を持っていたが，このような規則性は古い立場にとどまる限りは偶然的なものである．

このような偶然性は地球自身に1日の周期の自転と太陽のまわりの1年の公転を付与することにより止揚される．実際コペルニクスは地球にこのような運動を付与する立場に移ることにより，恒星と太陽がともに静止にもたらしうること，惑星の運動は，古い理論におけるその離心円また

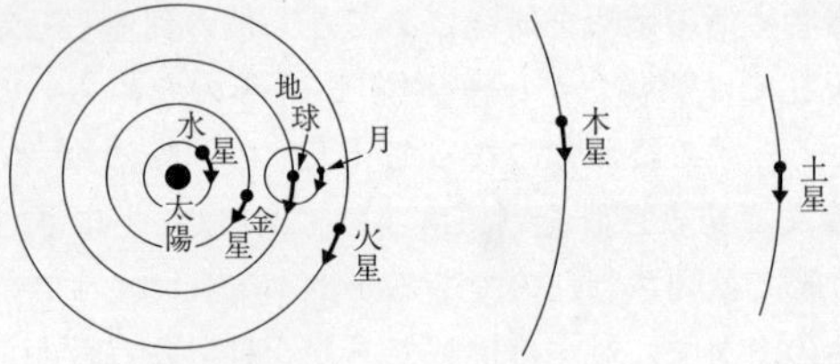

図5　コペルニクス系

は周転円のおもなものが地球の運動に繰り込まれる結果，地球と同様の太陽のまわりの公転として描きうることを示した．逆に月のみは地球のまわりの周転円を描くことになる．

このような立場の変換（すなわち座標系の変換）により天体の運動ははるかに見通しのよい秩序にもたらされた．しかしすでに述べたように，運動はもともと相対的なのであるから，運動の記述ということに限定されているあいだは，太陽を静止させる立場から，再び地球を静止させる立場にかえっても同等なはずである．確かにそれはかまわないが，とにかく太陽を静止させる立場にいったん移ることによって，地球の運動に繰り込みうる部分が引き去られて全体の運動がすっきりし，ことに諸惑星の運動の構造をさらに追求することが容易になった．すなわち，各惑星の太陽からの距離（の相対値）を決めることも可能になり，ケプラーへの道が開けたのである．

またいずれの座標系に立つかは運動の力学に進むとき，

図6　コペルニクス

もう少し本質的な差異が現われてくる．コペルニクスの立場に立つことによりニュートン力学の建設が可能となるのである．

コペルニクスにとっては，恒星の大群がすべて一様に地球を中心として1昼夜で回転するという描像は，その代わりの地球自身が自転しているという描像に比して，はなはだほんとうらしくないものに感じられたが，当時の人々にとってはまさにその逆だった．彼らには自分の立っている大地が動いているなどという考えを耳にするだけでショックを受けた．それが聖書にもとることは別としても，地球が回ると考えるといろいろの（後に述べるような）疑問が起きてくるのは無理からぬことであった．それはおもに力学的な性質のものであった．また理論と観測との比較において新旧理論の差異は惑星の運動について現われるのであるが，この点では両者はむしろ五十歩百歩であった．

しかし一般に新しい理論は初めから完成した姿で現われてくるものではなく，それにもかかわらずそれが合理的な核心を含むときは，古い理論の持ち得ない将来性を持つものである．しかしとにかくコペルニクスに対する当時の反対は非科学的な性質のものと科学的な性質のものとが重なったのである．コペルニクスの新しい学説はそれでも少しずつ広まってゆき，それにつれてようやくローマ教会は不安を感じだした．ことに教会はあたかも宗教改革をまき起こしたプロテスタントとの戦いのうずの中で急速に寛容性を失いつつあった．1600年，宗教裁判所は地動説の熱狂的な信奉者ブルーノを火あぶりに処した．

このころルネサンス終末期のイタリアにとらわれない自由な探究の精神と偉大な知的勇気を持った人物ガリレオ・ガリレイがあった．彼は当時発明されたばかりの望遠鏡を天空に向け，たちまちおびただしい収穫を得た．ことに木星をめぐる4個の衛星を発見したが，これは地球が必然的にすべての回転の中心だとする古い考えを明らかに打破するものであり，コペルニクス系の縮図としてかっこうなものであった．

彼はコペルニクス説の擁護に戦ったが，ここでも頑固な抵抗にあった．彼がフィレンツェの教授たちに望遠鏡をのぞいて木星の衛星を見せようとしたとき，教授たちは真理は自然の中にでなくテキストの中に求めるべきものとして

図7　ガリレイ

これを拒んだというエピソードがある．当時の大学は概して教会の御用学問であるスコラ学に閉じこもっていたのである．

教会は1616年ついに地動説禁止の法令をだしたが，ガリレイはプトレマイオス説とコペルニクス説をあざやかに対照させる対話体の書物を発表した（1632年）．ローマは彼を告発し糾問した．彼はブルーノの運命を避けるために屈し，ひざまずいて地球の運動を呪咀することを宣誓せねばならなかった[1]．

地球を動かすこととするとさまざまの疑問が生じるが，ガリレイは『対話』でこれを分析している．すでにアリス

1）この事件の真相について詳しくは，たとえば菅井準一著『ガリレイ』参照．

トテレスは垂直に投げ上げた物体が同じ所へ落ちてくるのは地球が静止している証拠だと述べた．ガリレイは地球が動いているとしても慣性の法則によって同じ結果になることを説明した．

また地球が回転しているとすると物体は地面からふりとばされるはずだという困難に対しては，ガリレイはこの遠心力が重力に比して小さいことで理解されるとした．

これらの事情は地動説を確立してゆくためには運動の「力学」を打ち建ててゆく必要のあることを示すもので，実際ガリレイはこの主題にはいってゆきその基礎を築いたのである．

地球が動くための力学的な効果が全く地上に現われないのではない．ただ地球の運動はなめらかでその加速度が重力の加速度に比してかなり小さいので，その効果はそんなに目立たないのだが，潮汐や貿易風・台風などにはややこみ入った形で現われてきているのである．

4 ケプラーの楕円

話は少しく前にかえり，スウェーデンに現われた空前の観測家ティコ・ブラーエに注目しよう．彼はデンマーク王から十分な研究費を受け，大規模な天文台を建設し，巨大な4分儀をつくり，いまだ目測ながら測定の精度を引き上げ，かつ長期にわたる連続観測を開拓した．彼は晩年，王の保護を失いプラハに転じた．

図8　ケプラー

地球が太陽のまわりを公転するとすると1年を周期とする恒星の相互の位置のずれ（年周視差）が見られるはずであるが，そんなものは観察されない．このことは，恒星が地球の軌道の径に比してはるかに遠いことを意味する，とはコペルニクスの考えたところであるが，ティコはこれを受け入れず，このことから地動説に与《くみ》しなかった．

恒星はきわめて遠く視差はきわめて小さい．その観測は測定の精度の向上によってのみ可能となるものである．これは望遠鏡の時代にはいってからも相当後になって初めて成功したのである[1]．

1）1838年ベッセルが白鳥座の星について見た．恒星の視差は1秒以下である．すなわち恒星までの距離は地球の公転半径の20万倍以上である．

しかしティコが肉眼観測によって達し得た精度は相当なもの（1分の程度）であり，彼の惑星に対するデータからケプラーが法則を見いだしたのであった．惑星は地球に近いからこの程度の精度でちょうどケプラーの法則の発見に手ごろだったのである[1)]．肉眼観測によるティコのデータからケプラーの法則が見いだされ，これを基礎にしてニュートン力学が成立したことは注意すべき点である．しかし同じころ登場した望遠鏡は，ガリレイ以来たちまちにして天体の物質性を豊富に明らかにし，質的に新しい世界を開き，天文学の前進に決定的な段階を画することになったことも明らかである．また望遠鏡はやがて運動の測定の精度をも引き上げることになる．そしてティコ＝ケプラーの材料によって成立したニュートン力学は，このようなより高い精度の，そしてより広い観測データをとらえしめるものであった．

ケプラーはドイツ南部の出身で，初めオーストリアのある新教ギムナジウムの教師だったが，旧教の領主に追放されてプラハに転じティコの助手となった．ここにティコの膨大なデータを活用するチャンスが得られた．

さてコペルニクスは中心を地球から太陽に移しかえはしたが，軌道はすべて円であるという古い考えはそのまま残していた．惑星の軌道は円に非常に近い楕円なのだから，この考えは第一近似として当然の段階には違いない．しか

1） もしティコの精度がもっと高かったとしたらケプラーはその法則の発見に失敗したろうとポアンカレはいっている．

しこのゆえにこそ，彼の理論は，プトレマイオス理論における周転円の数を減らしはしたが，観測との比較においては大した改善をもたらさなかった．

コペルニクスは，アリストテレスとともに，円は完全な形だから軌道は必然的に円であると考える．そしてこの完全性は神に帰せられる．これを少し近代的にいえば，力の対称性からして運動は当然，等速円運動になるというような考え方に相当しよう．

コペルニクスの理論はたくさんの小円を重ねたにもかかわらず，ティコの火星についての16年にわたる観測データと4度ほど食い違っていた．そこでケプラーは円運動の組み合わせ方を変えるいろいろの可能性を検討して，この食い違いを8分にまで減らすことができた．しかしこの食い違いを彼は観測誤差とはみなさず，逆に円運動の原理が否定されるべきものとした．

こうして円運動を捨てて白紙にかえった彼にとって第一の仕事は，太陽を止めるコペルニクスの立場に立ちつつ，もっぱらティコのデータの直接的な解析から，地球やその他の惑星の公転軌道を決定することであった．

太陽の年周運動（地動説の言葉でいえば地球の公転）が一様でないことは古くから知られ，離心円が当てはめられたことは前に述べたが，この軌道運動をもっと直接に調べることは他の惑星の観測を利用することによって可能になることを，ケプラーは見抜いた．火星は687日の公転周期を持っていることが地動説の立場では容易に知られる．それでわれわれは687日ごとに，空間に固定した三角測量の基準点として，太陽および火星をもつわけである．したがって687日目ごとにコペルニクス空間における地球の位置がわかり，このデータをたくさん集めれば地球の軌道運動が決まることになる．地球の軌道が決まるとこれを基にしてさらに火星の軌道も似たやり方で決まる．観測データから惑星の運動を直接的に決定するということが，こうしてケプラーにいたってほぼ達成されたのである．それは距離（の相対値）の決定を，巧みな天界の三角測量で果たしたことである．次にケプラーは得られた火星の軌道を再現する図形を模索し，おびただしい努力の末，ついに楕円[1]に達した．また面積速度の規則も得た．すなわち惑星は太陽を焦点とする楕円軌道の上を一定の面積速度で回るという定式化に成功したのである．

離心円から楕円への進歩は今日から見れば些細なことに見えるが，当時にあってはきわめて困難な一歩であった．なぜならそれは円の原理を打破することであり，「理論の変革」を意味したのである．地球の運動も円運動ではなかったが，火星の軌道は離心率がより著しいので，後者の解析において楕円であることが見つかったのである．楕円の発見には，太陽が力の中心であるという彼の力学的な考えが役立った．力の中心の座としては円の離心を考えるくらいなら楕円の焦点を考えるほうがずっとふさわしいだろ

1）楕円もガリレイのパラボラと同様ギリシアの数学者によって調べられていた．

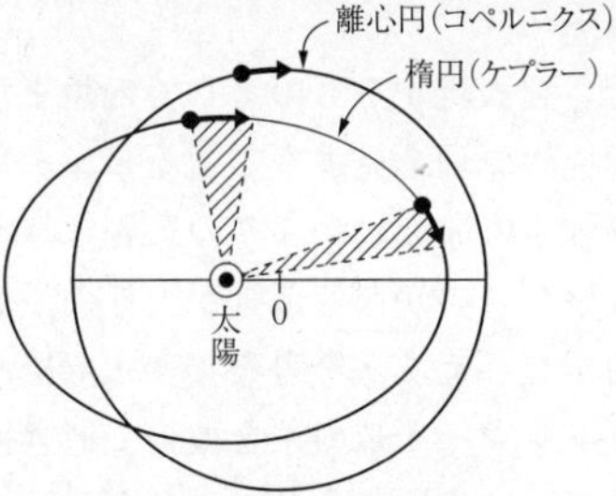

図9　離心円と楕円

う.

さらに彼はあとから見れば，誤った力学的考察でもって，面積の法則を予見することができたのである．さらに10年後に彼は，「惑星の公転周期（T）の2乗が軌道の平均半径（r）の3乗に比例する」といういわゆる第3法則に到達した．すなわち

$$r^3/T^2 = \text{一定} = k \qquad (1)$$

これは『世界の調和』という本において発表された．こうしてついにこの三つの法則において，太古以来の人類のおびただしい経験と努力が集約的に表現されるにいたったのである．

ガリレイの望遠鏡が太陽の素顔に黒点を見いだし，ケプラーの解析が円の原理を打破し，人々の素朴な審美的満足は次々と破られたが，事実は想像よりも豊かな襞《ひだ》をもって現われた．なにを美しいと感じるかは経験とともに進化するものである．

自然の完全さを表現するものとしての数または形に関する簡単さに窮極の原理を見ようとするピュタゴラスの思想は，以後の物理学の発展にかなりの影響を与えている．コペルニクスは惑星のいかなる運動が天界の最も簡単で最も調和的な幾何学を与えるかを考察し，すでにあまりに煩雑化していたプトレマイオスの系を彼ので置き換えた．天体の運動にハーモニーを聞こうとしたケプラーの夢は第3法則において達せられたように感じられた．

しかし彼の三つの法則は運動学的・現象論的なものであり，彼自身これらの法則自身を原理とは考えず，さらに運動の原因を考えた．彼は万有引力に似たものを考えたが，惰性の考えがなかったので力と運動との関係を正しくとらえることはできなかった．ガリレイが地上の落体運動などの分析から惰性を認識し正しい力学への道を開いたとき，ケプラーの法則に整理された惑星の運動をさらに解明する問題にも近づけるようになるのである．ケプラーの三つの法則の内部紐帯《ちゅうたい》，それらがより本質的な力学の法則と万有引力から統一的に導かれるものであることはニュートンにいたって明らかにされる．ニュートンの明らかにした力学の基礎法則の形は，単純であるが（その代わり概念は複雑である），これから積分によって導かれてくる，個々の運動の形態はそんなに簡単とは限らない．しかし一定の条件のもとで特別の簡単な運動をもたらす．惑星の運動では太陽が圧倒的に重いことと，運動が真空の空間を舞台として行なわれ力学的運動がきわめて純粋な形で実現されることなどの条件のおかげで，運動形態の中に近似的に簡単な規則が成立していた．それで現象面に調和を求めたケプラーの努力が報いられることになったのである．

ケプラーの一生は宗教改革とそれに続く三十年戦争のうずの中に翻弄された．そのころドイツ方面では星占いが再び流行していた．天文学はまさにこのような迷信的な星占術を打破してゆくべきものであったが，しかも人々の星占いに対する関心がティコに研究費を与え，ケプラーには内職の道を与えたのである．しかしこのような状態はケプラーに時代の神秘的な考え方から脱却するさまたげともなった．ただ彼は事実と真剣に取り組む長い努力によって，そのような要素をいやおうなく克服していったのである．

5　物はどのように落ちるか

天上の運動には美しい秩序が支配していることが認識されたが，地上の多様な運動についてはどうであろうか？

この場合見られるかなり共通の傾向は，物は手放すと下に落ちるということである．それがどのようなものであるかについて，一つの物体は落ちてゆくにつれて速度を増すように見えるがそれがどのようなものであるかということと，いろいろな物体の落ち方にどのような違いがあるかということの二点が問題である．この問題に対してガリレイのころまで長くいちばんゆきわたり権威を保っていたのはアリストテレスの考えであった．それは頭のいい人が日常的な観察に基づいて，ただし現象の諸契機を分析するための実験の労をおしすすめることなしに，思いつきそうなものである．それは必ずしも首尾一貫したものではない．彼は天体の運動と地上の運動を，運動の二つの型として区別し切り離した．そして天体にとって永遠の円運動がその自然な運動であるのと同様に，地上の物体にとっては，重い物は落下し軽い物は上昇し，それぞれの自然の場所に行き着こうとする終わりある直線運動が自然な運動であるとした．さらに彼は重い物ほど速く落ちるとみなし，それがこのような考え方と調和すると考えた．

落下運動・投げた物の運動は，中世以来の火器の発達によって生じた砲弾の軌道の問題などにも関連していっそう関心をもたれるようになった（加速度が広範にゆきわたっている今日のような高速度時代で見ると，砲弾の軌道というようなものがとくに重要だったというと，不思議に聞こえるかもしれないが）．

ルネサンス・イタリアのレオナルド，タルタリヤ，ベネデッティらがこの問題を扱い，ついにガリレイの登場となるのである．同じころオランダのステヴィンもこの問題を扱った．

ガリレイの力学の研究はすでにピサの時代に始められ，晩年に『新科学対話』という書物にまとめられた．そのころには彼の著書は故国ではもはや禁止されていたので，この本はライデンから出版された．

さて重いものほど速く落ちるというのは——なぜそうなるかについてのアリストテレスの理屈はともかくとして——ほんとうだろうか？　まず必要なことは実験のテストにかけることだ．そこでガリレイは高いところからいろいろの物を落してみた．物体が軽いあいだは重い物ほど速く落ちるという傾向はあるが，相当重くなってくるともはや重さによらずほとんど同時に落ちるのが見られた．

ところでアリストテレスは，物体が，比較的軽いあいだの傾向から落下運動の性質を結論したわけであるが，ガリレイは逆に，物体がある程度以上重い際の傾向に落下運動の本質が現われると考えた．すなわち軽いうちは，空気の抵抗というような２次的なものの影響が本来の落下運動の姿をひどく修正するまでにきいてくるが，物体が相当重くなってくると落下運動がより純粋な姿で現われるのだと解した．

この考えをいっそう確かめるには次に純粋な状況——真空——を実現して，ここでは軽い物も全く同時に落ちるかをテストすべきである．当時は真空がまだ実現されなかったので，これを実行することはできなかったが，ガリレイは巧みな論証によってこれを確信することができたのである．

地上の運動から法則性をつかみだすかぎは，これを実験的・理論的に分析して純粋な条件のもとで運動を考察することである．換言すれば，地上の運動が複雑なそして消耗的な形をとるのは，空気の抵抗や摩擦のような種々の妨害

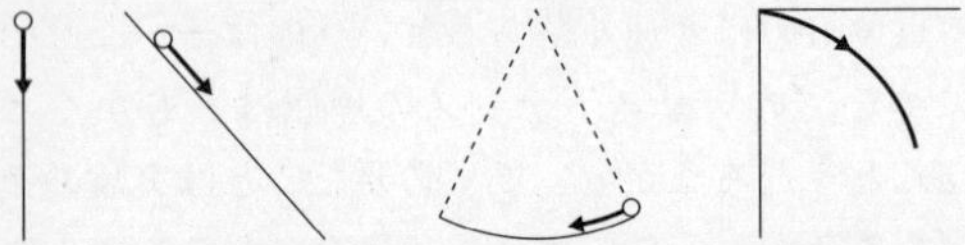

図10 種々の運動

的な因子のためであることを認識することである．

たとえば小さな水滴が落ちるような場合には，速度に比例する空気の抵抗を受けるので，初めは落下とともに速度は増してゆくが，すぐにある値に達し以後はその一定速度で落ちることになる．この速度はアリストテレスがいったように水滴が重いほど大である．しかしこれは落下運動の純粋な形ではない．

さて次の問題は落下運動の過程を時間的にとらえることである．この測定は落下が速いのでむずかしい．そこでガリレイはなめらかな斜面に沿う落下について測定した．斜面上の落下が垂直落下を単に時間的に引き伸ばしたものであることを，彼はあらかじめ論証することができたからである（次節参照）．こうして運動をのろくすると空気の抵抗も重要でなくなって好都合であった．時間は水時計で測った．この実験から「落下において通過距離が時間の２乗に比例する」という規則が見いだされた．こうして惑星の運動の場合のケプラーの法則にも比すべきものがとらえられたのである．

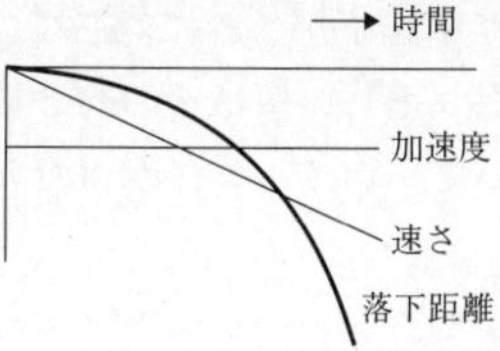

図 11　垂直落下における時間的経過

天体の運動はかなたの世界のものであり，われわれはもっぱらこの地球という足場で許される限りの観測によって，これに近づくほかなかったわけであるが，地上の運動は——自然のままでは複雑な代わり——条件をいろいろと変えて運動をやらせ，かつ運動を直接にそして完全に測定することができたのである．すなわち実験ができた．さてガリレイは次に通過距離が時間の 2 乗に比例するということの分析に進み，これは速度 v が時間 t に比例して増してゆくこと，すなわち

$$v = gt \tag{2}$$

なる関係を意味することを認識した．この比例の係数 g は速度が時間的に増す割合で加速度とよぶ量である．ガリレイは加速度という概念をこのような特別な場合について導入したわけである．そして距離が時間の 2 乗に比例する運動は，加速度が時間的に一定な運動であることをとらえた．さらに落下運動では，この加速度は物体の種類や量にもよらないことは，最初の実験から明らかである．したがって，この加速度は（同じ地点では）全くの常数と考えら

れる．ただし，ガリレイがこれに対して，実際得た値は5メートルであった．正しい値はその約2倍であるが，これは後に振子を用いて，ホイヘンスが得たのである．

6 落下の機構

こうして運動の起こり方は明らかになった．ところでこのように物が落下運動するということは，アリストテレスが述べたようにその物の外に原因があるのではなくて，その物自身の内在的な性質なのであろうか．ガリレイは落下運動を力と関係させることにより運動の機構に一歩立ち入ることができた．

われわれは物を動かすにはこれを引っぱったり押したりせねばならぬこと，すなわち力を加えねばならぬことを知っている．したがって物がひとりでに落ちる場合にも，これになんらか下向きに力が加わっているのだと考えられよう．

しかしアリストテレスがなぜそう考えなかったのかを考えてみる必要がある．第一にわれわれの経験からするならば物体に力を加えるには，これを押すとか引くとか，とにかく物体に触れる必要があると考えられる．ところが天体の円運動も地上の落下運動もこのような接触なしに行なわれるから，したがって力も加わらずに行なわれるように思えるのである．ガリレイはこれに対して，落下運動においてとにかく物が動きだすのだから，その限りにおいてその原因として力を素直に考えればいい，という立場をとった．「素直に」といったが，これはわれわれの直接的な接触力についての経験を一歩抽象化した，力の概念に進むことを意味するのである．ところが多くの人々は，力がいかにして働きうるかという問題にまずこだわった．物が落下する場合について力はまわりの空気が物体を下に押すという形で働くのだという考えもあった．しかしガリレイは，すでに前節で述べたように，落下において空気は逆に抵抗として働くものであることを認識していた．

空気でなく仮想物質エーテルを通じて，天体のあいだに，また地上物体に，接触力が働く機構が考えられた（デカルト，ホイヘンス）．ガリレイはしかし当面の問題は運動と力との関係にあり，こういうこと——力の伝達機構を考え，力を再び運動から媒介しようとすること——は，いずれは問題になるかもしれないが，今の段階で問題にしても意味のないことだという立場をとった．

次に落下の場合，物体に働く力はいかなるものであろうか．物体が内在的な性質によって落ちるというとき，そのような性質は重さによって表現されるものと考えられている．重さを物体の内在的な性質と考えることは，それが物体の大きさと質によって決まることから自然である．しかも重さは，力のつり合いを扱う静力学の範囲では，すでに力として扱われてきた．だからこれを，外から物体に落下の原因として，働く力として動力学的な意義において考え直すことが考えられる．すると重さは物体の内在的な性質としての意味を持つと同時に，外から働く力として二重性を帯びることになる（さらに重さが内在的性質としての意味を持つというようなことは，単にそれが密度と大きさで決まるというだけでなく，追って述べるように，それが運動においては慣性をも現わすことになり，いっそう強められる．しかし重さが場所により変わりうる量であることが判明したとき，外から働く力としての重さと内在的性質としての質量が分化することになる）．

次にわれわれは次の点を注意せねばならぬ．

いま物が落ちるのは力が加わるためだとしたのはいいのだが，「一般に物を動かすには力を加えねばならぬ」という常識はもう少し分析し批判する必要がある．これを素朴に受けとれば，物体はなんらかの力が加わらない限りは静止しており，力が加わって初めてその方向に——力が大きいほど速度も大きく——動くということになろう．アリストテレスもこのように考えたのである．確かにこの考えは日常的な観察から考えられる常識と一致している．ところがこの考えこそまさに動力学の出発点におけるつまずきの石だったのである．たとえば机の上の物体を手で押すと動き，押すのをやめると止まる．しかし他方石を投げるような場合，石が手を放れてからも石は飛んでゆく．この場合アリストテレス流の考えでは，石の飛んでいる方向にたえず力が働いているべきことになる．そこでアリストテレスは，これはまわりの空気が飛ぶ方向にたえず衝撃を加えているのだとした[1]が，これはかなり無理な考えであり，すでにアレキサンドリアのフィロポノスは，逆に空気は抵抗としてきき，石は手から移された力をこの抵抗のために消費しながら進むのだとした．しかしガリレイはすでに落下の実験から空気は抵抗としてきくことを知っていた．

机の上の物体を手で押す場合にも，摩擦が運動に妨害的にきいていることに注意すべきである．水平面上で玉をころがす場合を考えよう．玉は手を離れてからいくらか進み，やがて止まるだろう．これはアリストテレス流ないしフィロポノスの考えでは，玉が手を離れて力が働かなくなったから止まるのである．もっとも手を離れてからもなお少し動くが，これはしばらく力が残る[2]のだとする．

ところがこの場合，平面をなめらかにすればするほど玉が遠くまで進むのが見られる．もし完全になめらかな平面をつくったとすれば，玉は果てしなくころがってゆくだろう．完全になめらかな面をつくることはできないと考えるべきだろうから，これを直接検証することはできないが，ガリレイは思考実験[3]でこのことを論証した．

---

1) 他方物体の落下の場合については，アリストテレスは別に外力が働かなくてその物の本性で落ちると考えたわけで，その際には空気は逆に抵抗として考えられ，もし真空なら物体は無限大の速度で落ちることになるはずで，かかることはありえないからとして真空の否定に結びつけている．

2) ここで「力」という言葉は運動量を意味するのだとみなせば，こういえるわけだが，これは概念の混乱である．実はガリレイにもこのような概念の未分化がある．

3) ガリレイは実際の実験および思考実験の道具として，斜面と振子を活用した．下図のような振子をＡの位置から離すと，円弧を描いてAと同じ高さのA′点まで上る．これは可逆的である．もしこのさいO′点にくぎをおくと，振子はC点から先は，O′を中心とする弧を描くことになるが，この場合にも，Aと同じ高さのB点まで達する．これも可逆的で逆にBから離すとAにまでもどってくる．もし振り始めと振り終わりの高さが異なるならば，この装置でいくらでも高いところに物を上げることができることになるが，そういうことはありえないと考えられる（これはエネルギー保存則に相当する）．ゆえにBから落ちてもA′から落ちてもC点では同じ速さになるはずである．振子は次々に傾斜が変わってゆく斜面と等価である．したがってこのことからして次のような法則が導きだせる．「物体が落下において得る速度は斜面の傾斜――この傾斜の特別な場合として自由落下の場合を含む――によらず，落とし始めの高さだけで決まる」．こうして前節の自由落下と斜面上の落下との関係が証明されたことになる．

また前述の振子の思考実験において，BO′の長さはそのままで，AOが無限に長いとすると，弧CAはほとんど平面（水平線）に近くなりA点は限りなく遠くへ行く．それでBから振らすとCを通過してのち玉はこの平面上を限りなく遠くまで動いてゆくことになる．これは完全になめらかな平面上を玉が手を離れてから限りなく等速で進むことと同じである．こうしてガリレイは論証の基礎にエネルギー保存則に相当する内容を用いているわけである．

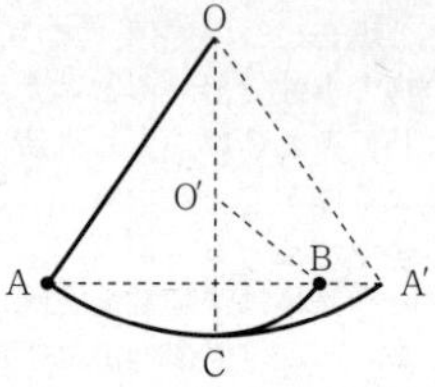

図12

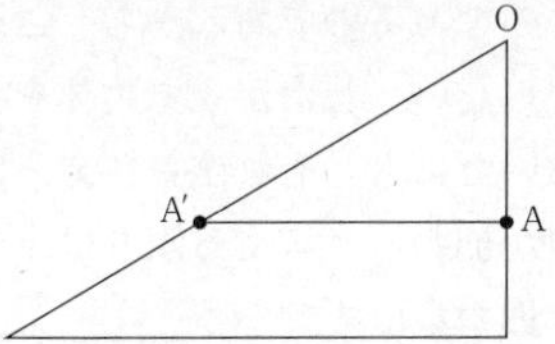

図 13　O から斜面上を A′ まで落ちてきたときの速度は自由落下で A まで落ちてきたときの速度に等しい.

そしてこの場合がまさに力の働かない場合なのであり，玉がいくらか進んで止まる実際の場合というのは，実は摩擦や空気の抵抗のような力が減速的に作用しているのであると彼は考えた.

こうして「力が働かない状態では物体は静止するとは限らず，現在持っている速度を維持するのである」という慣性の原理に到達したのである.

したがって地上においても，仮に摩擦などの減速的の作用の介入がないとすれば天体に見るような永続的な運動が可能となるわけで，天上の運動と地上の運動の従来の差別を取り除く見通しも開けてくる.

さてこうして力が働かない場合の運動が必ずしも静止でなく，力のないということが速度の変わらないことを意味することになると，当然力が運動に加える効果も変革されねばならぬ．力は速度を決めるのでなく，速度の変化に関係しているのではないかというふうに考えられよう.

さて物体に下方に働く力は，静力学的に物体の重さと考えられていたものをとるのであるから，これはその地上における高さによらない．したがって物体を手放してそれが落ちつつあるあいだにも，それがささえられ静止しているときと同一の力が加わると考える限りは，落下の道中でたえず一定の力が加わるはずである．

ところで，すでに見たように落下運動は一様な速度のものではなく，運動をある微小時間ごとに区切って考えると，この各部分で一定の速度の増加が生み出されており，これが積み重なっていって次第に速度が増してゆくようなものであった．このような微小部分での一定の速度の増加すなわち一定の加速度の存在が，ちょうどここに働いている一定の力の存在と対応することを，ガリレイは気づいた．これは動力学の基本法則を一つの最も簡単な場合についてつかんだことを意味する．

なお静力学で知られていた重力が，つり合いが破れたときにも，今度は落下運動の進行を規定するものとしてやはり働いているという考えが得られた．このことは，動力学が静力学の基礎の上にたてられ，これをその特殊な場合として含むような性格を持つことを意味する[1)]．

すでにたどったところから見られるように，ガリレイは自由落下・斜面上の落下・振子の運動などの関連を見いだし，それらが重力によって媒介される本質的に同一の運動であることを洞察した．さらに放物体の運動もこの立場で

1)　したがってまた動力学を静力学的な観点で把握することも可能である．それはダランベールの原理と呼ばれる．

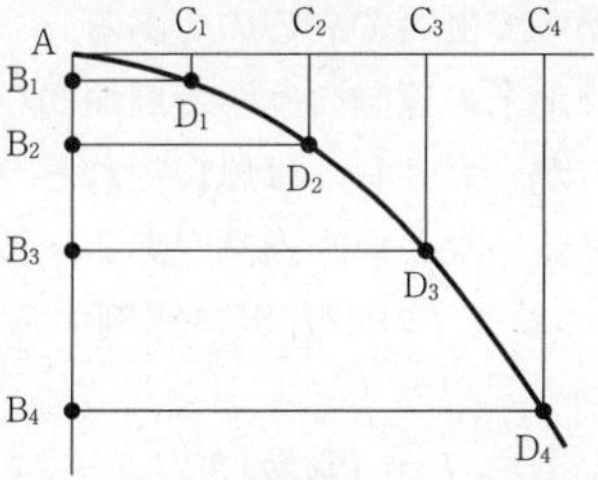

図 14　A から水平に投げ出された物体は垂直方向の自由落下（それは各等時間間隔ごとに $B_1, B_2, B_3, \cdots$ にくる）と水平方向の等速運動（それは等時間間隔ごとに $C_1, C_2, C_3, \cdots$ にくる）の合成により放物線 $D_1, D_2, D_3, \cdots$ を描く．

とらえることができる．

すなわち投げた物体の軌道がパラボラ[2] になることは，慣性の考えと運動の合成の考えとによって次のように説明される．石を水平に投げたとすると，石は下方には普通の落下運動をし，水平方向には――力が働かないから――石が手を離れた瞬間に持っていた速度を保持する．この二つの運動が重なってパラボラを描くことになる．ここで運動の方向に力が働いてその運動を推進しているというアリストテレス流の考え方との差異が明白に現われている．

すなわち力はこの場合飛んでいる方向にではなくて，い

2)　パラボラは放物線と訳されるが，パラボラという曲線はアポロニウス以来知られており，これが投げた物の軌道に一致することをガリレイが明らかにしたのである．

つも下方に向かって働いているのである．

振子の運動は地上の運動のうちで周期的な点でとくに目立つものであるが，ガリレイは風に揺れるランプを見て振子の等時性に気づいたという逸話がある．彼はさらにその周期 T が振子の長さ l の平方根に比例することを見いだした．

$$T = (\text{常数}) \times \sqrt{l} \tag{3}$$

これは惑星運動の場合のケプラーの第3法則にも比べる価値のあるものである．ガリレイによって動力学の正しい出発点が与えられた．以上の叙述ではあまり触れなかったが，ガリレイはたびたびまちがったり，またそれを正したりしながら進んだのであり，また彼の数学的扱いなどは幼稚にも見える．しかし一般に端緒は困難なものである．

7 振　子

ガリレイとケプラーを最後として科学の中心はイタリアとドイツを去ってオランダ，フランス，イギリスへと移った．それは宗教的反動がイタリアをおおい，宗教戦争がドイツを荒廃せしめたことによるが，より根本的には，商業航路の舞台が地中海から大西洋に移動するとともに今や西ヨーロッパに発展し始めた資本主義に立ち遅れ，このことに関連してこれらの国では近代国家が形成されえなかったことにある．

オランダは16世紀末に新教抑圧のスペインから独立し

て共和国をたて，スペインにとって代わって，海上を制圧し植民地を開拓した．エリザベス女王のイギリスがこれと角逐した．フランスでは，このころ，アンリ4世が宗教戦争を収拾してから絶対王政が始まり，やはり植民地競争に加わった．

ガリレイが模範的に実践したような自然探究の方法，すなわち注意深い推理に基づき定量的に行なわれた実験による方法は，もはや中世的な神秘思想，頭の中だけの思弁をおしのけて浸透し始めた．ガリレイが思想の弾圧をこうむっていたころ，イギリスではベーコンが，フランスではデカルトが，経験と理性に信頼して自然を探究してゆく近代科学の方法を力強く鼓吹した[1)]．

イギリスやフランスでも思想の弾圧はあったが，ただこれらの国では教会の権力は絶対王政に従属せしめられた．

新教も科学思想を圧迫することでは必ずしもカトリックにまけなかった．それは教会の権威を打破したが聖書の権威を温存したからである．先にルターはコペルニクスの学説を排撃した．しかし宗教改革の運動は権威を打破しようとする精神において近代科学の精神と相通じるのみならず，中世からの脱出の一環として結局においては科学の勃興を促進する効果を持ったことは確かである．

1）もっともデカルトは，合理主義の立場でスコラ哲学を攻撃し力学の進歩にも大きな足跡を残したのであるが，ガリレイのように着実な観察と実験の上に立たず形而上学的な思弁に多く依存した．

封建貴族と新興市民階級との勢力のバランスのうえに成立した絶対主義は，資本主義の成長とともに，もはや重圧となってくる．そしてそれとともに，これに対する中産階級の闘争が始まる．とくにイギリスでは 1649 年ピューリタン革命に勝利し，以後その資本主義は毛織物工業などを中心にいっそう順調に発展し，世界商業においてもオランダを圧倒し始めた．同じころフランスはルイ 14 世下の重商主義政策のもとで繁栄した（ただしその晩年から下り坂に向かい，しかもなお腐敗した王政が存続することになる）．

このような時代に科学の前進が本格的なものとなるとともに科学者の自発的な結合が形成された．科学アカデミーは早くイタリアに発生したが，17 世紀中葉にいたってロンドンに王立学会が，パリに科学アカデミーが成立した．それぞれの政府は従来の大学でなく，このような新しい組織が新しい時代に適合することを理解してこれを支援した．また同じころパリとグリニッジにそれぞれ国立の天文台が設立された．これらの組織・機関はこの時代の物理学の前進に中心的な役割を担うことになる．ホイヘンス，ニュートンらの活躍はこのような背景のもとになされた．

さてガリレイは地上における重力によるさまざまの運動を分析し，力学の正しい基礎を与えたが，彼の研究はまだ運動の特殊な場合に制限されていた．次の時期はこれを拡大発展させ，ニュートンによる普遍的な力学の体系の完成のための地盤を準備した．その代表的な学者はホイヘンスである.

彼はオランダが生んだ偉大な科学者であり，パリのアカデミーに招かれて活躍した．彼はガリレイの振子の理論を仕上げた．すなわち物体の落下の加速度を g とし振子の長さを l とすると，振子の周期は

$$T = 2\pi\sqrt{l/g} \tag{4}$$

で与えられることを理論的に明らかにした[1]．こうして (3) 式における比例の常数が完全に決まり，振子の運動と普通の落下運動との関連が明確な表現を得た.

彼はさらに，振子の振動をフィードバックの原理によって長時間維持するくふうを取りいれてこれを振子時計に仕上げた[2]．こうして (4) 式を導く基礎になっている動力学の法則そのものが，時間を測るための合理的な方法を提供することになったのである.

また (4) 式は，逆に，振子の周期を測定して落下の加速

1) これは後述する円運動の結果を利用して得られた．(5) 式で a を g で，r を l で置き換えたものは (4) 式と合致する．なおホイヘンスはさらに複合振子の問題を解明した.

2) 一般に時計は振子のような振動する部分と，その部分の運動の減衰を補うためのエネルギーをたくわえる部分（重錘の位置エネルギーとか巻いたゼンマイの弾性エネルギー等の形で）と，このエネルギーを振動部に伝える部分（脱進機）とからなる．この最後の機構がフィードバックの働きをする．それは振動部にその周期を乱さないようにエネルギーを伝えると同時に，エネルギーの与えられる瞬間が振動部自身によって制御されるようになっている．なお当時，振子の発明による利益を直ちに活用できるための技術的準備が，中世以来の機械時計の進歩によって整っていたことに注意する必要がある.

度 g の値を便利によい精度で得る方法を与えた.

これらのことは測定の進歩に革命的な意義を持つものである. ことに振子時計が従来の歯車時計に比して時間測定の精度を引き上げたことは, 実践の面にも大きな希望をもたらした. 航行する船が自己の位置の経度を知るために, 正確な時計（クロノメーター）が久しく熱心に求められてきた. 経度を知る方法は緯度を知る方法よりもむずかしく, その最もよい方法は, たとえばグリニッジで合わせておいた時計が, 現在地で太陽が正午を示す時刻[1]に正午からどれだけずれた読みを示すかを考えることである.

振子がまた g をよい精度で測ることを可能にしたことは, g が場所によって少しく変わる量であるという発見をもたらした. 1671年, パリ天文台員リシェが南米の仏領ギアナへ科学遠征に来たさい, パリで合わせておいた振子時計が1日に2分半ずつ平均太陽時から遅れるという新事実を見いだしたのである. これはつまり同じ振子の周期が延びることであり, (4) 式によれば g が減少したことを意味する.

ホイヘンスはこれを, 赤道付近では地球の自転の速度がより大であるために遠心力が大きく, それだけ重力が打ち消されるからだとして説明した. こうしてはからずも地球の自転の積極的な証拠が示されたわけである.

ホイヘンスは遠心力を次のように計算した. 糸の一端に

1) より正確には, 太陽の観測によるその地点の真太陽時から, この緯度での時差を引いて得られる平均太陽時をとる.

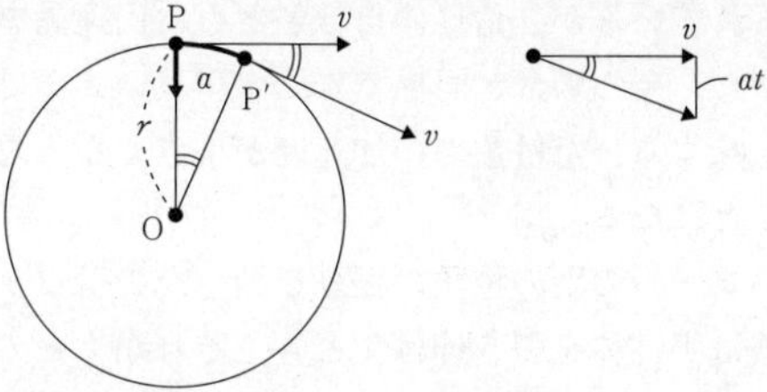

図 15　等速円運動における加速度．P は t 時間後に vt だけ動き P′ までにくる．その間に速度の方向は vt/r なる角だけ変わる．

$$\frac{at}{v}=\frac{vt}{r}\quad\therefore\quad a=v^2/r$$

石を結んで振りまわす場合を考えよう．これはガリレイの明らかにした放物運動の変形として解くことができる．ある時刻に P 点にある石は，もし全然力を受けないならば，慣性の法則により，そのとき持っている速度 v で接線方向にとび去るはずである．そうならないで円形に曲がるということは，中心 O の方向に向かう力のためにたえずその方向に「落下」の加速度を受けとっているためと考えられる[2]．半径 r の円運動ではこの加速度は上図からわかるように

$$a=v^2/r=4\pi^2r/T^2 \tag{5}$$

である（T は円を一周する周期）．地上の物体は，重力に

---

2)　ここにもアリストテレスの考え方との違いが明確に現われている．すなわち力は円に沿って働いているのではなく，それに直角に中心に向かって働いているのである．

引っぱられているが，地球の自転とともに円運動をしているのだから，今の場合と同様で $4\pi^2r/T^2$（いま r は地球の半径を意味する）だけ重力の加速度が小さくなったように見えることになる．

さていま一つの別の種類の振動を調べたのはフックであった．彼は弾性体を引き伸ばすとき，それがもとの状態に縮もうとする力は伸びに比例するという有名なフックの法則を発見した．この力が動力学的に現われた結果は，その弾性体を伸ばして放した場合，その弾性体が一定の振動数で振動するということになる．

そこで彼はひげぜんまいの弾性振動を用いた新しい時計をつくった．この振動数は g の変化に無関係であるが温度にはいっそう敏感である．こうして正確な時計を実現するという課題は次の世紀へ持ち越された．これが当時の緊急な課題であったことは，イギリス政府が1714年，「西インド諸島への航路において30海里（すなわち30分）以下の誤差で経度を測る方法」の発明に，2万ポンドの懸賞をもうけた[1]ことなどからもうかがわれよう．

8　惑星の回る機構

力学を発展させる道はガリレイの方法を，新しい運動形態の分析に適用してゆくことである．それは落下の問題で

1）　ホグベン『市民の科学』参照．

はその特殊性のためにおおい隠され，したがって十分明確に認識されるにいたらなかった諸契機をあばきだすことを要求し，こうして普遍的な法則に達する道を開くことになる．

すでに前節に見た回転の問題も落下とは違った特徴を持っていた．落下では加速度が場所的・時間的に大きさも方向も一定で，おまけに物体の重さにもよらないという，きわめて特殊な場合であった．

一般の運動では加速度も刻々変わるだろうが，落下運動の場合からおして，そのような場合にも加速度という量が運動の決定に本質的な量であることが示唆される．しかし，このような場合には，実はどうして刻々の加速度を考えるかということからして問題であり，微分という考えを必要とする．また運動が直線的なものでない場合を扱うには，加速度がベクトル量であること，すなわち大きさのみならず方向を持った量であり，平行四辺形の規則によってその成分に分解されるようなものであることを認識する必要がある．こうしてある運動について加速度というものを取り出すことができると，次にこの加速度が力によってどう決定されるかという関係を追究すべきである．

速度が平行四辺形の規則に従って合成されることは，すでにガリレイが放物体の運動において見たとおりであるから，加速度もベクトル量であることを認識することは容易である．一方，力が平行四辺形の規則で合成されることは，静力学的には，ことにステヴィンによって明らかに認識されていたから，これを動力学の場合にもそのまま使うことにすればよい．

糸の先に結んだ石を振り回す前節の円運動の問題をもう一度取り上げよう．この運動では加速度の方向が刻々変わっており，加速度を時間微分としてまたベクトルとしてとらえる必要がすでに生じていたわけである．この場合加速度は中心方向を向いていたが，石に働く力は糸を握っている手が糸を通して及ぼすものであり，したがってその方向は加速度の方向と刻々一致している．落下の場合に加速度と力は方向が一致するのみならず，大きさのあいだに比例関係があったから，今の場合もやはりそうであろう．そして運動を無限に分割した無限小の微部分における加速度とそこに働いている力とのあいだのこのような関係にこそ，運動を決める普遍的な原理があると考えられる．

したがって問題はこのような加速度と力とのあいだの関係を，もっといろいろの場合についてためし，またこの関係をもっと明確にすること（比例の常数を定めること）であるが，そのさいそのいろいろの運動について，そこに働いている力というものは前もってなんらか理論的に与えられ，あるいは実験的に測定可能であるとは限っていない．したがって力学の法則を普遍化し明確にするということと，各場合において働いている力を見いだしてゆくこととは，同時に並行的に探究されてゆかねばならないのである．

われわれはしばらく天体の運動を忘れていたようである

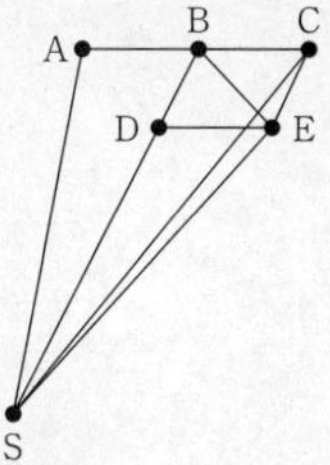

図 16

が，すでにケプラーによってその運動形態がはっきり定式化されているところの惑星の運動を，今の方針で分析してみようということがまず考えられる．

まずケプラーの第 2 法則はこの運動がつねに太陽の方向を向く加速度を持つとして導かれる．ある微小時間 τ のあいだに動径が面積 ABS を掃くとする．次の同じ微小時間 τ のあいだには，もし加速度が存在しなければ，BCS を掃くはずであるが，太陽 S の方向に向く加速度を持っている場合には，運動は BC と BD を平行四辺形の規則で合成した BE となる．三角形 BES の面積は三角形 BCS の，したがって三角形 ABS の面積に等しい．

次に実際のところ惑星の楕円運動は等速円運動にきわめて近いからそう考えることにすると，これは例の小石を振り回す運動と同じである．したがって加速度の大きさは (5) 式で与えられる．

ところが今の場合はさらにケプラーの第 3 法則によって，その運動の周期 T と軌道半径 r とのあいだに (1) 式

図17　ニュートン

の関係が存在する．(5) 式と (1) 式とから加速度は

$$a = 4\pi^2 k / r^2 \tag{6}$$

となる．したがって惑星の運動はつねに太陽の方向を向き，太陽からの距離の2乗に逆比例する加速度というもので特徴づけられることがわかった．

このような加速度はやはりこれに比例する力——つねに太陽の方向を向き距離の2乗に逆比例するような力——によって生み出されるものと考えられる．なるほどこの場合は小石を振り回す場合と異なって惑星を中心の太陽に結ぶ糸はないが，ガリレイ流に，力そのものがどのような機構によって働きうるのかということを気にすることをやめて，とにかくこのような力を考えるのが至当である．しかもこの場合は太陽に力の幾何学的中心がくるということは，太陽が力の源である——太陽が引っぱる——ということを暗示する．著しいことは (6) 式の形では加速度が，したがってまた力がもはや速度によらず r のみによって決まることである．

とにかくこうして，惑星の運動は逆 2 乗の中心力と，加速度と力を関係づける力学の法則とによって導きうるものであることがわかった．このことはホイヘンスやフックやハリーらも気づいていたことであり，こうして万有引力は当時いわば空中にただよっていたわけであった．しかしこれをその普遍的な形でとらえるにはニュートン[1] の天才を必要とした．

第一に彼は，逆に距離の 2 乗に逆比例する中心力が働くとすると（加速度がこの力に比例するという関係から）運動は一般に太陽を焦点とする一定面積速度の楕円運動（等速円運動をその特殊な場合として含むところの）になるということを証明した（1684 年）．このような成功はニュートンが速度・加速度をはっきりとらえるために微分法を発明し，こうして加速度と力との関係を微分法則として，か

1)　ニュートンは 1642 年イギリスのいなかに生まれ，ケンブリッジ大学に学んだ．やっとそのころになってここに数学の講座が開かれ，その教授に就任したバロウについた．1666 年流行のペストを避けて郷里に帰っていたあいだに，重力と地球の月に及ぼす引力との同一性（次節参照）のアイディアをつかんだ．ガリレイが迫害と戦い，進んで論争したのに比べて，ニュートンはもっと平和な環境の中で仕事をすることができた．そして神経質な用心深い性質から論争をいやがった．

つベクトル関係とし，はっきりとらえたこと，さらにこの関係から再び運動形態に帰りつくための武器としての積分法をも見いだしたことに基づく．ニュートンは力学の法則を微分法則としてとらえることによって，等加速度運動や等速円運動のような特別な場合に限らず，加速度の方向も大きさも刻々に変わる楕円運動や，一般にどのような運動の場合にも妥当する形式に，これを定式化することができたのである．こうして運動の本質的・一般的な法則性をとらえることが，微分という形式の発明によって可能になることを認識したことは，以後の物理学の発展に決定的な意味を持ったのである．

とにかくここに惑星の運動が，力学の法則と距離の２乗に逆比例する中心力によって支配されるものであり，これからケプラーの三つの法則が統一的に導かれることが完全に明らかになった．

9 物は落ち，月は回る

距離の逆２乗に比例する中心力というものの実在性をさらに確かなものにするために，ニュートンは再び地上の落体運動に注目した．いま惑星の太陽のまわりの周回を考えたが，月が地球を回るのも全く同様の運動だから，月は地球にやはり逆２乗の力で引かれているはずである．ところで地上の物体に働く重力も，この力の現われではないかとニュートンは考えた．重力がいたるところ地球の中心の方

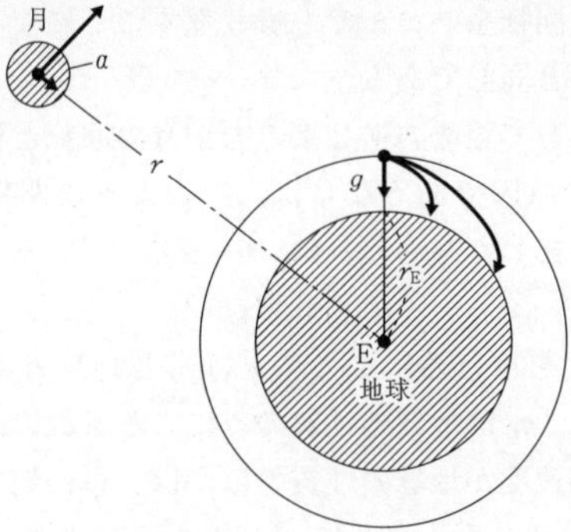

図18 地上付近の落下と月の周回

向に向かい，中心力であることもこのような予想を支持する．

ところで月は地球を回り地上の物体は落下する．両者の運動は，はなはだ異なって見える．実際その形態の相違のために，アリストテレスは両者を切り離し分類したのであった．しかし両者の表面的な形にとらわれないで，その時間的な推移の分析によって加速度というものをとりだすならば，両方の運動がかなり共通な性格を持つことが浮かび上がってくる．これはまた次のように考えてもよい．いま地上で石を水平に投げたとすると重力のためにパラボラを描いて飛んでゆき落下する．その初速を次第に増してゆくと，次第に遠方まで達し，ついにあるところで，石はもはや地上に落ちることなく，地球を一周して元の点にもどり，さらに回転をいつまでも繰り返すことになろう．これは月の運動と同じである．

さてこうして距離の逆2乗の力が月の回転と物体の落下との共通の原因であるならば，次のような関係がでてくる．地球のまわりを回る月は（6）式により

$$a = 4\pi^2 k_{\mathrm{E}}/r^2 \tag{7}$$

なる加速度をうける．ここに r は月と地球とのあいだの距離であり，k_{E} は地球の性質のみによる常数である．この式はこの加速度が地球の性質のほかは，単に地球からの距離にのみより，そこをなにがどのように運動しているか（その物体の質量・速度・軌道の形など）に無関係であることを示す．すなわち地球はそのまわりの物体に，単に距離のみによって決まる（7）式なる求心加速度を加えるわけである．われわれは，地上物体が自由にあるいはパラボラを描いて落ちる場合の加速度 g も，この求心加速度の一つの場合にすぎないと考えるのであるから，これは（7）式の r を地球半径 r_{E} にとったものになっていなければならぬ．すなわち

$$g = 4\pi^2 k_{\mathrm{E}}/{r_{\mathrm{E}}}^2 \tag{8}$$

ゆえに月の加速度とのあいだに

$$a : g = \frac{1}{r^2} : \frac{1}{{r_{\mathrm{E}}}^2} \tag{9}$$

なる関係があることになる．この式に現われる量はすべて観測できる量ばかりであるから，実際これら観測値のあいだに（9）式の関係が成り立っているかどうかをあたれば，

これまでの理論の試金石となろう．(5) 式によって a を r, T で書くと (9) 式は

$$g = \frac{4\pi^2 r^3}{T^2 {r_E}^2} \tag{10}$$

とも書ける．地球半径としてはニュートンはちょうどそのころフランスのピカールの得た測定値（1 度の長さが 69.1 マイル）を用いた[1]．月の距離 r は r_E の約 60 倍である．また，$T=27.3$ 日，$g=980\ \mathrm{cm/sec^2}$ であることがわかっている．これらの値をいれるとみごとに (10) 式の関係がみたされたのである (1685 年)．ニュートンはこの時あまりの興奮にかられ計算を友人にたのまねばならなかったほどだというが，無理からぬことであろう．

これは大きな成功であった．第一にそれは力が加速度を決定するという立場では，地上の落体運動も天上の月や惑星の運動もすべて共通の逆 2 乗の力というものの導入によって説明しうるということであり，このことは，力が加速度を決定するという関係が普遍的な運動の原理だということを支持するに十分である．と同時に，逆 2 乗の力というものもきわめて普遍的な力であることを示す．

第二に重力がこのような距離の逆 2 乗に比例する地球の引力の現われであるならば，当然それは地上の高さによって変わるはずだということになる．ここで「距離」として

---

1)　メートル単位では，地球の周の 4 分の 1 が 1 万キロメートルである．こうなるようにメートル単位は決められた．これはフランス革命のときの革命政府の事業である．

は地球の中心から物体までの距離をとるべきものと考えられるが[1)]，地上物体についてはこれはほとんど地球の半径に等しいから，ほとんど変わらないとみなせる．それでも物体を十分地上高くまでもってゆけば，重力の減少が見られることになろう[2)]．

g の値が変わることは，経験的には緯度による変化の場合がまずリシェによって発見された．しかしこれはホイヘンスによって地球の自転の加速度に吸収されたことは前節で述べたとおりである．しかしくわしく調べてみると，落下の加速度の緯度変化は自転加速度から期待されるより大きな値を持っていることがわかる．ここにおいてニュートンは，緯度変化の残りの部分は重力の g の実際の変化であるとした．そしてニュートンは，これは地球が完全な球状ではなく南北に少しく扁平な形[3)] をもっているためだとした．

さていずれにせよ g が変わりうる量だという認識は重要な意味を持っている．

---

1) これは重力が地球の中心の方向を向くことから予想されることであるが，厳密な証明に関しては10節「万有引力」参照．

2) フックも地表から遠ざかるにつれて重力が減少すると考え，ウェストミンスター寺院の塔の種々の高さで g を測定してみたりしている．もちろんこの効果を見いだすことはできなかったが．

3) ピュタゴラス流の考えでは惑星の軌道は円であり，地球は球である――円と球は完全の形だから――とされた．ケプラーによって軌道が楕円になったように，今や地球は少しく扁平な楕円体になった．なお地球が南北に扁平であることも，地球の自転の一つの証拠とみなされた．

ここで，地上の物体がすべて同じ加速度 g で落下するというガリレイの発見した事実をもう一度考えてみよう．このさい物体に働く力すなわち重力は，たとえば天秤《てんびん》で比較することができ，それは物体によって異なる（それは物質によって決まっている比重に物体の容積をかけたものである）．しかるに，すべての物体が同一の加速度で落下するということは，なにを意味するのであろうか？ それは物体の得る加速度はこれに働く力に比例するけれども，その値は力だけによって決まるのではないこと，すなわちこの比例の常数が物体によって異なることである．すなわち

$$(\text{加速度}) = (\text{力})/m \tag{11}$$

とおくと，m が物体によって変わり，その変わり方は，(11) 式で力として重さ w をとると左辺は g となるのだから

$$m = w/g \tag{12}$$

でなければならぬ．w は (比重)×(容積) であるから，これを常数倍した m も，物体に固有な量とみなすことができる．これを質量と呼ぶことにする．この量の物理的な意味は (11) 式が示している．すなわち同一の力が働いても m の大きい物体は，小さい物体よりも加速度が小である．ということは m の大きい物体はそれだけ慣性が大きいことを意味し，質量とは物体の慣性を量的に示す尺度であることになる．

こうして重量の外に質量なる量が新しく導入されたが，もし両者が (12) 式の示すように単に g なる常数因子の差

にすぎない限りは，重量と質量とを区別することは大した意味を持たないことかもしれない．

しかしわれわれは先にこの g が常数ではないことを知った．しかし（11）式は，物体に固有な不変量 m を用いて常に成り立つ普遍的な関係であると考えられる．たとえば前に惑星が楕円運動をすることを距離の逆2乗に比例する中心力で導きだせるといったが，このさい，惑星は中心に近づいたり遠ざかったりして中心から受ける力の大きさは変動するが，常に力と加速度は比例し，比例の係数 m は変わらないとして初めて楕円軌道が導けたのである．したがってわれわれは質量と重量とは全く別の量と考えねばならぬ．

質量の認識をややデリケートにしたのは，われわれがもっぱら物体の質量に比例するような力が働く場合の運動を問題にしてきたことにある．ケプラーの法則から得られた（6）式と，運動の法則（11）式とから質量 m の惑星に働く力は

$$F = k_{\mathrm{S}}\frac{4\pi^2}{r^2}m \tag{13}$$

となる．ここにケプラーの常数 k_{S} は太陽を回る各惑星について共通で，ただ太陽の性質からのみ得る常数である．同様に地球がまわりの物体に及ぼす力は（7）式から

$$F = 4\pi^2\frac{k_{\mathrm{E}}m}{r^2} \tag{14}$$

である．こうして物体に加わる力が，その物体の質量に比

例する結果，運動方程式から質量が通約され，ガリレイらの調べた重力による地上物体の運動（落体や振子など）にも，ケプラーの第3法則にも，その物体なり惑星なりの質量が現われなかったのである．いずれにせよ

$$質量 \times 加速度 = 力$$

という関係の認識により，運動を媒介するものとしての力学の法則は成立を見たわけである．そして質量は，力学を単なる運動学から区別するところの基本的な概念である．

一般に力が速度でなく加速度を決めるということは，運動の方向に力が働いているはずだという古い考えを否定するが，惑星や月の運動のようなものは，運動の方向と力の方向とが一致しない典型的な例である．

これに対してケプラーは力と運動との関係について古い考え方に立っていたので，太陽の自転の影響が惑星の軌道に沿う駆動力として及んでいって惑星をひきずりまわしているというふうに考えていた．

力は加速度すなわち速度の時間的変化を決めるのだから，力がわかっていても速度は一義的には決まらず，運動の初めにおける速度による．したがって初期条件によっていろいろの運動が可能である．さらに一定の初期条件のもとでも運動は外部的な力のみによって定まっているのではなく，運動に変化をもたらそうとする力と運動をそのまま持ち続けようとする慣性と，たがいに対立する二つのものの統一として実現されてゆくのである．ガリレイにおいては力が加速度に対応するといった程度の認識であったもの

が，このようなもっと立体的な認識にまで到達したのである．

惑星の場合についていえば，惑星はその速度を維持しようとする傾向，すなわち慣性を持つが，それは運動にほぼ垂直な方向の引力によってたえず修正され，運動方向が刻々にある程度曲げられることによって楕円運動が実現されてゆく．

10 万有引力

ガリレイの場合には地上物体の落下運動だけが扱われたので，力は物体に働く力であって，力を及ぼす源が物質の大きな塊《かたまり》としての地球であるという点ははっきり注目されなかった．したがってまた力を相互作用の一方の矢として認識するにいたらなかった．ニュートンの研究によって地球が物を引くのだという点はきわめて明確になった．さらに力が相互的であるという認識は，一方の物体を力の固定中心としてのみ考える一体問題の立場から，この力の源自身をも運動する物体として扱う多体問題に移ってゆくとき，要求されてくる．

さて静力学において，たとえば本が机の上にのっているというように，物体Aが物体Bを押しながら静止しているような場合，実は逆にBはAを同じ力で押し返しているのだということはよく知られていた．もし本を机の上に落とせばより大きな力が加わることは明らかである．このような動力学的な衝突の場合にも，力は相互的で両者は大きさ等しく，方向が反対だという静力学の場合の関係が，そのまま拡張されて当てはまりそうに思われる．

このような衝突の問題を扱ったのはウォリスやホイヘンス[1]であった．ウォリスはこの場合物体の質量[1]と速度の積，すなわち運動量というものが重要な意味を持つことを認識した．彼は，一直線上で質量 m_1 速度 v_1 なる物体と質量 m_2 速度 v_2 なる物体が非弾性的に衝突して，衝突後一体となって走る場合にはその速度は

$$v=\frac{m_1v_1+m_2v_2}{m_1+m_2} \tag{15}$$

で与えられることを示した．これは全系の運動量が保存されることを意味する．ところがこのことは力学の法則によって考えれば，二つの物体の衝突の瞬間に働く力は相互的なものであり，しかも一方が他に及ぼす力は，その逆のものと大きさ等しく方向が反対であるということを意味することになる．

衝突などで問題になるのは接触力であるが，ニュートン

---

1)　ホイヘンスはガリレイ的な一体問題から複合振子や衝突のような多体問題に移ってゆき，これをガリレイ的な方法で扱った．彼はこれらの問題においてエネルギーの保存に相当する関係を認識した．たとえば衝突問題では前記のような二つの物体が弾性的に衝突する場合

$$m_1{v_1}^2+m_2{v_2}^2$$

なる量が衝突の前後で不変なことを導いた．彼らはまだ質量の代わりに重量を用いている．

は作用・反作用の関係が遠隔力をも含めて一般の場合に常に成り立つものとして認識した.

こうして地球が地上の物体を，太陽がまわりの惑星を引く以上は，逆に同じ力で地上物体は地球を，惑星は太陽を引き返しているはずだということになる.

太陽や地球がまわりの惑星や物体を，その物体自身の質量 m に比例する力で引くことはすでに (13), (14) 式に見たとおりである（これらの式における比例の常数 k は太陽なり地球なり引っぱる側の性質のみにより得る）．ところが作用・反作用の関係によれば，惑星は逆に太陽を同じ強さで引き返すはずである．したがってこの力の大きさは両者について対称的な形でなければならず，κ を普遍常数として

$$F = \kappa m m'/r^2 \tag{16}$$

の形でなければならない．これは質量を持った任意の2物体間に働くものと考えられるので万有引力と呼ばれる.

地上の物体が逆に地球を引き返しているということは，実際問題にはたいして重要でないかもしれない．地上の物体や月は地球に引かれ，地球やその他の惑星は太陽に引かれるという相互作用の一方の矢の認識だけで，運動は第一近似においては与えることができる．すなわち，これによってガリレイやケプラーの法則（あるいは (9) 式）を導くことができる．それは物体に比して地球の，地球等に比して太陽の，質量がはるかに大だったからである.

しかし天体がたがいに (16) 式の力で引き合うという認

識はきわめて重要であり，ここにおいて太陽系の構造も初めてとらえられたということが許されるのである．これによって次のような進歩が可能になった．

(a) 惑星の運動は惑星相互間の引力によって少しく乱されるべきことが明らかになり，かつ，いかに乱されるかが分析できることになり，ケプラーの法則の近似的性格が明らかになった．

(b) 月が地球を引き返す力は潮汐に現われることが認識され，この現象を分析することが可能になった[1)]．

(c) 惑星の質量（の相対値）を求めることが可能になった．すなわち（16）式から，ある天体のまわりを回る運動に対するケプラーの常数は，中心の天体の質量 m に比例し

$$4\pi^2 k = \kappa m \tag{17}$$

なる意味を持つことが明らかになった[2)]が，κ は普遍常数だからケプラーの常数の測定値から中心天体の質量の相対

---

1) 潮汐が月と関係を持つことは現象的にわかっていたが，これを月の引力によるとする考えはケプラーに始まる．潮汐は月（および太陽）の引力と地球の公転とによって起こるが，相互的な引力の認識がなかったガリレイは地球の自転によって説明しようとし，ケプラーの考えを神秘的としてしりぞけた．

2) 重力加速度 g は (8) 式に見るように，地球に対するケプラーの常数 k_E と地球半径 r_E とに分析されることはすでにわかっているが，いまケプラーの常数がさらに（17）式のように分析された結果

$$g = \kappa m_E / r_E{}^2 \tag{18}$$

なることがわかる．

値が知られることになる．

たとえば太陽を回る惑星の運動に対する k と地球を回る月の運動に対する k とから

$$m_{\mathrm{S}}/m_{\mathrm{E}} = k_{\mathrm{S}}/k_{\mathrm{E}} = 3.3\times 10^5$$

として太陽の質量が地球のそれの約 30 万倍であることがわかる[1]．惑星の質量はまた摂動から知ることができる．

(d)　前に地上の物体のうける重力は，地球の全質量がその中心に集中したとみなしたときの万有引力に等しいという仮定をつかったが，これも (16) 式に基づいて証明できることをニュートンは示した．それには前に運動を微小部分に分割したのと同じ精神で，重力を物体と地球の各微小部分とのあいだの力の総和として扱う．すると，地球内部の質量の分布が球対称的である限りは，上の仮定が導かれることがわかる．これは距離の逆 2 乗の中心力についていえるのであって，任意の力についていえるものではない．

(e)　これによって万有引力で相互作用する物体の系について因果律の概念が完結したことである．運動の法則によって加速度が力によって決定されるのみならず，力そのものは系の質量の空間分布によって (16) 式によって媒介

1)　質量の単位は一定の地上の物体の質量にとられ，地球や太陽の質量の絶対値というのはこれに対するそれらの相対値を意味する．したがってこの値を知るには質量のわかった地上の 2 物体間の万有引力を直接測定すればよい．これはきわめて弱いがその後，戻《もど》り秤《ばかり》などで測りうるようになった．

される．したがってある時刻における各天体の位置と速度（初期条件）が与えられれば，それ以後（またそれ以前）の運動の経過は一義的に決定される．この意味でニュートンの理論は因果律を含み，したがってまた予言的な力を持つのである[2)]．因果律は微分法という数学形式の発明によってはっきりとらえられたのであった．

こうしてここにニュートン力学は完全に成立した．それは機械的運動に対して本質的な理論であり，天上の運動と地上の運動を普遍的な法則のもとに統一するものである．したがってそれはケプラーやガリレイの段階の理論に見られない偉力を発揮するものである．そのことはすでに説明したところから明らかであろう．

力学の基礎法則は，こうして，系の力学的な構造——すなわち系を構成する物体の質量と物体間の相互作用の性質——を明らかにすることと相ともなって確立されたのである．ことに万有引力のもとにある系の追究が中心問題であった．これらのニュートンの偉業を体系的に叙述した書物『プリンキピア』は1687年に現われた．

11 二，三の注意すべき点

ニュートン力学は成立したが，なお二，三注意すべき点にふれておこう．

---

2) このことは万有引力の場合に限らず，物体に働く力がその位置・速度・時間の関数として決まる限り一般にいえることである．

(a) ニュートン力学では力は加速度を決めるものだから，一定の万有引力のもとでも惑星の運動は運動の初めの位置と速度の与えられ方でさまざまのものが可能である．それらのうちから現に見るような特別のものがどうして選びだされたのかという問題がなお残るわけである．ニュートンは神が最初の衝撃（初速）を付与し，運動の初めにおいて各惑星をそれぞれの軌道に投げこんだものと考えた．

しかしこのような太陽系の発生の問題も科学的に追究されるべきものであり，その試みは次の世紀にカントやラプラスによって着手され，以来現在のヴァイツゼッカーやガモフらの理論にまで及んでいるのである．

(b) 次にニュートンの力の概念はガリレイのそれの正当な発展として形成されたことを述べたが，力——特殊的には万有引力——の概念の変遷は興味あるものである．遠隔的な力としてギルバート以来磁気力が注目されたが，これは磁石から発散する逸出物のモデルで考えられたりした．惑星を回転せしめる力としてケプラーはこのような磁気力の類推で考えたりした．デカルトは仮想物質エーテルの渦運動によって接触力的に考えた．デカルトにとってエーテルは空虚を拒否するものとして哲学的に必然的なものであった．

この考えはまさに若いニュートンが打破せねばならなかったものであった．デカルトの理論は思弁的ではあるが，惑星の運動に対してとにかく機械的なモデルを与えた．これに反してニュートンの理論はこのようなモデルを与えないものと人々にみなされた．

すなわちニュートンの設定した万有引力は離れた物体間になんらの物質的連結なしに，かつ途中に介在する物体に無関係に直接働くようなものであった．これを文字どおりの遠隔力として考えることの考えにくさから，人々はニュートンの理論が成立した後においても，万有引力そのものを物体間のなんらかの媒質を伝わって及ぶものとして考えることを欲したことは自然である．ホイヘンスはデカルト流にこの力を再び仮想物質エーテルの運動から導きだそうとした．すなわちニュートン的な力の奥に，さらに隠された運動を求めたのである．このような思想は力学にはさしあたり無用であったが，彼の光の理論には有意義であった．

(c)　次にいうまでもなく，惑星の運動を力学的に把握することは，太陽が静止し惑星が回るというコペルニクスの立場で成功したのである．単に運動を記述するだけなら，複雑をいとわなければ，実は天動説の立場でも同様に可能なはずである．しかしこの立場ではニュートンの力学の法則は，実際の力を考えただけでは成り立たず，遠心力その他の見かけの力をも考慮して初めて成立することになる．したがってこの立場では，運動形態の中に力学的な法則性をつかみだすことはずっとより困難だったであろう．コペルニクスの立場はニュートンの法則が成立するような，いわゆる「慣性系」の一つだったのである．地上の運動を論ずる場合にも地球を基準にしてはニュートンの法則がそのままでは成立しないわけであるが，この効果は小さかったり打ち消したりして，それほど著しくは現われない．

こうしてコペルニクスが提唱して人々を驚かした地球の回転ということの意味は，この立場に立つと単に運動の記述が簡単になるだけでなく，その力学的な法則性が見かけの力といったものを持ち込むことなしに，ニュートンの法則に支配されるということだということになった．しかしどうして，太陽のまわりを惑星が回るというコペルニクスの立場が，考えうる他の任意の座標系の中でこのような特別な意味を持つのかという問題は残るわけである．

(d)　万有引力のもとでの運動では質量は二重の意味を持ち，慣性の測度であると同時に力の源としての強さであった．ニュートン力学の立場では，このような質量の二重性は単に偶然的な要素として残る．この二重性によって物体の重さは厳密に質量に比例することになり，したがって物体の落下の加速度や振子の周期は，物体の種類にも質量にも全くよらないことになったのである．実際厳密にそうであることをニュートンはいろいろな種類の物質で振子をつくって確かめた．以上に述べた諸点をニュートン自身がとにかく「問題として明白に認識したことは彼の思想の深さ」を証明するものである．(b), (c), (d) の諸問題を再び新しく取り上げたのはアインシュタインであった．そして彼の一般相対性理論はこれに答えるものとして成立する．

12　力学のその後の展開

われわれはケプラー，ガリレイ，ニュートンらによって運動の法則が探究され認識された過程を簡単に見てきた．それはまことにすばらしい理性の勝利であった．そもそも自然が気まぐれなものではなくて，なんらかの法則性によって支配されているということは，古くからの人類の技術的実践を通じて断片的には意識されていたが，それがまとまった体系として定式化されうるというなんらの前例も，これらの先駆者には示されていなかった．天体の運行の秩序は人間に自然の法則性を示唆しはしたが，同時にそれは神秘的な占星術をも誘起しえたのである．ニュートン力学は科学史に初めて登場した本質的な理論であった．もしこれに比しうる前例があるとすれば，古代に成立したユークリッド幾何学であろうが，この場合は理論と経験の一致についてあまり問題がなかった[1)]．

他の諸部門に比して力学がまず成立したということは自然な順序であろう．第一にマクロの機械的運動は最も低位の一般的な運動形態ともいうべきものであり，物質の質的な多様性が反映しないものである．物質の性質は（典型的

1)　どのような幾何学がわれわれの現実空間に対して当てはまるかということは経験的に決められるべきことであるが，ユークリッド幾何学は実際精密に妥当する．このような観点からすれば幾何学は物理学の一部とみなすこともできる．他方ニュートン力学は公理的な形に書きやすいものである．

な場合には）質量というただ一つの性質を通じてのみ現われる．また機械的運動は最も容易に観測にかかるものであり，観測・実験の面であまり特別な手段を必要としない．秤・時計・斜面・振子・望遠鏡などといったものが道具であった．第二に，このような事情と関連することであるが，古来より当時にいたるまでの技術的実践は，まずとくに豊富に力学的なデータと課題を提供し，力学の成立の地盤となったのである．そして成立したニュートン力学はあらゆる技術的問題に対して――それが機械的な性質のものである限り――解決の基礎を与えた．ニュートンにおいて力学の一般的基本法則は明確に定式化され，とくに天体力学は，万有引力によって相互作用する体系の運動として具体的に処理された．以後の力学の発展は，この方法を個々の具体的な問題に適用してゆくことと（そのためには，それぞれの問題における運動の記述とそこに働いている力の性質とを明らかにせねばならぬ），ニュートン力学の新しい定式化を通じて力学の構造を新しい仕方でとらえることとの二つの面を持つ．そしてこのような発展は以後の物理学の展開の一つの主要動機をなしたのである．次にそのあら筋を述べておこう．実際問題への具体的な適用としては，まずニュートン以後の天体力学は摂動論の適用によりますます微細な効果を説明し，極度の精密さで観測を予測するものとなり，観測との食い違いが現われる場合から未知の天体を予言することさえできるほどになった[1)]．こうして海王星（1846年），冥王星（1930年）が発見された．

天文学が物理学そのものの進歩のための最も積極的な領域であった時代は，しかしニュートンとともに一応終わった．他方天文学自身の進歩も（引力天文学のいっそうの精密化もさることながら），質的に新しい事実の開拓によってもたらされることになる．すなわち望遠鏡・分光器・写真技術の登場によって天体の物質性が豊富にもたらされた．その視野は太陽系のみならず恒星界へ，星雲界へ広がっていった．今世紀になって一般相対性理論と原子核物理学の発展は宇宙の構造天体の構造と進化を論ずるにいたった．

引力天文学の展開は，しかし摂動論とポテンシャル論をもたらしたことにおいて，その後の物理学に大きな影響を与えている．原子が太陽系に似た構造を持っていることが，今世紀初めラザフォード，ボーアによって明らかにされたが，前期量子論から量子力学において摂動論の方法が適用を見いだした．

地球による重力場をニュートンが計算したことを前に述べたが，このような連続的な質量分布による万有引力の場を求めるために，ラグランジュは数学的補助手段としてポ

1） 同様の食い違いとして水星の近日点の移動という効果が知られた．この場合はこれを同じやり方で水星の内側にある未知の惑星の摂動に帰そうとする試みは失敗し，ニュートン力学の基本概念を変革した一般相対性理論によって説明されることになる．ケプラーは8分の食い違いから楕円を見いだし，ルヴェリエは2分の食い違いから海王星を見いだし，水星の近日点の移動は1世紀に42秒であった．

テンシャル関数を導入し，ラプラスとポアソンはこれに対する有名な偏微分方程式を導いた．

そのころクーロンによって，静電的・静磁気的力が万有引力と同じ形の法則に従うことが明らかにされた．したがってこれらも遠隔作用とみなされ，また同様にポテンシャルによって論じられることになった．

地球物理学も力学に対して天文学の場合と似た関係にある．地球が丸いこと，地上で g が変わることなどの認識が力学の形成に重要な意味を持ったことを述べたが，ニュートン力学の成立は地球の形状の理論，潮汐論の基礎を提供した．また後にあげる剛体・弾性体・流体の力学は地球物理学の基礎となった．と同時にガリレイのころに登場したギルバートの地磁気の研究，寒暖計の発明，大気圧の認識あるいは少し後のフランクリンの空中電気の研究等は，地球物理学の別の面の発展の出発点となった．

さて質点・質点系の力学の次には当然剛体の力学が進められた（オイラー，ポアソン）．地球の運動は大きなこまとみなされるので，これに応用することがその一つの目的であった．地球が赤道方向に扁平な形をしていることから，すでにニュートンは，地球の歳差運動が生じることを明らかにし，古くから知られていた歳差の事実を初めて説明した．オイラーはさらに，地球の自転軸の地球に相対的な移動（緯度変化）の存在を理論的に明らかにした．

より重要な意味を持つのは，変形しうる連続体の力学──弾性力学・流体力学・音響理論──の建設である．弾性体についてはフックの考えで絃の振動などいろいろの問題を解くことが，ベルヌーイ，オイラーらによってなされた．しかしテンソルとしての歪《ひず》みと歪力《わいりょく》の概念を用いて一般的な運動方程式を得ることはようやくナヴィエ，コーシー，ポアソンにいたってであった．彼らはそのころ復活した光のエーテル弾性波動論から逆に刺激されてこれを試みたのである．

他方完全流体の力学は，力として圧力のみを考えればよいので，もっと早くベルヌーイ，オイラー，ラグランジュにおいて一般的な方程式が達せられた（また流体力学および弾性振動の理論とのアナロジーでフーリエは，熱伝導の基礎方程式とフーリエ解析の方法を見いだした）．

音は流体または弾性体の中の波にすぎないが，音速の式を初めて出したのはニュートンであった．粘性流体についてはニュートンは弾性体の場合のフックの法則に対応する関係を立てた．

このような無限の自由度を持つものとしての連続体の力学の形成は，前に述べたポテンシャル論とともに場の理論のための素地をつくった．ポテンシャル論は遠隔作用から，近接作用に移行するための形式として，連続体の力学は場に到達するための力学的モデルとして役だった．ニュートンの運動方程式から，ニュートン的な中心力の場合には，その積分によって後にエネルギーと名づけられた保存量の存在が導かれることが，D. ベルヌーイによって認識された．これはすでにガリレイやホイヘンスの用いていた，力学的エネルギーの保存の関係を定式化するものである．このような関係はより一般にポテンシャルから導かれる力について成り立つものである．さらに一般に運動エネルギーの増加が加わった力のなした仕事に等しいという形では，ラグランジュとポンスレやコリオリにいたって定式化された．これはヘルムホルツらによって，やがて一般のエネルギー保存則へ発展した．ニュートンの一般力学は形式的に大いに発展させられ，力学の構造を新しい立場から見直すことが可能になった．それは解析力学[1]と呼ばれる．ニュートンの方程式は運動法則を微分方程式として表現するが，これに等価な内容が変分形式に表現される．それはオイラー，モーペルテュイ，ラグランジュ，ハミルトンの最小作用の原理である．さらにラグランジュは運動方程式をラグランジュ形式に，ハミルトンは正準形式に表現した．ヤコービは後者に対する変換理論を展開し，これによる解法としてハミルトン－ヤコービの偏微分方程式を導いた．これと最小作用の原理とは質点力学と幾何光学との類似を示す．解析力学の諸形式は実際問題を解くのに強力な武器となったのみならず，後にニュートンの力学から量子力学への移行において重要な意味を持つことになった．

ニュートン力学は大は恒星の運動から小はコロイド粒子の運動にいたるまで，いわゆるマクロの物体の機械的運動

1) 解析力学という言葉は，元来ニュートンが『プリンキピア』を幾何学的なスタイルで書いたのに対して，もっと便利な解析的方法を使うという意味で，ラグランジュに由来する．

に対して広く妥当した．このような著しい成功は，本来の力学的問題のみならず，物理と化学の全領域に力学的観点を貫徹させようとする力学的自然観に力を与えた．元来，力学の形成過程における人々の考え方は，当時の原子論的な考え方と隠在的な関連を持っていた．われわれはこのような点には立ち入らなかったのであるが，たとえばニュートンが物体の質量をその密度と容積の積と定義した（これは一見同語反覆に見える）のもその現われである．ニュートンはまた気体の圧力がその容積に逆比例するというボイルの関係を原子論的・力学的立場で基礎づけようとした．すなわち彼は気体が多数の原子から成り，原子間に距離に逆比例する斥力が働くとするとボイルの法則が導けることを証明した．これは気体の静的なモデルを意味するが，D. ベルヌーイは気体の原子（分子）が，たがいに，また容器の壁と弾性衝突する以外は自由に直線運動するという動的なモデルによってボイルの法則をもたらすことができた．この考えは後に大いに発展し気体分子運動論となった．こうしてニュートン力学が分子の並進運動に適用されて，気体の熱的諸性質を相当な程度まで説明することになる．

力学的自然観の立場は，すでに触れたように光と電磁気の理論に役にはたったが（エーテル弾性波動論，電磁場の力学的模型），結局克服されねばならなかった．これらの現象はニュートン力学の埒外《らちがい》のものと考えられねばならなかった．原子を分子に結合する化学親和力も，初めニュートン流の力として考えられたが，それはたとえば原子価に示される力の飽和性を説明しえなかった．

その後，イオンや電子のような荷電粒子が発見され，それの運動を決める方程式がローレンツによって与えられた．これは電場，磁場の力が働くときのニュートンの運動方程式の特殊な場合と考えることができるが，磁場の加える力が粒子の運動方向に垂直で，かつ速度に比例する大きさを持つという特徴を持っている．この方程式は電場・磁場における荷電粒子の屈曲やある種の散乱を正しく与えることができた．

しかしすぐにいろいろ，ぐあいの悪いことが明らかになり，このような問題の追及からニュートン力学の二つの変革がもたらされた．第一に，特殊相対性理論はニュートン力学の中に光速度という普遍常数を取り入れるべきことを明らかにした．運動量の変化が力に等しいという関係は維持され，運動量とエネルギーの保存則も維持される．しかし運動量とエネルギーとの関係が異なってきて，質量は不変でなく速度とともに増大することになり，ニュートン力学は粒子の速度が光速度に比して小さい場合の近似としての意味を持つことになる（さらに一般相対論の動機については前節にふれた）．第二に，原子内の電子の運動といったミクロの世界にはニュートン力学は妥当せず，さらに別種の変革をこうむることになった．これについては，「量子論」の章で詳しく述べることにする．

力学の成立の歴史については物理学の他の部門の歴史に比してずっとしばしば取り上げられており，またある程度常識化もしているようである．次の本は有名であり，またそれぞれおもしろい．

マッハ『力学の発達』

アインシュタイン，インフェルト『物理学はいかにつくられたか』

武谷三男『弁証法の諸問題』

ニュートン力学の成立後の古典力学の発展としては，最後の節でふれた連続体の力学や解析力学の展開はことに科学史的に興味があるが，この辺についてはそんなに詳しく調べられていない．

第2章　電磁気

1　静電気と静磁気

電気の現象についての基本的な知識が得られたのは1600年ごろである．それまでにもある鉱石が鉄を引くということは知られていたけれども，磁気や電気の科学的な扱いはガリレイやニュートンの始めた科学的な方法，すなわち自然について合理的な問題をたてて，その解答を実験に求めるというようになってから始まった．1792年にグレイは摩擦によって帯電した物体が金属に触れると，その金属も同じ性質を持つようになることを発見した．そして電気の作用は金属の中を伝わってゆくということを知った．そこで物質は電気について導体と不導体の二つに分類されることとなった．デュ・フェは1730年に電気の作用は引力だけでなく斥力も場合によっては起こることを発見した．彼はこの事実から電気には相反する流体があるという仮説をたてた．これは今日の正電気と負電気に相当するものである．同じ種類の電気流体を帯びた物体はたがいに反発し，たがいに異なる流体を帯びた物体はたがいにしりぞけることが明らかにされた．電気量あるいは荷電の概念を量的に定義することができるようになったのは1747年，ワトソンとフランクリンのたてた法則が現われてからである．電気の現象ではいつも正の電気と負の電気が同じ量だけ現われる．たとえばガラス棒を絹のハンカチでこすると，ガラス棒は正に帯電し同量の負の電気がハンカチに現われる．この経験法則から電気は摩擦によって創造されるものではなく，単に分離されるにすぎないと想像される．たとえばすべての物体には，等量の二つの電気流体が含まれていて，電気を帯びない物体では，いたるところでその二つの流体が同量存在するためにその作用は外に現われない．しかし帯電物体ではこの二つの流体が分離していて，正の電気の一部は物体の一方にかたより負の電気は他方にかたよる．

しかし電気の流体が一つだけであるというふうに仮定することもできる．その場合には物質はこの流体を含まないときは，いつも一定の，たとえば正の電気を帯びていて，流体は負の電気を帯びていると想像する，帯電がおこる時には，負の流体がその物体から流れ去ると正になる．またその流れを受け取った物体は負になる．このような一流体説と二流体説は，長いあいだどちらがよいと決まらなかった．この争論は正の電気は物質に付着し，負の電気は自由に動きまわるということが化学によって発見されるまで片づかなかった．

それでは電気の引力や斥力はいったいどのようにして空間を伝わるか．18世紀の中ごろはまだニュートンの引力説の影響がいきわたっていなかった．遠隔の場所にある物体間に働く作用などというものは荒唐無稽である．電気力は帯電物質からエマネーションが発射して，他の物体に圧力を加えることによって起こると考えられた．しかしその後，ニュートンの重力論が成功してからは，遠方に直接到達する力という考えも自然に受け取られるようになった．

その結果，電気力は重力のように遠隔作用として働くという考えをエピナスが 1759 年に初めて発表した．彼はさらに重力と電気力とは同じ流体の作用であるという考えをいだいた．彼は電気の一流体説をとり，電気流体がない物質は他の物質をしりぞけるが，電気流体がわずかばかり，過剰になっていると重力が作用すると考えた．もちろん彼は電気作用の空間的の依存性について正しい法則を知らなかったが，電気の現象の影響を定量的に説明することはできた．1767 年になって，プリーストリーが，1771 年にはキャヴェンディシュがそれぞれ独立に電気力の空間的な変化の法則を発見した．しかしその発見は間接的なものであったので，1785 年クーロンが直接に測定することによって確かめたことから，クーロンの法則といわれる．プリーストリーたちの方法は，金属などの導体中で電気は表面だけにあり，内部には存在しないという事実をもとに，推理したものであって，導体の表面に分布している電気からの反発力の合計が内部の任意の点で零になるためには，電気力は電気からの距離の 2 乗に逆比例して減少するはずである．クーロンが後に戻《もど》り秤《ばかり》によってこの法則を確かめ，さらに電気力は二つの帯電の量の積にも比例することをも発見した．この法則はもちろん一つの理想的な法則であって，ほんとうは電気はある広がりの中に存在しているので，一点と他の一点のあいだという考えは，その部分が点にまで小さくなった理想的な場合をさすのである．クーロンの法則が確立されてからは静電気学は数学的に扱いうるようになった．ラプラス（1782年），ポアソン（1818年），グリーン（1828年），ガウス（1840年）らが静電気学についてのポテンシャル理論を展開した．これは静電気の電気力の強さを導く一つの新しい量であって，ニュートン力学の方法になぞらえて考えられたものである．このポテンシャル論では，静電気のポテンシャルは空間の各点で与えられているが，電気力は，媒介物なしに直接遠隔作用として伝わると考えられている．このポテンシャル論は，擬似近接作用論と呼ばれる．

磁気の研究も静電気と同じようなふうに展開された．ただ静電気とのその違いは，電気を伝える物体というのが存在するが，磁気というのはいつも物体に結びついて，物体とともにしか磁気は動けないということである．磁気を帯びた針は二つの極をもっている．極というものは磁気力を発するもとになっている場所である．静電気と同じく同種の極はおたがいにしりぞけ，異種の極はおたがいに引き合う．磁石を破壊するとその両側は再び新しい磁気となって現われる．このことは磁石をどのように小さく分離しても同じである．磁石についてもクーロンの法則と同じ法則が成り立つ．すなわち磁極のあいだに働く力はその間の距離の2乗に逆比例し，二つの磁気量の積に比例する．クーロンの法則はこのように，ニュートンの引力の法則と比べて，空間的な依存性が全く同じである．磁気の数学的な理論も電気と並行して展開された．両者の違いは，磁気の方は，磁気の分子のような物に付着していて，極が現われるのはこの磁気の分子が全く平行に並んでいて，そのためにこの作用が，たくさん加わって，測定されるような量になった場合だけである．この磁気の分子のことを，要素磁石ともいう．磁気は後に述べるように，電気の回転運動によって生ずるものである．そこで磁気が測定できるほどの大きさで存在するときには，一定の軸のまわりに回る，電気がたくさんそろっている時である．

2 電 流

1780年にガルヴァーニが，また92年ヴォルタは接触電気を発見した．これは二つの金属を一つの溶液，たとえば銅と亜鉛を希硫酸にとかした溶液の中に二つの異なる金属棒をたてると，これらの金属は接触電気と同じ作用を示すので，電気を帯びていることがわかる．そしてこれらの帯電量は二つの金属で，符号が異なり，量は等しい．この溶液と金属とから成り立つ一つの仕掛をガルヴァーニの電池という．さきに述べた二流体説によると，これは電気を分離する作用である．この作用は見かけ上，くみつくすことができないように見える．二つの金属棒（これを極という）を一つの針金で結びつけると，荷電がそのなかを流れて帯電量が平均するが，電線を一度離してまた両極を結ぶと再び電気が流れる．したがって電池は，電線を結んでいる限り電気を継続して流させるものである．一流体説によれば，この電気の流れは一種類の電流が存在することになり，二流体説では，反対方向に二つの電流が生じていることになる．電流の存在を知るには，その作用が非常にはっきりしているので容易である．まず第一に電流が流れるとその針金が熱せられる．それではどこからこのように電池が電流をたえずつくり，かつ熱を発生させるような能力が生ずるのであろうか．エネルギー保存の法則によると，どこかにエネルギーが現われる場合は，それと同量のエネルギーがどこかで失われているはずである．このエネルギーの源は電池の中の化学反応である．電流が流れているあいだは二つの金属の一方は溶解し，溶液の一部分が他方の金属に付着する．そして溶液の中では複雑な化学反応が起こっているはずである．

この反対に電流が化学的な分離作用を招き起こすという場合があることも知っている．それはプラチナを酸性の水の中にひたして電流を通ずると，水は酸素と水素に分離し一方の極に酸素が，他方の極に水素が付着する．これは1800年にニコルソンとカーライルが発見した電気分解の現象である．この場合酸素の付着する方は正の極，水素の付着する方は負の極である．1833年にファラデーはこの電気分解の法則を発見した．ファラデーはこの法則によって，電流の正確な測定の方法を確立したのである．これを少し詳しく説明しよう．電池の中を流れる電荷の量は静電気の方法によって測ることができる．ファラデーはこの電気の量が2倍になると，分解される物質の量も2倍になることを発見した．すなわち電気分解される物質の量は流れる電気量に正比例する．その比例常数は物質の種類と化学反応の種類に依存する．これがファラデーの第1の法則である．第2の法則はその量的な内容を表わすものである．一つの元素の量を水素の最も軽い同位元素の1グラムとちょうど結合するようにとったとき，それを当量という．たとえば酸素は水においては，1グラムの水素に対して8グラムが結合するゆえ，酸素の当量は8である．ファラデーによると，1グラムの水素を分離するような電気量はこの元素の当量を常に分離する．たとえば酸素ならば8グラムを分離する．このファラデーの第2の法則から，先に述べた第1の法則の常数を決めることができる．1グラムの水素を分離する電気量は 29×10^{14} 静電単位［補注A］である．これからして，析出される物質の質量はそれに要した電気をこの電気量で割って，それにその物質の当量をかけたものに等しい．すなわち

$$\text{析出される物質の質量} = \frac{\text{使用された電気量}}{29\times10^{14}\ \text{静電単位}}\times\text{当量}$$

したがって電気分解で析出される物質の質量とその当量を知れば，流れた電気量が測定できる．電流の強さという

ものは単位時間に任意の断面積を流れる電気量と定義する．そこで，ある有限のあいだに流れた電気量を上のようにして測定すれば，それらの電流の強さがわかる．

$$\text{電流の強さ} = \frac{\text{電気量}}{\text{時間}}$$

3　抵抗と電流による熱

1826年にオームは電流によって発生する熱量や，電流が電線を流れるときの抵抗についての法則を発見した．普通の流体の力学においては，流れの強さはその二つの水面の間の落差に比例する．その比例常数の逆数を抵抗と定義する．

$$\text{流れの強さ} = \frac{\text{落　差}}{\text{抵　抗}}$$

電流についても同じように起電力あるいは電位差と名づける量を考えて，流体力学の場合の落差になぞらえる．これは電気の力のポテンシャル・エネルギーという考えに相当する．電流の強さは，起電力に正比例する．これがオームの法則である．この場合の抵抗は針金の長さに比例し，断面積に逆比例する．すなわち

$$\text{抵抗} = \frac{\text{長　さ}}{\text{断面積}} \times \text{比例常数}$$

この比例常数を電気伝導度という．また起電力は針金の長さと，電場の強さの積であるから少し計算すると

$$\text{電流}\times\text{抵抗} = \text{起電力} = \frac{\text{電流}\times\text{針金の長さ}}{\text{断面積}\times\text{電気伝導度}}$$

$$= \text{針金の長さ}\times\text{電場の強さ}$$

そこで単位断面積あたりの電流の強さを電流密度と名づけると

$$\text{電流密度} = \text{電気伝導度}\times\text{電場の強さ}$$

となる．オームの法則をこのような形に書くと，もはや針金の形や長さに関係のない（単に導体の物質に特有な）電気伝導度によって表わされる．電気伝導度は理想的な導体の中では零である．1841 年にジュールは，実験によって，電流による熱についての法則を発見した．それによると，電位差の中で流れる電流によって，単位時間につくられる熱は，電位差と電流の積に等しい．

$$\text{熱} = \text{電流}\times\text{電位差}$$

これはエネルギー保存の法則の一つの場合であって，電気のエネルギーが熱のエネルギーに転化する場合の換算率を与える．

4　電流による磁気作用

電気と磁気との現象のあいだにはよく似たところがあったが，全く別々に独立の現象として最初は扱われてきた．この両者のあいだに橋をかけようという試みが熱心に試みられたが，長いあいだ功を奏さなかった．ついに 1820 年エルステッドは電流によって磁針がふれることを発見し

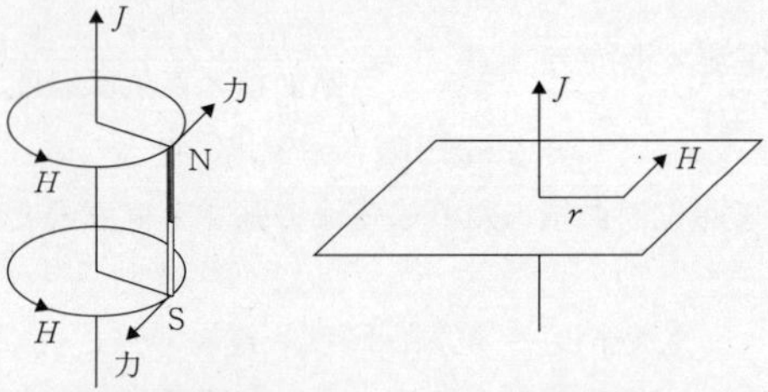

図1　電流Jが流れるとそのまわりに磁場Hの渦が生ずる．その結果，電流と平行においた磁針には，それを回そうとする力がはたらく．

た．同じ年にビオとサヴァールとはこの現象についての量的な法則を発見し［補注B］，ラプラスがこれを遠隔作用としてさらに展開した．この法則の中では電磁気についての常数が速度の単位をもっている．これは後に光の速さに等しいことが発見されたので，たいへん重要な値である．ビオとサヴァールとの実験によると，直線の電線に流れる電流は磁石の極を引っぱったり，反発したりはしないが，電線のまわりに円に沿って磁針を左図のように回す作用をもつ．右ネジを電流の向きに進めるよう回すと，その回す向きに正の磁極を押す．その量的な法則は電線の長さと電流の強さに比例し，電線からの距離の2乗に逆比例するような力が働く．この法則はニュートンの法則や静電気・静磁気の法則と形が少し似ているが，全く違った性質をも持っている．それは力の向きが違うのである．右図のように電流の方向と電線からその位置への方向と，その点に働く磁気力の方向はたがいに垂直になっている．これはあたかも自然にでき上がっているユークリッド空間の直角座標系の構造をなしている．この法則で現われる常数［補注 C］は他の量をはかることによってはっきり測定される．その値は毎秒 3×10^{10} cm であることがわかった．これは 1856 年のウェーバーとコールラウシュの実験による．この値が真空中の光の速さに等しいということは，多くの人に光学と電磁気学とのあいだに橋を渡そうという試みを促した．それに成功したのはファラデーの次に述べるような実験事実を利用したマクスウェルであった．

この常数が速度の単位になるのは電流に現われる荷電の単位をクーロンの法則中の常数を 1 ととっての話である．このような単位を静電単位系という．これに反して電流による磁気の法則中の常数を 1 になるように電流の単位を決める場合，電磁単位系という．この毎秒 3×10^{10} cm という値はちょうど二つの単位で測った電流の値の比に相当する．

5　電力線と磁力線

ファラデーは，1837 年に電気分解の法則を発見した．これは先に述べたとおりである．さらに不導体の電気作用を発見した．まず電池の両極を一定の電位差にしておき，この両極から針金で不導体の物質溶液の中にひたした金属板につなぐ．その時この二つの金属板に現われる電荷はその不導体物質によって全く違った値になる．これは明らかに不導体といえども，ある種の電気作用を持つことを示すものである．この二つの金属板から成り立つ導体のあいだでの電気の容量がそのあいだにある不導体によって影響される．この発見からファラデーは電気の遠隔作用の考えをすてて，新しい近接作用の解釈を下すようになった．二つの金属板の中の荷電が，そのあいだにある空間を簡単に通って作用するのでなく，そのあいだにある不導体が電気作用の伝達に本質的な役割を果たすのである．すなわちこの作用は不導体の中を次から次へと移ってゆく一種の近接作用の総計と考えねばならない．

この近接作用は変形された物体中の弾性力が伝わるときに見られている．ファラデーは不導体中のこの電気の近接作用と弾性の法則とを比べて，力線という考えに到達した．この力線というのは，正の電荷から負の電荷の方へ向かって電気力の働く方向に沿って不導体の中を走るものと想像される．二つの平面コンデンサーの場合は，この力線はこの平面に垂直に走る．ファラデーによるとこの力線は電気現象の本質的な立役者であって，普通の物質のように運動したり変形したりして電気の作用を伝えてゆくというふうに想像された．ファラデーによると電荷はこの力線が出たり終わったりする場所にすぎない．このような考えによって，導体の表面に電気が集まり内部にはないということも説明された．この事実は先にクーロンの法則を導くときに根拠として使われたものである．しかしファラデーは流体説のように電荷を根本なものと考えないで，電媒質中の電場の緊張状態を根本的なものと見る．この状態は力線によって示される．導体は電場の中にある一種の穴のようなもので，荷電というものは架空の概念であり，電場の作用によってつくられる圧力や引力を遠隔作用として説明するために生み出されたにすぎない．この電媒質というのは空気や水のような不導体以外に真空もまた含まれる．

ファラデーのこのような考えは，当時の物理学者や数学者には最初受け入れられなかった．クーロンの法則を少し変化する．すなわちそこに現われる比例常数を電媒質によって違う値にとる［補注D］．とくに真空中の値を１にとる．こうすればファラデーの発見した電媒質の電気作用を簡単に説明できる．これによって静電気力の法則は万有引力と同一形式の理論（ポテンシャル論）に含まれる．この立場では力線は源から試験体に直接働く力の空間的な様子を表わす数学的技巧にすぎない．

磁気についてもファラデーは近接作用の考えを発展させた．二つの磁極のあいだの力はそのあいだにある媒質の種類によって左右される．ファラデーはこの事実を発見するとともに，磁気力も電気力と同じように媒質の独得の緊張状態によって呼び起こされるものであるという見解をいだいた．この緊張状態の有様を現わすために磁力線が用いられた．この場合には紙の上に鉄粉をまき磁石をその下に置いておけば，その様子が目で見える．

この磁気力に対して遠隔作用論を使う場合には，媒質に特有な常数，透磁率（磁気力が浸透するという意味）を使うことによってクーロンの法則と同じような形に書くことができる．

$$磁気力 = \frac{二つの磁極の強さの積}{透磁率 \times (距離)^2}$$

この法則によって磁気力の現象は形式的には説明できるが，ファラデーにとってはこれでは不十分であった．磁石の性質はその中にある無数の分子の小さな要素磁石が自然に，または一つの作用を受けて，すべてが平行に並んだ場合に生ずる．物体の摩擦抵抗の現象から類推して要素磁石が平行に並んだ状態を保持する力というものは理解できよう．すなわち永久磁石でないような，たいていの物質ではこの抵抗力が全く欠けている．そこで外から磁気力の作用がくると，要素磁石は直ちに平行の位置に並ぶが，外からの作用が消えると直ぐもとにもどる．こういう物質は外からの磁場が作用している時だけ磁石になる．しかし物質の分子がいつもこういう要素磁石であると仮定する必要はないのである．すべての分子が北と南の磁気流体を含んでいて，場の作用を受けた時だけこの分子の北と南の分離が生ずると考えればよい．このようにして誘起された磁気は，遠隔作用論で透磁率を用いて表わした法則にちょうど従うように振る舞わねばならない．二つの磁極のあいだにはこのような分子磁石の鎖ができる．その並び方は次図のとおりになる．

電気についてもこれと同じ考えが応用される．電媒質もまた分子から成り，それ自身が正と負の電気に分離して電場の方向に平行に並ぶ性質を持っていると仮定する．二つの蓄電器の金属板のあいだには，このような分離した電気分子の鎖を想像する．その並んでいる電荷は内部では帳消しになっているが，板のところでは帳消しにならない．そこで板の荷電の一部分が埋め合わされるので，板に対して新しい荷電をつけ加えないことには一定の電位差を保つことができない．したがって蓄電池の容量が，両極間のあいだの電解質の分極作用によって高められることが説明できる．このような考えによると，遠隔作用論の結論は電媒質の働きによる直接の近接作用の総計として説明される．真

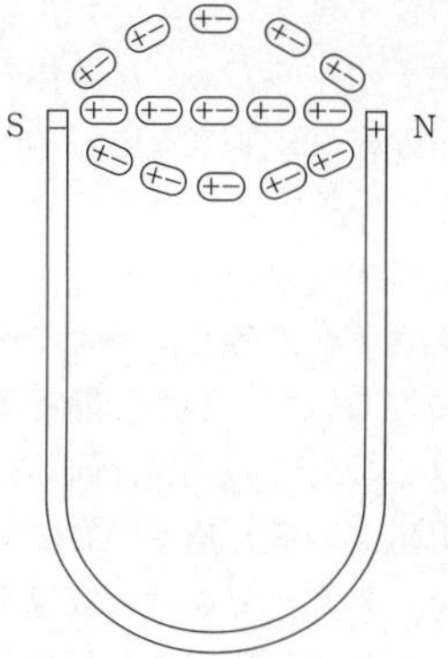

図 2　磁石の北極 N と南極 S のあいだの媒質の分子の偏極の想像図（+，−は北，南極）．

空中の電荷が単位電気の試験体に作用する力の幾何学的な分布，これを真空中の場と定義する．電媒質中の場は実際の分子の電気の変位によって起こるが，真空中の場は電媒質に相当する物質のない以上，一つの抽象であると考えられる．

それまで電気や磁気の力を真空中で伝える媒質として，エーテルというものが考えられた．ファラデーの近接作用論によるとこのエーテル中の場と電媒質中の場は区別がない．すなわちエーテルにも同じように電気の分極を考えていけないという理由はない．エーテルが原子から成り立っているというふうに考える必要はないのであって，場はこのような分極の原因ではなくて，分極ということが緊張状態の本質にすぎない．この緊張状態がわれわれが電場と考えるところのものにすぎない．エーテルの分子の鎖というものは，実は力線そのものであり，導体の表面にある荷電というのはこの鎖の終点にすぎない．エーテル分子以外に物質分子が存在しているときにはこの分極作用と荷電がそれだけ大きくなるにすぎない．

このようなファラデーの考えは当時の遠隔作用論にはっきり対立するものであった．しかし静電気・静磁気の現象にとどまる限りはこの二つの立場は同じ結果を導いた．しかし後に述べる電磁波の進行速度が有限であるということは，このファラデーの考えでなければ説明できなかった．ファラデーによると，電気磁気の緊張状態が伝わってゆく場合には，力学の惰性の作用と同様に次から次へと緊張状態の伝達に遅れが生じ，それによって全体として有限の伝達速度が説明できる．これは次に述べる電磁感応や変位電流の発見をもとに導かれた結論である．

6 電磁感応

1820 年，電流が磁針に力を及ぼすというエルステッドの発見のニュースが届いた1週間後，アンペールは平行な2本の導線を流れる電流は向きが同じなら引き合い，反対なら反発し合うことを学士院で発表した．彼はこの力の法則を遠隔作用論の言葉で表わし，これをもとにして棒磁石と同等な磁力線を生むコイルをつくった．この発見から磁気の現象は電気に基づくという考えを生むことになった．アンペールは磁性を帯びうる物質の分子中には小さな閉じた電流が流れていると想像した．この電流は要素磁石と同じ作用をするに違いない．したがってもはや磁気流体というものは考える必要はなくなった．電気流体が静止しているときには静電気の現象が起こり，運動しているときには磁気の現象が起こると考えれば十分である．アンペールの発見した法則から次のことが想像される．電流のまわりには一つの磁場ができる．第2番目の電線の電流は，この磁場によって力の作用を受ける．この磁場は流れる電気に対して加速度を与えるであろう．それならば磁場が電気を動かすことができるのではないか．1831 年にファラデーとアメリカのヘンリーは独立に，磁場が静止しているときには

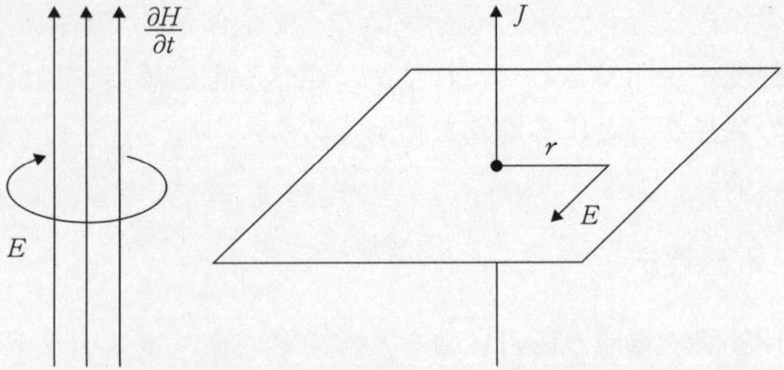

図3　H の変化 $(\partial H/\partial t)$ あるいは磁気変位流 J によって r の位置に誘起される電場 E.

電気を動かす（電流をつくる）作用はないが，磁場が変化するときには瞬間的な電流を得ることができるという発見をした．これはその磁場のまわりに電線が上図のように回っていて，磁場が突然その方向で変化したとき，上図のような方向で電流が流れる．このように誘起された電気力は磁場の変化の速さ（これを磁気変位と名づける）に比例する．ファラデーはその力線の考えを用いてこの現象の説明をした［補注 E］．この法則は磁力線の変化の方向に垂直な平面上で

$$\text{誘起された電場の強さ} = \frac{\text{磁気変位流}\times\text{磁力線の長さ}}{\text{常数}\times(\text{距離})^2}$$

この法則は先に述べたビオ－サヴァールの法則と形式的に対称な形（方向反対）をしている．

$$\text{誘起された磁場の強さ} = \frac{\text{電流}\times\text{電線の長さ}}{\text{常数}\times(\text{距離})^2}$$

これは電流が針金の中を流れているときに針金から垂直にある距離だけ離れた場所での磁場の強さを与える．ここで二つの法則の常数は電磁単位と静電単位の電流を測った比であって，これが光速に等しいことはのちにウェーバーとコールラウシュが発見した．これらの二つの法則によって電気および磁気の現象の根本が明らかになり，変圧器・電動機・発電機などの多くの工業的な応用が発達した．

7 マクスウェルの近接作用論

マクスウェルはファラデーの電媒質や力線の考えを基に数学的な電磁場の理論を建設した．まず第一にクーロンの法則を電気分極（変位）の考えから解明すると，電気の保存の法則にほかならないことを明らかにした．すなわち電場 E は電媒質中で電気変位 εE を起こすと仮定する［補注F］．この電気変位によって任意の体積中に含まれる電荷は増しも減りもしないということを仮定すれば，クーロンの法則が導かれるのである．この場合電媒常数 (ε) はその真空中の変位 $1E$ との比と考える．マクスウェルはさらに，この法則を空間の 1 点とその近くとのあいだに微分関係によって表わした．この方程式は空間的にごく近接した点のあいだの変化の法則を表わす，いわゆる微分方程式であって，近接作用の形式をとっている．

マクスウェルは同じ考えを磁気についても当てはめた．この場合には電気と異なって孤立した磁極というものがな

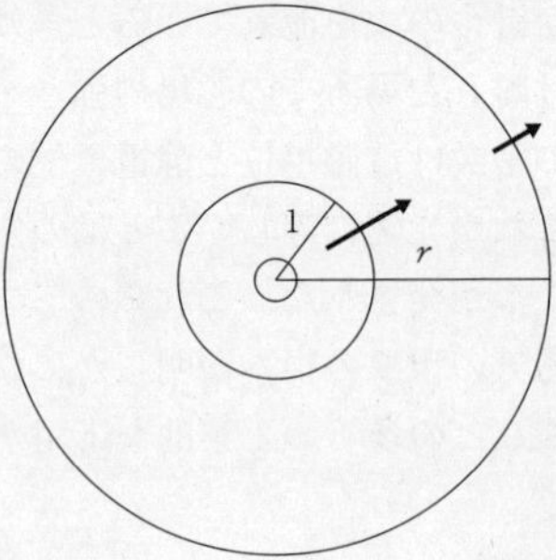

図4 中心に電荷があるとき，半径 r のところでの電気変位の比は $1:r^2$，これからクーロンの法則を出す．

い．そのために法則は電気の場合と変わった形になる．電気の場合の力線が荷電から出発して無限の彼方にまで散ってゆくことがあるのに反して，磁気の力線は必ず，正の磁極から負の磁極に終わり，さらに磁石の中を貫通している．すなわち磁力線はいつも電流（針金中にせよ，分子中にせよ）のまわりに生じ，その方向は電流をとりまいて渦巻形をとる．

次にビオ－サヴァールの法則の微分化である．マクスウェルはアンペールの法則を基に電流のまわりの磁場についての法則を，無限に小さい大きさについて成り立つ形に書き直した．これは磁場の渦の大きさと方向が電流の方向と大きさによって決まることを表わす．同じようにして，電磁感応についてのファラデーの法則も微分方程式によって表わされる．この場合には磁場の変動によって起こる電場

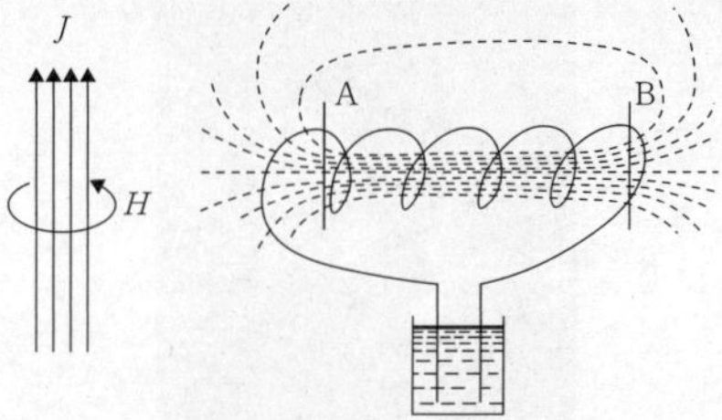

図5　コイル AB のまわりの磁力線．電流 J とそれによって誘起される磁場 H の向きを示す．

の渦の大きさと方向は，磁場の変化の大きさと方向によって定まる．

以上の二つの渦の方向は電場と磁場で反対になっていることは注意すべきことである．1864 年にマクスウェルは電流の概念を拡張して，電媒質中を流れる変位電流という考えに到達した．電媒質中の電場が変化している場合には，電気は移動しないが，電場の変化が電媒質の変位の変化としてその中を伝わってゆく．その大きさは電媒常数と電場の時間的変化に比例する．これを変位電流と名づける．

電池の両極を蓄電器の両板につなぐとき，この変位電流が両板のあいだを流れると考えれば，針金を流れる電流（これを伝導電流という）とともに一つの閉じた電流ができあがる．マクスウェルの考えの本質的なところはこの変位電流もまたビオ－サヴァールの法則に従う磁場をつくる

図6　マクスウェル

という仮定である．磁力線の変化（磁気変位流）がそのまわりに閉じた形の感応を誘起する事実と比べると，この場合の電場および磁場についての微分方程式が非常に対称な形で書けることが想像されよう．異なる点は磁気には伝導電流に相当するものがなく，磁気には開いた磁力線がないということだけである．

マクスウェルの方程式を言葉で表わすと次のとおりになる．(1) 電荷が存在するところでは，任意の体積の中に変位によって新しく生ずる正・負の電荷が常に帳消しされるようなふうに電場が生ずる．(2) 閉じた表面を通る磁気変位は，それだけでちょうど帳消しになるようになっている．(3) 電流のまわりには，常に磁場がそれを渦状にとりまく．(4) 磁気の変位流れのまわりには，電場が同じく渦

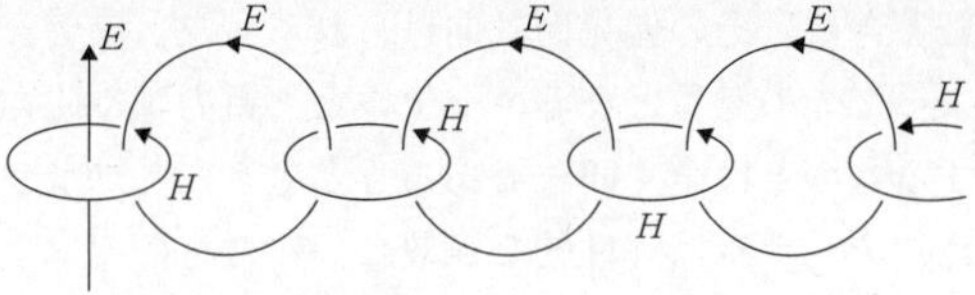

図7　磁波の伝播の想像図．電気振動が起こると，となりの空間に次々と磁場 H と電場 E が誘起される．

状にとりまくが，その向きは (3) の場合と反対である．

(3), (4) は誘起される磁場または電場の空間的変化だけでなく，変位電流または磁気変位流のような時間的変化をも含む法則である．この法則によると，電気，磁気の力は伝導電流の流れえない電媒質（空気・真空など）中をも次々と波の形をとる力線を通じて伝わることが予想される．

電磁気力の伝達の速さが有限で，しかもちょうど二つの単位系の比に等しくなることも証明される．これは遠隔作用論では導かれない近接作用論の新しい結論であった．

8　光の電磁説

先に述べたようにウェーバーとコールラウシュが電磁気の常数が光の速さに等しいということを証明した．また 1834 年にファラデーは，偏光が磁性を帯びた物体中を通過すると影響を受けることを見いだした．光は磁力線の方向に進むときにはその偏光面は曲げられる．ファラデーはこれによって光の媒質となるエーテルと，電力線や磁力線を媒介するものとは全く同一であろうと考えた．ファラデーの考えたエーテルは弾性的な媒質といったものではなかった．このエーテルはすでにわかっている物質の性質の類推から想像されたものでなく，正確な実験とそれから得られた法則に基づく推論の結果であった．マクスウェルはこのファラデーのエーテルを数学的に取り扱い，真空中の電磁気力の伝導の速さがちょうど光速に等しいことを数学的に証明した．これを今簡単な実験で例証してみよう．二つの金属球を正および負の等量の荷電で強く帯電させると，そのあいだには強い電場が働く．ここでもし火花が散って放電が行なわれたとすると，この電場は非常な速さで消える．それによって磁力線（閉じた形の磁気変位流）が生じ，それによってさらに電力線（閉じた形の変位電流）がそのまわりに生じ，それは交互に外に広がってゆく．このありさまを二つの球を結ぶ直線の中点からそれに垂直な直線上で見ると，電力線と磁力線がおたがいに垂直になりながら進行してゆく．しかもその方向はいずれも進行方向にも垂直である．これは光が横波であることとよく一致している．マクスウェルのこの結論は直ちに実証された．ことに電媒質の中では，電磁気力の伝達速度は真空中の光速を電媒常数の平方根でわったものとなる［補注 G］．そしてこのことを利用すると，光の屈折率が電媒常数の平方根で与えられる．このようにマクスウェルの光の電磁説によると，光の性質が純粋に電磁気の性質から導かれることになる．1874年にボルツマンが水素や炭酸ガスや空気について，そのような関係が成り立つことを実証した．しかしその他の場合にはこの関係が成り立たなくて，光が色によって屈折率が違うことがわかった．この問題は後に原子論の立場からの光の分散の理論によって説明された．

1888年になってハインリッヒ・ヘルツが実際に電磁波をつくって，その伝達の速さを実測した．それによってマクスウェル-ファラデーの説ははっきりとつかまえられた．今日ではヘルツの電磁波は無線電信やラジオに広く応用されている．

9　電磁気のエーテル

今やエーテルは電磁気および光学現象のすべてを媒介する一つのものと考えられるにいたった．その法則はマクスウェルの電磁方程式によって完全に記述される．しかしエーテルそのものの構造についてはほとんどわかっていない．電磁場をささえ，光の振動を行なわせるところのものはどんな構造を持つであろうか．ファラデーの変位の考えは，物質の電気分極や磁気分極についてはもっともなところはあった．実際この考えは後に電子論にひきつがれた．しかし真空中のエーテルについては，この変位の考えは純粋に架空のものとならざるをえない．このエーテルについて力学的な像をマクスウェルの法則から描くことができるであろうか．マッカラフは，エーテルは電気的な状態にあるときには直線上の変位に対する抵抗を持ち，磁気的な状態にあるときにはある軸のまわりの回転に対する抵抗をそれぞれ持つ物質と考えた．しかしこうした無理な想像はそれだけ，いっそう複雑で神秘的な性質をエーテルに与えるにすぎなかった．ヘルツは次のようにいっている．「すべての物体の内部は自由なエーテルにとりかこまれ，それが攪乱される場合には電気または磁気現象が起こる．エーテルの状態変化の本質はわからないが，それによって引き起こされる現象によってのみ，その存在が想像される」．このようにエーテルについての力学的模型による説明を断念するという考えは方法論として非常に重要であり，後にアインシュタインの特殊相対性原理によって受け継がれたのである．

10 ローレンツの電子論

電気は原子的な構造を持っていて，分割できない最小単位から成るという考えを最初 1881 年にヘルムホルツが考えた．これは電解質内では，当量の物質が一定の電気量に対して分解されるという，ファラデーの法則を理解するための仮説であった．電解質溶液の中の各原子には，一定の電気原子すなわち電子なるものが化学結合していると仮定すれば，この法則が説明できる．この電気の原子的な性質は，希薄な気体中の電気の伝達の現象すなわち陰極線（プリュッカー，1858年）によって初めて直接に証明された．1869年，ヒットルフが陰極線は固体の後では影をつくることを認め，これを光線の一種とみなした．クルックスはこの陰極線を物質の第4番目の集合状態であると考えた．しかしJ. J. トムソンやレーナルトが，陰極線を陰電気の流れで電場や磁場の影響を受けて示すその性質を詳しく調べた結果，陰極線は陰電気を帯びた質量一定の粒子の流れであるという結論が導かれた．そしてその電荷と質量の比が正確に測定されて次の値が得られた．

電荷÷質量 $= 5.31\times10^{17}$ 静電単位/1グラム

他方電解質溶液の分解の実験から，1グラムの水素が 2.90×10^{14} 静電単位の電気量を担って運ぶことがわかっている．この二つの事実から容易に陰極線の質量は水素原子の質量の約1830分の1であると計算される．

負の電気は自由に動く電子から成り立つことがわかったが，正の電気はどうであろうか．正の電気は水素のような物質の原子に結びついていて，自由には現われないように思われた．そうすると電気の一流体説が正しかったことになる．J. J. トムソンは1898年に個々の電子の荷電量を測定することに成功した．その後1909年にミリカンがさらにその実験を精密に行なった．その大きさは［補注H］

$$e = 4.77\times10^{-10}\ \text{静電単位}$$

ローレンツはこの電子についての力学をマクスウェルの電磁論から建設した．ローレンツによると物質原子は正の電荷で満ちていて，その中にある数の負の電気を持った電子が含まれていて，外に対してはちょうど中性になっている．不導体中では電子は原子に強く付着していて，外からの電磁気力によっても分極するにすぎない．しかし電解質や導体の気体中では電子が一つ，もしくは数個欠けているか，もしくは多過ぎる原子すなわちイオンが存在する．このイオンは電場によって電気と物質の両者を運搬する役目を果たす．金属中で，電子が自由に飛び回り，物質の原子と衝突することにより電流の抵抗が生ずる．磁気はある種の原子中では電子が閉じた軌道を回って生ずる分子電流に帰着される．エーテルの海の中では電子と正の原子の荷電が漂っていて，その中で電磁場はマクスウェルの理論に従うような運動をする．電子が運動をすると電流を生ずる．自然の電磁気現象はすべて究極のところは，電子の運動とこれによって生ずる場から説明する．物質の示す性質の相違はその原子に対する自由な電子の運動の多様性に基づく．電子論の課題は伝導率や電媒常数や透磁率等，物質のもつ電磁気的性質を電子や原子に対する電磁論の法則から説明することである．これらの性質は物質の電子的構造に立ち入らない現象論では説明が不可能または困難であった．その他，光と電磁気のあいだの相互作用によって生ずる現象の電子論の説明はみごとであった．

11　電磁質量

ローレンツの電子論の成功はすべての力学現象を，電磁

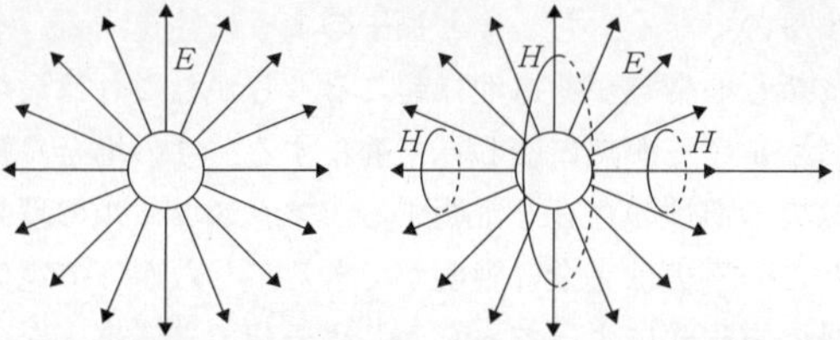

図 8　電磁質量．電子が静止しているときは，まわりの場は一様で電子に反作用は働かない（左）．電子が v の速度で動き出すと，まわりに磁場 H が生じ，電場 E も一様でなくなる．そこでこの電子に外力が働くと，この E と H が抵抗を示す（右）．

気学に帰着させることができるのではないかという希望を生んだ．もしこれが成功するとニュートンの抽象的な絶対空間が具体的なエーテルとして現われることになる．こうなると慣性抵抗や力はエーテルの物理的な作用として説明できるが，力学の相対性が厳密な意味を失ってしまう．なぜならば後述のように物質エーテルを仮定した電磁気学の相対性は，座標系の速度と光速の比についての展開の最初の近似として成り立つにすぎないことになる．

電場と磁場の相互作用は力学の惰性と同じような効果を生むことがある．電磁場は力学的質量と全く同様に加速度的な現象を起こす．たとえば無線電信に対する器具に起こる電磁振動の現象について考えよう．蓄電器が帯電すると最後に火花が散る．すると蓄電器は再び荷電を失い電気量がそれだけ流れる．しかし電気は完全に平衡の状態に一時に達するのでなく，ちょうど振子のように往復する．そのために新しい帯電が蓄電池に起こる．しかしこれは最後に電気エネルギーが熱に変わって静止する．この場合，電気振動は場の慣性の存在を証明する．マクスウェルの理論を使うとこの事実は完全に説明ができる．したがって電気振動は場の方程式によってあらかじめ予想できる事実なのである．J.J.トムソンはこの事実から，物体が持つ慣性はその中に含まれる荷電によって大きくなるはずであると考えた．たとえば前ページの図のように，荷電を帯びた球が最初静止していて次に運動を始めるとする．静止している場合には，そのまわりに力線がある．運動する場合にはその運動方向をとりまく磁力線がさらにつけ加わる．荷電の運動は伝導電流を生じ，それによって磁場が生ずるからである．この電気および磁気の力線によって表わされる状態は，これを静止せしめる場合には一つの抵抗を外力に対して示すであろう．また運動する荷電球をさらに走らせるためには，まわりの磁場をもそれにふさわしく強くさせねばならない．したがってそれだけ力を多く必要としよう．この部分は，荷電を持つ物体の加速度が大きいほど大きくなるに違いない．したがってその部分はあたかも荷電球の質量がいくらか増したと同じ効果を与えるであろう．この見かけの質量の増加を電磁質量と名づける．

電子は水素原子の2000分の1という小さい質量を持っている．それではこの小さな質量は，すべて電子の荷電に基づく電磁質量として説明できるであろうか．こうした目的で，電子の質量がその運動速度によって変化する割合を測定して，これを電磁質量とおけるかどうかということを確かめようとする実験が行なわれた．しかし電子にどのような電荷の配布状態があるかによって，この結論が左右される．アブラハムは電子は剛体球と考え，荷電は一様にその内部および外部に分布していると仮定した．そして1901年にカウフマンは電子の速さが増すにつれてその質量が増すということを測定し，アブラハムの理論によって電子には電磁質量以外に普通の力学的質量がないという結論を導いた．

1904年にローレンツはアブラハムの剛体電子の仮定以外に，さらに新しい仮定をつけ加えなければ電子の質量と速度の関係が説明できないことを示した．それは電子は運動方向に一定の割合で形が短縮されるという仮定である．これはローレンツ短縮と呼ばれるものである．電子の質量に対するローレンツの式は，これらの仮定の助けを借りて初めて電子についてのすべての現象を，その速さと光速の比の2次の近似まで完全に説明できるものであった．しかしこのローレンツ短縮は，後にアインシュタインの相対性原理によって本質的な説明が与えられた．

第3章　光とはなにか

1　エーテル

力学は物理学の中ではほんの一部分を占めているものであるが，物理学の基礎として歴史的には発達してきた．とくに時間と空間の問題を解くためにも，力学的な経験や理論が主要な位置を占めてきた．ところが空間の問題を理解するためには，なにもない真空を通る光や電磁気の現象も，さらに大切な役目を果たす．光は完全に真空にした容器の中をも透過し，電磁気力は真空を通して作用する．太陽や星の光はほとんどなにもない空間を通って地球に達する．太陽の黒点と地球上の極光や磁気嵐の現象のあいだの関係は，電磁気的な作用が宇宙の空間を通って働くことを示している．このようにある種の物理的な現象が宇宙の空間を伝達するという事実は，空間が全く空虚なものでなくて，きわめて微細な重さのない物質で満たされていて，その物質がこれらの物理現象を伝える作用をもつという仮定を生んだ．この未知の物質をエーテルと呼ぶ．今日ではこのエーテルという概念はある物理的状態，もしくは場を伴う真空という意味以外に使われない．しかし最初に光や電磁気の伝達する現象を説明するために，このような物質の存在を考えついたことは大きな意味があった．もしも最初から真空中の場というような抽象的な概念から出発しようとしたならば，多くの問題の理解は困難であったかもしれない．エーテルは光学や電磁気学のなかで実際の物質として扱われ，その物理的状態や運動は普通の物体の力学で理解しようと試みられてきた．つまり光学や電磁気学の発達は，エーテルの物理学というものを念頭において進められたのである．

2 光の微粒子説・波動説・光の速さ

紀元前1世紀にルクレティウスは光の現象についてその詩の中で触れている．それは目に見えない微粒子が光を発する物質から飛び出して，目の中に入ると色と形を与えるというのである．科学的な光学は1638年のデカルトに始まる．デカルトは光の進行や反射屈折の基本的な法則を含む著書を著わした．反射屈折の法則は1618年ごろにスネルが思考実験によって発見した．デカルトは光の媒質としてのエーテルの考えを発達させて，光の波動説のさきがけをなした．その後ロバート・フック（1667年）やクリスチャン・ホイヘンス（1678年）がこの理論をさらに進めた．他方ニュートンはこれより少し前の時代に，光の微粒子説をたてている．光の微粒子説とは，発光物質から一種の微粒子が放出され力学の法則に従ってこれが運動し，これが目にはいると光の感覚を起こすというのであった．波動説はこれに反して，光の伝播を水の表面の波や空中の音波になぞらえて考える．そしてすべての透明物質に侵入し，振動を行なうことのできるある媒質として光のエーテルを仮定する．エーテルの個々の部分はその平衡の位置で振動する．光の波として進行するものはエーテル粒子の運動状態だけであって，粒子自身は進行しない．

光の波動説に対する反証はないでもない．元来，波というものは障害物の影に回るものである．ところが光線は実際は直進し障害物の後に鋭い影をつくる．ニュートンはこの事実をもとに波動説を退けたのである．しかし1665年になってグリマルディは，光といえども角を回って後に回り，障害物の後にできる鋭い影の内側に弱い縞《しま》の形になった明るみが生ずることを発見した．この現象は今日，回折と呼ばれている．ホイヘンスはこれを根拠として熱心な波動論者となった．さらにホイヘンスは二つの光線がおたがいに妨げ合うことなく交錯するという事実を発見，波動説の論拠とした．光が微粒子なら，交錯した時は粒子の衝突のようにはじかれて，おたがいの進路が乱れるはずだからである．またホイヘンスは波動説によって光の反射屈折を説明することに成功した．ホイヘンスの発見した原理によると，光の刺激を受けた点は，再び球面光波の源としての役割を果たす．光の反射屈折の問題では，光の粒子説と波動説で原理的な差が生ずる［補注1］．

ホイヘンスはまた結晶の複屈折の事実を波動論によって

説明した．複屈折とはエラスムス・バルトリン（1669年）の発見によるもので方解石の中を光が通るときに二様の屈折をする現象である．ホイヘンスは光はこの結晶の中では二つの異なる速度で広がると仮定した．また方解石の中を通過した光線は，第2の方解石を通るときに全く普通の光と違う振る舞いをすることを発見した．1717年にニュートンは，光線は円形のプリズムについては対称を示さないが，正方形の断面を持つプリズムのような対称性を持つことを考えた．ニュートンはこの事実を波動説の反証と考えた．なぜならば音波の場合の類推からみると，粗密波は波の進行方向について振動するのであるから，波の進行方向に関して回転対称だけを持つと想像される．すなわち光が波なら，複屈折のような進行方向についての回転対称でない対称性は起こりえないとニュートンは考えたのである．

虹の色とガラスの破片に太陽の光が当ってみえる色とが同じであることは，古くから知られていた．しかし太陽の光のような白色光が7色に分解され，また逆に7色から白色光が合成される理由はよくわからなかった．1666年，若いニュートンは白色光をプリズムによって各成分の色に分解しその位置を測定した．この各成分の光は，もはやそれ以上分解できない光の基本的要素である．各成分は，そのプリズムによる屈折の程度が違うために，進路が分散して色彩を生じた．このニュートンの色の理論は今日でもその意義を失っていない．色は波長の相違を表わし，単色光は一定の波長の光であると解釈すればよいからである．1801

年，イギリスのトーマス・ヤングは石鹼膜，あるいは傷ついたガラス表面などに白色光をあてて見える美しい色彩の濃淡を詳しく調べて，光の波動の干渉という考えに到達した．薄膜あるいは傷中にはいって再び現われる光ともとの光とが合した時，エーテルの振動運動は二つの光波の影響の合成したものになる．二つの波の山と山，谷と谷が合成されるとその起伏は倍加され，谷と山が合成されると起伏が消える．このように二つの波の干渉の結果生ずるものは強弱（起伏）が倍加されて濃淡の縞状を表わす光である．この干渉は同じ波長すなわち同じ色の光波ごとに起こるので，実測のような色彩の濃淡が生ずる．ヤングの干渉の理論は多少難解であったが，1822 年フランスのフレネルが改良し，ここに波動説の根本原理が与えられた．

19 世紀の最初の 25 年のあいだは，20 世紀における最初の 25 年と同じような状態に物理学がおかれていた．20 世紀では放射能の発見や輻射理論があり，相対性理論と量子論の確立がわれわれの自然認識を非常に広めた．それと同様にちょうどその 100 年前においては，光学について最初の統一ある理論が建設され，それによって無数の新しい観測や実験が見いだされたのであった．また当時はラグランジュの解析力学やラプラスの天体力学が現われニュートンの構想を完成した．それを基にナヴィエやポアソンやコーシーやグリーン等が変形体の力学，すなわち流体や弾性物質の理論をたてた．光学においてはフレネルやヤングやアラゴーやマリュスやブリュースター等が新しい理論を建設した．これと少し遅れて電磁気学の発達が行なわれた．その当時の物理学は主としてフランス，イギリスおよびイタリアにおいて行なわれた．

フレネルは二つの鏡をかたむけておき，光線を反射させ，両者の干渉縞を観測した．この種の装置はその後いろいろと改良されたが，原理的には同じもので干渉計と呼ばれる．とくにシカゴ大学のマイケルソンのつくった干渉計は有名である．

干渉がそもそも行なわれることが発見される前には，光がそれぞれ一定の波長の要素に分解できるという事実がわかっていた．そうしてこの干渉計によって生ずる縞から，個々の成分波の波長が非常に正確に測定された．たとえば塩化ナトリウムの黄色い光の波長は真空中で 6×10^{-5} cm である．また可視光線は 4×10^{-5} cm（紫）と 8×10^{-5} cm（赤）のあいだの波長を持っている．ナトリウムの黄色い光の場合，その振動数はこの波長と光速から簡単に計算できて1秒間に 5×10^{14} となる．音の振動は最も高い聞こえる音でも1秒間に5万ぐらいにすぎない．

干渉計で測られる光の波長は非常に正確であるから，一つの気体中での光速が，その気体の圧力や温度の微少な変化によって受ける影響を測定することができる．

最初，光は瞬間的に伝わると考えられていた．光の伝達に時間がかかることを初めて認めたのはガリレイである．1607 年にガリレイは灯火のシグナルを使って光速を測ろうとしたが，光が地上の有限の距離を走る時間は測定できないほど短かった．1676年にオーレ・レーマーは天体について光速を測ることを思いついた．木星の月の規則的な食が，地球が木星に遠ざかるか近づくに従って，おそくなったり早くなったりすることを発見した．彼はこの現象を，光が地球にまでやってくる道の遠近によって説明した．彼はそれから光速を測定し，今日の値に近い値を得た．1727年にジェームズ・ブラッドリーは恒星の公転から光速を推測した．

地球上での光速の測定は1849年フィゾーによって初めて成功し，その後1865年フーコーによって行なわれた．それらの値は上述の天文学での測定値によく一致した．それは1秒間に

$$3\times10^{10}\ \mathrm{cm}$$

これらの方法では，光源から離れたところに二つの鏡をおき，屈折と反射を使って光速を測定するのである．またこの方法によって空気中でなく水中の光速も測られ，空気中より水中の方が少ないこと（約4分の3）が見いだされた．これは波動説に味方する一つの根拠となった．

3　偏光と光の横波

干渉の現象は光の波動説でなければ理解できないが，ニュートンが先に指摘したように二つの困難はやはり波動説にとって致命的である．その一つは光の直進，他は偏光現象の説明である．まずフレネルが，次に1882年にキルヒ

ホフが，そして1895年にはゾンマーフェルトが光の回析の理論を建設し，光の直進についても満足な解答が与えられた．これはまた先に述べたような，鋭いかげの内側に弱い光の縞が生じている現象によって裏づけられた．第二の困難はフレネルやアラゴー（1816年）によって決定的な解決が示された．彼らは，光の振動は進路に垂直な平面でおこる横波であるという仮定によって偏光の現象を説明した．その結果，波動説の困難が取り除かれた．

4 運動体の光学

これまでは光学現象を考える場合，運動する光源や観測者の場合を考えなかった．さて光エーテルの理論では，空間には一定の質量と弾性を持ったエーテル物質が満ちていると仮定される．エーテルと普通の物質とは，おたがいに力学的な力を及ぼし合い，それぞれニュートンの法則に従う．そこでこの立場がはたして実験に合うかということが問題になる．しかしエーテルの運動状態はよくわからないので，光学現象が統一して説明できるようなふうに，エーテルと物質とのあいだの相対運動を仮定するほかはない．ニュートン力学では，慣性系はそれぞれ同じ権利をもって空間に静止していると主張することができた．そこでこれにならって次のように仮定する．

「エーテルは物質の外では慣性系に静止している」．もしもそうでなければエーテルが加速され，その結果エーテルの密度や弾性が変わり，光学現象も違った形になるであろう．この仮定はニュートン力学の相対性を満足するものである．もしもエーテルを物体と同じに考えるならば，エーテルに対する物体の移動運動は，物体が第2の物体に対する場合と同じように相対的な運動となり，エーテルとすべての物質との共通な移動運動がたとえあっても，それは力学的にも光学的にも証明できないことになる．しかしそうなると，エーテルぬきの物体だけの物理学は，もはや相対性を満足する必要がなくなる．エーテルをともなわないすべての物質の共通の移動運動は，光学の実験によって認められるはずであると．こう考えてくると，エーテルは実際上は絶対に静止した座標系を表わすことになってしまう．そこで問題は，観測された光学現象はいろいろな物体間の相対運動だけに依存するか，それともエーテルの海の中でのエーテルに対する物体の運動が認められるかということである．

今地球が絶対静止のエーテル中を運動しているとしよう．地球上からみるとエーテルの風が逆向きに吹いている．そこでエーテルの風に乗ってくる光は，それだけ速度が大きく観測されるはずである．エーテル風の速さと光速の比をβとし，前者を地球の公転速度と同程度とみなすと，βは約10^{-4}という小さい値になる．地球上の光波を利用する普通の光速測定法では，鏡で光を往復させるのでβの1次の効果は消え2次の効果しか予想できず，容易に見分けられそうにない．アラゴーは恒星からの光を望遠鏡で半年隔てて測ると，レンズ中のエーテル風の向きが逆になり，光速が変わってレンズの焦点がずれると考えた．しかし予想されたβの1次の効果は発見されなかった．フレネルはこの失敗に対し，レンズ等の透明物質中を光が通るとき，エーテル風が一部分（屈折率に依存して）同伴するという理論を立てた．この同伴のために，エーテル風は吹いていてもβの1次の効果は偶然消えると結論される．フィゾーやフォークは水を光の進路においた巧妙な装置によって，この理論をβの1次の効果について裏書した．残る問題はフレネルの理論で消去できないβの2次の効果が果たして発見できるか，およびエーテル風の同伴がなぜ屈折率に関係するかという二点となった．エーテル風の効果が否定的であるのに反して，光源と観測者の相対運動の効果は実測された．

1842年にクリスチャン・ドップラーは，波の振動数の測定値は媒質に対する光源と観測者の相対運動に依存することを発見した．ドップラーは音波についてこれを実験した．しかし光についても，光源と観測者が近よる場合には光の色がいくらか紫の方に近づき，逆に両者が離れるときには赤の方に押しやられるはずである．これらの現象は実際に確かめられた．白熱した気体から発する光はすべての振動数を含んでいなくて，ある離散した振動数から成っていて，したがって連続的な色の帯を示さず鋭い線スペクトルを示すものである．この事実は1859年ブンゼンとキルヒホフによって発見された．星から発する光のスペクトルはそれに対応する地上のスペクトルと一致せず，初めの半年と後の半年とでそれぞれ反対の側に少しだけ変移する．このように星のスペクトルの振動数の変移は，太陽に対する地球の運動のドップラー効果の作用である．

5　エーテルの弾性剛体説

光の横波としての性質はその後多くの実験により確かめられた．フレネルはさらに光学現象をエーテルの性質についての力学を建設するところまで発展させようと試みた．フレネルはエーテルを一種の弾性剛体と仮定した．その理由は，力学的な平面波を伝達する能力を持つ媒質は，このような弾性剛体に限るからである．しかしフレネルの時代に，弾性剛体の数学的理論はまだ発達していなかった．そこで光の伝播の法則を経験的に知って，平面波のモデルをつくることで満足した．とくに結晶の中の光学現象は光のエーテルの性質を知るのに役だった．フレネルの結果はその後1821年ナヴィエ，1828年コーシーによって受け継がれ，弾性理論の系統的な研究が展開された．1828年にはポアソンもまたこの研究に従事した．

弾性体の中での変化を記述するには微分方程式の方法を必要とする．そこでエーテルの弾性理論は，当時の微分方程式の理論の発達に促されたわけである．ニュートンの重力の考えは，遠い遠隔の距離にも力が働くと考えていた．すなわちこの場合には，中間にある媒質の媒介をへずに力が働くので遠隔作用と呼ばれる．ところがこの光の弾性エーテルの場合には，等間隔にエーテル粒子が並んでいて次から次へと力が少しずつ伝わってゆく．そしてこのようなエーテル粒子の連鎖をへて光の波が伝わると考える．この理論ではエーテル粒子の弾性が仮定されねばならない．これは非常に物理的には不合理な考えにくいことであった．というのは，光の伝達の速さは非常な大きな値であるから，エーテルの弾性力は非常に大きいか，そのエーテル粒子の密度が非常に小さいことが必要となる．ところが光速は物質が違うと違った値になるので，物体中ではエーテルは密度が変わるか，その弾性が変わるはずである．しかし偏光の現象を説明する場合には，さらに複雑な過程を必要とする．このような複雑な要求や過程を光のエーテルは負わされねばならない．こうして多くの物理学者が（ポアソン，フレネル，コーシー，グリーン，フランツ・ノイマン，ヘルムホルツ，キルヒホフ，クラウジウス）がこの問題に頭を悩ました．1845年にストークスは宇宙の空間に満ちているエーテルは，惑星などの天体の運動などに対して抵抗するかという問題を研究した．天文学では，このようなエーテルの抵抗がひき起こす影響は全然認められていないのである．ストークスは物体の粘着力という概念は相対的なものであって，変形力の時間的経過によって変わりうるという事実から，上記の困難を幾分解決した．光のエーテルの振動では1秒間に6×10^{11}回振動する力が働くが，これは惑星の運行のようなゆるやかな運動に対してはハンマーでたたく力と重力との差ほどにも違う．エーテルは光に対しては弾性剛体として作用しうるが，惑星の運動に対しては完全に無抵抗とみなして支障ない．

しかし光の弾性理論には，さらにむずかしい困難が生ずる．それは弾性剛体の媒質の中では，横波にともなって必ず縦波が生ずる．たとえば二つの媒質の境界で波が屈折する場合には，最初の媒質中で横波であったとしても，第2の媒質にはいると縦波成分が生じてくるであろう．ところが光についての実験は，いつもそれが横波であることを示している．この困難を解くためには，たとえばエーテルは圧縮力に対しては無限に小さいか，あるいは無限に大きな抵抗を持つと仮定することもできる．このような仮定によると，縦波の部分が無限にゆるやかあるいは無限に速い振動を行なって，光としての現象を生まないと考えられる．1839年にマッカラフは弾性物質というモデルを全く捨てたエーテルの概念をつくろうと試みた．それは単なるエーテルを回転に対する抵抗だけを示すような物質と想像するのである．しかしこの考えも，光学現象と他の物理的現象とのあいだの関係を明らかに示すことは困難であった．エーテルについてモデルはその場その場で任意につくることができても，それはまた，他の問題あるいは他の分野に応用すると非常に不合理なものとなって現われた．

6 電磁気学の相対性

これまでに力学あるいは光学において，運動する物体のあいだに成り立つ相対性について考えた．今や電磁力学の分野でも，運動する物体のあいだに成り立つ相対性を考える段階にいたった．光学では，光速に対する物体の速度の比の1次の正確さまでしか測定が行なわれなかった．そして光学現象は，光を発し，あるいは伝達し，あるいは受け取る物体間の相対運動の速度にのみ依存し，これらの物体がエーテル中に静止していると考えて説明できる．これらの事実を説明するには二つの仮定が提唱された．一つはストークスの説である．物体中のエーテルは物体にともなって運動する．第二の仮説はフレネルによるもので，物体中のエーテルは部分的に物体にともなって運動し，その大きさは実験によって定めるほかはない．光学のところで述べたようにストークスの理論は矛盾を生じ，フレネルの理論はすべての現象をうまく説明する．

電磁エーテルが光学のエーテルと同じ物であるとすれば，再びこの二つの仮説を電磁現象についてためすことができる．ヘルツはマクスウェルの場の方程式を使って，電磁エーテルが物体の運動に完全に同伴するという仮説を立てた．ヘルツは運動する導体中の感応電流の現象が，これによって正しく説明できるということを示した．ところが不導体すなわち電媒質中の変位電流が役割を示す時には，ヘルツの理論は困難を導くことがわかった．電磁気学の相対性を調べるには次の四つの場合を考えれば十分である.

(1) 運動する導体　（i）電場中
　　　　　　　　　（ii）磁場中
(2) 運動する電媒質　（i）電場中
　　　　　　　　　（ii）磁場中

1875年にローランドがヘルムホルツの研究室において，また1903年にアイヘンバルトが確かめたように，(1) の（i）の場合には電導電流がヘルツの仮定のように導体中に生じる．(1) の（ii）については磁場の中に導体を置いてこれを運動させると導体中に電流が生じる．これはファラデーによって発見された感応電流である．ヘルツの仮定を考慮すると，針金中に生ずる電場はこの導体が閉じていれば，閉じた電流をその中に流すであろう．この電流の強さはこの電線をとりまく磁気変位に比例する．針金の運動によって，この磁気変位の数は1秒間に針金の速度をこれにかけただけ変化する．これから誘起された電場の強さが計算できる．このような現象は発電機・電話その他で完全に実証されている．

(2) の（i）の場合，すなわち電場中に電媒質を運動させるため，蓄電器の二つの極板のあいだにある電媒質より成る箱を動かすとしよう．この蓄電器を充電すると，箱の中には電場 E と電気変位 εE が生ずる．それによって，この箱の両方の端に蓄電池の極板と反対の電荷が生じる．この荷電はマクスウェルの理論によると，簡単に計算できて $\dfrac{\varepsilon E}{4\pi}$ となる．さてこの箱が速度 v で運動すると，ヘルツの仮定をとれば箱の中のエーテルは同じ速度 v で同じ方向に運動する．したがって箱の両端の電荷 $\frac{\varepsilon E}{4\pi}$ も同じ速度で運動し，したがって $\frac{\varepsilon E}{4\pi}v$ の電流が両端に生ずるであろう．この電流はビオ－サヴァールの法則により，そのまわりに磁場を生むであろう．この予想のもとにレントゲンが1885年に実験したところが，この磁場の大きさが予想より小さくて，両端の電気は

$$\frac{\varepsilon E}{4\pi}-\frac{E}{4\pi}$$

だけが速度 v で箱とともに動いていると結論せざるをえなかった．この結果は光学の場合の結果と同じであって，エーテルの完全な同伴を否定する結果であった．1903年にアイヘンバルトはこのレントゲンの結果をさらにはっきりと立証した．アイヘンバルトは電媒質の中に起こっている電流を測定して，これが

$$\left(\frac{\varepsilon E}{4\pi}-\frac{E}{4\pi}\right)v$$

であることを確かめた．(2) の（ii）の場合は，磁場の中に電媒質より成る箱を置いて，場に垂直に運動させる．この箱の両端には金属を接触させて閉じた回路をつくっておくものとする．そして両端に起こる電荷を測ることができるようにする．この場合には，ファラデーの電磁感応の法則によって，電場 $E=vH$ が生ずる．ヘルツの仮定をとると，箱の両端に生じた反対符号の電荷

$$\frac{\varepsilon E}{4\pi}=\frac{\varepsilon vH}{4\pi}$$

が生じ，電流計によってこれが測られるはずである．ところが1905年にH. A. ウィルソンが回転する電媒質についてこの種の実験を行なった結果，発生する電流は理論値より小さく

$$\frac{(\varepsilon-1)vH}{4\pi}$$

であることが実測された．これによるとエーテルのすべてが物体の運動に同伴するのでなくて，この物質と真空との電媒常数の差，すなわち分極の能力の差だけが同伴するということになる．

以上四つの代表的な現象においては，導体または電媒質に対する場を誘起する物体の相対運動だけが結果に現われる．ローレンツはこの結果を解釈するために，その電子論を応用した．

7　マイケルソンの実験

1881年にマイケルソンは自分で考案した干渉計を用い，非常に精密な測定によってエーテルと地球のあいだの相対運動の有無を測定して，この相対運動の効果を確かめるには，前述のようにフレネルのエーテルの一部同伴説ではこの要望にそって，1879年マクスウェルは木星の食を6年隔てて測定すれば，木星がちょうど半周するので，地球の軌

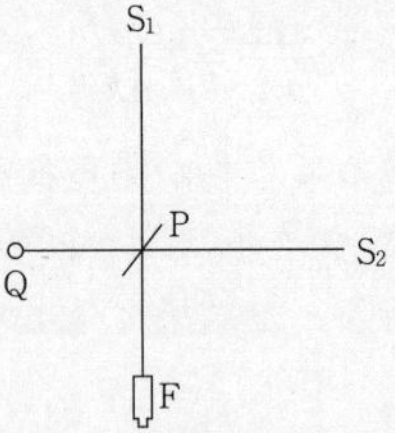

図1　マイケルソンの実験．光源 Q からの光は半分光を通す鏡 P で二分し鏡 S_1, S_2 で反射後再び P をへて望遠鏡 F で干渉を起こす．

道直径を横切る光の方向が反対になるため，β の 1 次の効果を期待できると指摘した．結果は否定的であったが，誤差が大きくて断定できなかった．

マイケルソンはモーリーといっしょに，上図のように光源に対して二つの方向に鏡をおいて，その反射からエーテルの地球の軌道運動に対する相対速度を測った．その結果マイケルソンたちはこの相対速度が，もし存在するとして計算した値の 100 分の 1 以下であることを確かめた．したがって光の速さは地球がエーテル中を運動するということによって影響を受けない．しかもこれは光波の干渉の理を利用したため，地球上の光源を使っても地球の運動と光速の比 β の 2 次の大きさまで細かく測っても成り立つことであった．マイケルソン自身はその実験から，エーテルは地球の運動につれて完全に地球と同伴するのであろうと考えた．しかしこれは電磁気の実験には反することである．

マイケルソンは地上からいろいろな高さにおける光速を測っていたが，予想されるような相違はなかった．彼は地球にともなうエーテルの運動は，非常に地上から高いところでなければわからないと考えた．しかしそうすると，エーテルは地球の近くでどうなるかということになる．オリバー・ロッジが1892年に光速はその近くで早く運動する物体があっても全然影響されないことを発見した．1908年になってリッツは光速は光源の速度に依存するという仮定をたてた．しかしこれもあらゆる実験に矛盾することが直ちに明らかとなった．

こうしてエーテル中の場というものは，物体中におこる時間空間的な変化をできるだけ簡単に説明するための一つの虚構にすぎないという意見すら現われた．

絶対静止のエーテル説のこの矛盾を救うために1892年にフィッツジェラルドが思いつき，ローレンツが直ちにとり入れた仮説をここでもう一度述べる．それはすべての物体は，エーテルに対して一様な速さ v で運動する時には，その運動方向において長さが

$$\sqrt{1-(\text{物体の速度}/\text{光速})^2}$$

だけ短縮され，その物体についた時計はこの割合の逆数だけ遅れるという仮説である．もしこの仮説を考えに入れるならば，マイケルソンの実験でエーテルに対する地球の相対速度が2次まで測っても零であったという結果を説明できる．このような長さの短縮をローレンツ短縮という．また動く物体についた時計が遅れるとすれば，場所によって

時刻が変わってくる．これは局所時という．

エーテルに対して動いて，観測者は長さと時間について違った目盛（単位が大きくなる）を必要とする．この不思議なローレンツ短縮と局所時は，物質の電子的構造のために起こった物理的錯覚であろうとローレンツは考えた．

8 エーテルの否定

光学と電磁気学の発達によって次第に明らかになったエーテルの知識には二つの面がみられる．その一つはエーテルという未知の物質の構造とこれに働く力の法則の探究であり，他はその運動学である．前者は次第に混乱を増す傾向があるのに反し，後者は心をひく統一の方向に向かっているように見える．光の電磁説からさらに進んでローレンツはその電子論によって，エーテルに対する運動学を完成しようと試みた．フレネルの同伴説では，物質中のエーテルの同伴が光の色に依存するという困難があった．ローレンツによると，エーテルは常に空間に絶対静止する物質中では，その電子が光の作用で変位を起こすために，その反作用を受けて光速が変わるにすぎない．光速が色によって違うのは，この反作用の大きさが波長によって違うためである．電子の起こす変位は，電媒質と真空との変位の差 $(\varepsilon E-E)/4\pi$ であり，この結果は前述の値（132ページ参照）と一致する．これらの結果はフレネルの説よりはるかに進んでいる．さらにローレンツ短縮と局所時をゆるせば，光速，一般的には電磁現象が物質の相対運動だけに関係する事実が導かれる．

エーテルに対するローレンツの理論のこの成功は，次のような結論によって破綻する．エーテル中に静止していると主張するひとりの観測者は，彼に対して一様な速さで動いている他の観測者も，自分はエーテルの中で静止していると主張するのを反証できない．なぜならいつもエーテルに対する彼らの運動効果は上述のように消えてしまうからである．ふたりは同じ法則をみつけ，たがいに区別する方法がない．こうしてエーテルは普通の物質ならとうてい考えられないような性質をもたされる．

ローレンツは今や苦心を重ねてエーテル理論を完成した瞬間，エーテルの物質性を運動学的に否定せざるをえないような結論を導いた．しかし真空中を光波が伝わる以上なにかがあるはずだ．なにもない空間で振動する波という概念は考えられない．それゆえローレンツはエーテルを否定することを躊躇した．アインシュタインは，ローレンツの導いた運動学的結論を原理と考え直してここから出発する．光速や電磁現象は，おたがいに一様に動いている観測者のすべてにとってなんのかかわりもない．これは力学の相対性を電磁気や光学に拡張したといえる．その代わりエーテルの構造や絶対運動にまつわる困難はすべて棚上げされる．光はこうなってみると，波動といっても普通の意味での波とは考えられない．その波動を伝える媒質が物質的な意味で否定されたからである．それでは光は一体なんであるか．アインシュタインの説く光の持つ新しい意味は，光がすべての自然現象で特別に根本的な役割を果たしているということである．その一つは光速不変の原理を現わすローレンツ変換に対して，自然法則が同じ形を保つという仮定である．もう一つは光速以上の速度は自然にありえない．換言すれば自然現象中の最高の速度としての（1秒間に約30万km）光速の発見である．

相対性理論を発見した同じ年（1905年）にアインシュタインは光の量子説を唱えた．光はちょうど気体の分子のように，そのエネルギーがつぶつぶになって空間を飛んでいく．この光量子説は新しい実験（光電効果）によってささえられている．光量子説はそれまでの光の電磁波説に鋭く対立する．光は運動学から見ても簡単な波とはいいきれないし，また光量子説を裏書するような性質を持っている．しかしこの複雑な光の本性のなかから，運動学に関係した部分だけをうまく分離したことが，アインシュタインの相対性原理の成功の一因であった．事実，光の本性についての力学的な部分や構造的な部分は量子論の発展によって，さらに高い段階の理論として理解されるようになった．

9 同時性の概念

相対性の考えは，これまでガリレイの力学についてつくり上げられていたが，今これを新たに電気磁気の現象に当てはめる場合には次のような二つの法則のあいだに論理的な困難が生ずる.

(1) 古典力学によると，二つのおたがいに運動している観測者にとってはある物体の運動速度は一般に異なった値をとる（力学の相対性).

(2) 経験事実によると，光の速度は観測者の運動状態のいかんを問わず常に同じ値 c をとる.

昔のエーテル理論ではこの二つの事実の矛盾を解決するために，光のエーテルは一部同行するという不自然な仮定をおいた．しかしこれによって解決されたのは実は第1近似だけであった．ローレンツの理論はこの光速の不変性を近似的でなく，厳密にすべての運動する座標系について成り立たせるために長さと時間について特別な計量を仮定せざるをえなかった．1905年にアインシュタインはこのローレンツの計量は数学的な技巧や物理的な錯覚ではなくて，空間と時間についての概念の根本的な変革を必要とするものであることを発見した．光速の不変性は全く実験的な事実である．そこで理論的な仮定を含む力学の相対性の方を変革するほかはない．これは時間や空間の測定についての従来の考え方を反省することから始めねばならない.

たとえば地球上の1点Aにおける事件と，たとえば太陽上の1点Bにおける事件が同時であるということもできる．この場合（ニュートンの立場)，時間については絶対的な基準があって，なにか具体的な対象に関係せずに時間は一様に過ぎ去るということを暗に前提としている．しかし測定ということを考えに入れると，このような絶対的な時間は存在しない．Ａでの事件とＢでの事件が同時であるということは，これを確かめる方法がないときには意味をなさない．まず二つの時計を一つの場所に持ってきて，両者が同じように働くことを確かめ，その時計をＡに次にＢにもって行く．両方の時計の読みを比べるために光のシグナルを使う．このようにして二つの時計を同じように進むようにしたとしても，おたがいのいる座標系がおたがいに静止していない限り，時々刻々に二つの時計の進みが同じであることを証明する位置はない．したがって仮定を避けるためには，光のシグナルを使って時々刻々の時計の歩みを調べる以外には，任意に運動している二つの座標系で同時刻を確かめる手段は存在しない．ところが光のシグナルを使う場合には，エーテルの海の中を光が伝わることを利用せねばならない．このエーテルは，もし絶対的に静止しているなら，動く座標系のあいだの時間の比較を絶対的な基準で行なえるであろう．この絶対的に静止しているエーテルに対するおのおのの相対速度を知ればよいからである．しかしすでに述べたようにエーテルに対する運動というものは，どのような物理的測定によっても認められない．したがって絶対的な同時刻というものも同じように確かめえないことがらであろう．そこでわれわれは絶対的な同時性という概念を捨てることにしよう．アインシュタインは運動学の基礎として次のような二つの仮定から出発する．

(1)　すべての自然法則が最初に絶対空間または静止エーテルを仮定して導かれた最も簡単な形をとる座標系（慣性系）は無数にあり，おたがいは等速直線運動で移りうる．自然現象についても全く同じ資格をもつ．

(2)　すべての慣性系では，光の速度は物理的に同じ性質の物差しと時計で計れば同じ値をもつ．

これらの二つの仮定を基に，いろいろな慣性系での長さと時間についての関係を求めることができる．おたがいに相対速度で運動している二つの座標系をとると，そのおのおので測ったある物体の位置およびそれを測る時間のあいだの関係は，実際にローレンツがマクスウェルの方程式の形がおたがいに等速直線運動している座標系のあいだで不変に保たれるという要求から導いたものと正確に一致する．この変換の法則をローレンツ変換という．ローレンツ変換において座標系の速さと光の速さの比が零になった場合，ちょうど昔のガリレイの変換式が導かれる．したがってガリレイの相対性に基づく力学が数世紀のあいだすべての実験事実を満たしていたことは，この光速に対する座標系間の速度の比が著しく小さかったために，十分よい近似として成り立っていたと解釈できる．

一つの直線上の運動を表わすには，横軸にある点からの距離 X と縦軸に時間 t をとる．今 X 軸上の 2 点 AB の中点を C とする．C に時刻 $t=0$ で光のシグナルを発する．光の速さは両方向に同じであるから，これを二つの直線

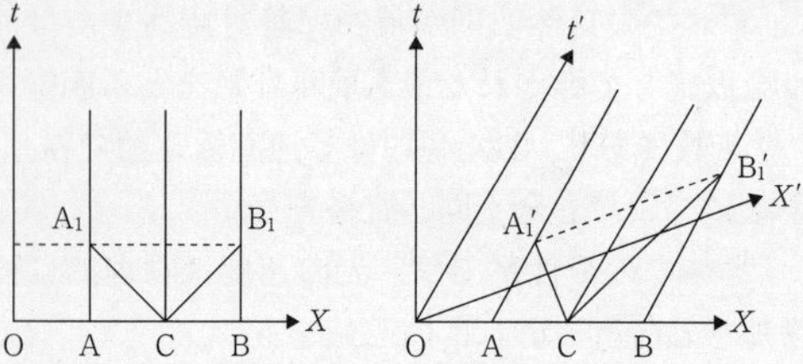

図2　直線上の3点ACBが静止しているときの世界線．CA_1, CB_1は光の世界線（左図）．ACBが一様な速さで動いているとき（右図）．

CA_1, CB_1で表わすことができる．上図のように，この傾きを45度にとったが，これは時間軸の1秒の長さを空間軸の1 cmの長さの$1/c$にとった．したがってCBに相当する距離を光が進む時間はBB_1の$1/c$秒かかることになる．実際はcが大きいので，CB_1の傾きはほとんどX軸に一致するはずである．X軸をちょうど一本道と考えると，A, Bからt軸に引いた平行線は，その道の2点A, Bの刻々の時間とその場所（不変）を表わす．今ABの長さの自動車が同じ速さでその道を走り出すとすると，その両端A, Bの刻々の場所と時間は斜交軸t'に平行にA, Bから引いた直線になる．光のシグナルは道の上でも自動車の上でも同じ速さで走るという原理から，上図の$A_1'B_1'$は，自動車の上では同じ光のシグナルがつくので同時と観測される．したがって自動車の上の距離の軸は，斜めに傾いたX'軸になる．したがって光がどの動く座標でも同じ速さですべての方向に伝わるという原理だけから，斜交軸によってたがいに一様な速さで動く座標系が表わされる．光の進む道は，C から出る同じ傾きで引いた 2 本の CA_1, CB_1 である．これを光円錐という．これまでの力学では運動する座標系の時間軸は t 軸にある傾きをもつ直線になったが，X 軸はいつも同じになった．それは運動する座標系でも，時間の目盛が変わらないと暗に仮定されていたからである．

10　アインシュタインの力学の幾何学的の意味

アインシュタインの数学の先生であったミンコフスキーは，アインシュタインの理論を幾何学的に表わすことによってわかりやすいものにした．一つの慣性系（観測者）を 4 次元（$XYZt$）空間時間の座標で表わす．前述のように，Y, Z 軸上の運動は考えないことにすれば，すべての運動の法則は Xt 平面上の幾何学的関係で表わされる．この幾何学的な世界で得られる関係は，いちいちに運動学の言葉に翻訳できるはずのものである．たとえば一つの世界線は 1 点の自然の運動を表わし，二つの世界線の交点は二つの動く物体の衝突に相当する．

Xt 平面での任意の点は，光のシグナルの源になる．光は今考えている直線上では，右と左と二つの方向に同じ速さ c で進む．その刻々の場所と時刻（世界点）は，二つの交わる直線 ξ, η で表わされる．この直線は座標系の選択には関係しない．なぜなら光のシグナルは，いつも同じ速さですべての慣性系を進む実際の事件だからである．この ξ, η 軸は Xt 平面で固定している．任意の慣性系は，二つの光軸の両側に任意の傾きの斜交軸である．この時間軸と空間軸は二つの光軸で厳密に分離され，これをまたぐことはできない．それは光より速い速度が実現できないというアインシュタインの法則に基づくものである．Xt 座標系とこれに対してある一定の速さで動いている $X't'$ 座標系のあいだのローレンツ変換による座標の変換の法則を幾何学的に表わすと，時間および空間の目盛は光軸を二つの漸近線とする双曲線になることが証明される．これらの結果は古い力学を表わす空間の幾何学とは非常に違ったものになっている．

11　動く時計と物差し

座標系が違う場合の，同じ物差しで計った長さ，あるいは同じ時計で計った時間についての運動学の最も簡単な問題について考える．今 X 軸の方向に原点から長さ1の棒が横たわっているとする．この長さを，その座標系に対してある速さ v で等速運動をしている他の座標系から計ったとする．その長さは1に等しくないことは明らかである．今とまっている座標系をS，動いている座標系をS′とする．S′とともに動いている観測者は，その棒の両端の位置をS′については同時に測ることはできるが，Sについては

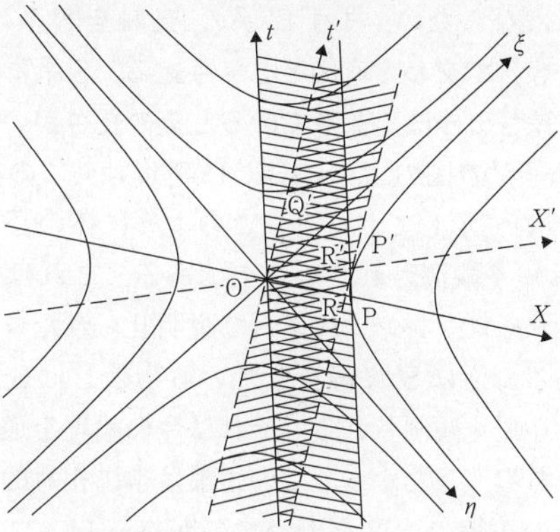

図3　tX は座標系S，$t'X'$ は座標系S'，陰の部分はそれぞれの座標系における単位の長さの棒の世界線.

同時に測ることはできない．したがってSとS'において一つの棒の位置が同時に読みとられたとしても，SとS'とにいるそれぞれの観測者にとっては，その棒の他の位置は同時に読みとることはできない．この事実はちょっと見ると非常に複雑である．しかしSとS'における棒の長さを決定する問題を解くために Xt の平面で考えてみよう．まず棒はSに静止しているはずである．したがってその世界線の始まりは t 軸にのっている．またその終端はそれに平行な距離が1だけ離れた直線上にのっている．この棒全体は，すべての時間のあいだ，二つの直線のあいだの部分に落ちている．次にその長さを，Sに対しておいているS'

できめねばならない．まずS′系のX'軸をS系のX軸にある角をもって交わる直線として与える．S系に静止している単位長さの棒は，S′系で計るとその長さがいくらか減じて前ページの図のようにOR′に等しい．この棒を示すX'軸について示しておくと，このように棒の長さは動く系S′では短く観測されているのである．これはフィッツジェラルドやローレンツによって説明せられたローレンツ短縮である．逆にS′に静止している物差しはS系から計るとやはり短く観測される．それは今の論理を逆に使えば明らかである．したがってこの短縮は常に相対的なものである．この短縮の程度を表わすのがローレンツ変換である．

この結果は，ローレンツ変換の方程式からローレンツ短縮の導かれることを示している．同じような考えをSとS′における時間の測定にも利用できる．Sのすべての時空点に，進み方の全く等しい時計をすえつけたものと考えよう．$t=0$というのは前ページ図のように，X軸上の各世界点で表わされ，$t=\dfrac{1}{c}$という位置はX軸に平行で点Qを通る一つの直線で表わされる．S′系の原点に，$t=0$の時にはt'も0になるような一つの時計をもってくる．S′に静止している時計が，時間$t'=\dfrac{1}{c}$を示すような時刻に，S系にある時計がどのような時刻を示すかということを考えよう．その時刻をtとすると，これはt'軸を切る点Q′によって与えられる．ところがSに静止している時計の読み$t=\dfrac{1}{c}$は，X軸に平行なQを通る一つの直線上の各点で与えら

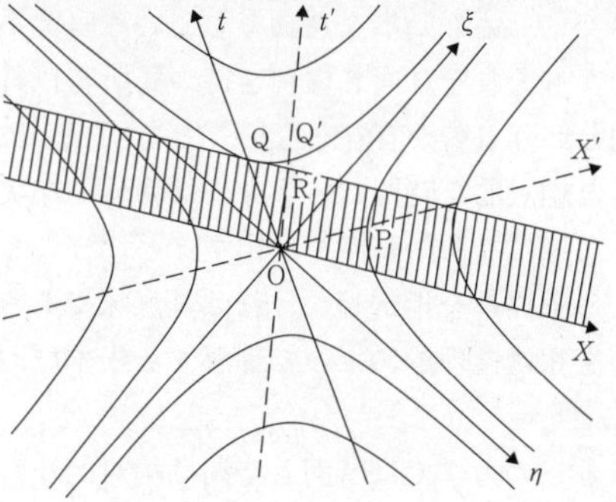

図4　座標系Sでの時刻の単位OQ (1/c秒) はS′では OR′＜OQ′, すなわち1/c秒以下になる.

れる. この直線はt'軸と1点R′で交わる. しかしS′の時間の単位はSでは長くなっている. このことはQ′が直線QR′の外側にあることからわかる. このような時間の目盛の長くなることの程度は, ローレンツ変換の方程式を用いると容易に求められる. S系で静止した時計で測った時間の単位は, S′系では, やはり同じ率で大きくなる.

ある座標系で時計の読みというものを, その時計がその系で静止しているとき, その系の固有時間と呼ぶ. この固有時間はローレンツがかつて局所時間と呼んだものと同じである. アインシュタインの理論の進歩は, 形式的な法則ではなく原理的な理解にある. ローレンツの理論では, 局所時はほんとうの絶対的な時間に対する数学的な補助手段にすぎなかった. アインシュタインはこれが単なる補助手段ではなくて，いろいろな運動をしている座標系の無限に多く，しかもそれぞれ同じ権利を持つ局所時以外に，絶対的な時間というものが存在しないことを明らかにした．これによると絶対的な時間というものは物理的な実在ではないということになる．時間を指定するということは，それを読みとる座標系を指定しなければ無意味である．この概念が時間を相対性理論によって理解する根本におかれたのである．

ニュートンの力学では時間と空間は絶対的な意味で理論の根本に考えられていた．これに反してアインシュタインは，そういう絶対的な時間空間は測定できないという理由で理論から追い出してしまう．その代わりに物体や光の運動によって実際に測られ，結びつけられた時間空間だけを扱うことにした．上述のように，このことは tX 平面で絶対的な X 軸の代わりに動く座標系として斜めの X 軸をとることを意味する．むしろこの場合には，光のシグナルが進む時間と場所を表わす二つの光軸が絶対的な意味をもつことになる．動く座標系での長さと時刻の目盛が伸びて見えるのは，光速不変の原理から導かれた関係である．これはこれまでの常識から見て非常に考えにくいことである．しかしこのローレンツ短縮は単に運動の関係で観測の目盛が変わるだけのことである．大切なことはアインシュタインの理論では一つの棒といえども，物理的に見ると単にある長さをもつ空間的なものではなく，時間と空間をともに指定して初めて完全に理解できるものである．145 ページ

の図のように tX 平面では座標軸によって一つの棒でも違った縞で表わされる．この意味でアインシュタインの理論では時間と空間が観測者の立場を通じて密接に結びつけられている．このことを時空4次元世界という．

長さや時間の概念が絶対的な基準を失い，観測者の運動によって相対的な意味しかもたないが時間と空間が光や物体の運動と切り離しては考えられない，というふうに変わってきたことが，アインシュタインの相対性理論の名前がでていた理由である．昔地球が球であるということが発見されて，地球上で上とか下とかいう概念が全く絶対的な意味を失って，その場所ごとに相対的な意味しかもたなくなった．同じように今という概念が，あるいは同時刻という概念が，観測者の運動状態による相対的な意味しかもたなくなった．

12 アインシュタインの力学

アインシュタインの相対性理論では，光の速さはそれ以上越えることのできない運動学的な速さの極限と考えることができる．このような主張は，将来超光速の運動を発見できるかどうかという実際上の調査を打ち切らせようとするものである．たとえば放射性元素から出る β 線電子はほぼ光速に近い速さで走っているが，これも実際光速より速いということはありえない．アインシュタインの理論によると物体の慣性抵抗，すなわち質量はその速さが光速に

図5 アインシュタイン

近づくと大きくなってくるので，原理的に光速を越えることができないと結論される．これはアインシュタインの運動学の特色であって，これによってその力学も，これまでの考えを変更させられるような結果をもたらす．

ガリレイ，ニュートンの力学は古い運動学，とくにガリレイの変換法則を基にする古典的な相対性理論に基づいていた．アインシュタインの運動学は，先に述べたようにローレンツ変換に対する不変性の上に築かれている．また光の速さが無限に大きい場合の極限としてガリレイ変換の成り立つこともすでに述べた．そこで新しい力学の法則は，その極限として古い力学に帰着するようなものであらねばならない．古典力学の基本法則は，ニュートンの運動の方程式あるいはこれを運動量を使って書けば

運動量の変化 = 質量×速度の変化量

である．この関係が古い力学ではいろいろな慣性系で，この速度の変化はいつも同じ値になった．ところがアインシュタインの理論では，これは違った値になる．そこで運動量の関係式も変化させねばならないが，新しい力学でも運動量の保存法則は常に成り立つはずである．古い力学ではすべて物体の質量はそれぞれ固有な値を持っていると考えられていた．しかし上に述べた運動量の保存則が成り立つ以上は，質量が相対的な値を座標系によってもつというように仮定しなければ，アインシュタインの理論によるような速度の変換が成り立たない．この質量はそれを測る座標系についてそれぞれ違った値をもつことになるであろうし，またその物体の速度に関係することになるであろう．アインシュタインの力学による，この質量の速度に対する依存性は次のような形になる．

$$質量 = \frac{静止質量}{\sqrt{1-v^2/c^2}}$$

したがってある物体の運動量は

$$運動量 = 静止質量 \times 速度/\sqrt{1-v^2/c^2}$$

このような形になると，アインシュタインの力学では質量はその物体の速度が光速に近づくにつれて大きくなり，光速に等しくなったとき無限大になる．したがってある物体に力を加えて超光速にまで加速することはできない．物体の慣性抵抗が無限に大きくなっていくからである．

またこの関係は，かつてローレンツがその電子論によって電子の質量が速度によって変わる関係式を電気力学によって導いたのと同じ結果である．ローレンツはこの静止質量を静止した電子の静電エネルギーから導いて［補注 J］

$$\text{静止質量} = \frac{4}{3}\frac{\text{静電エネルギー}}{c^2}$$

アインシュタインの力学による，質量の速度への依存性は陰極線の実験や光のスペクトル分析によって確かめられた．1913年にニールス・ボーアはアインシュタインの相対論によって電子の質量が速度とともに増していくことは，原子の出す光のスペクトルに影響を与えるはずであると述べた．1915年，ゾンマーフェルトは実際スペクトル線がこの影響のために複雑な影響を示すことを実証した．これはスペクトル線の微細構造といわれるものである．1916年にパッシェンは水素やヘリウムのスペクトルについてこれを認めた．ゾンマーフェルトの弟子グリッツァーは，1917年にヘリウムのスペクトルについてはアブラハムの剛体電子の仮説は正しくなく，ローレンツの電子説すなわちアインシュタインの力学が正しいことを証明した．さらに問題となることは，先に述べたような静止質量と静電エネルギーの関係である．ローレンツの電子論では電子の力学的質量をすべて電磁場の作用から説明しようと試みたものであるが，これは絶対静止のエーテルを仮定している点で，今や受け入れられないこととなった．アインシュタインの力学では，慣性質量の本質についてさらに深い説明を可能とするであろう．

13 エネルギーの惰性

アインシュタインの力学によると，質量と静止質量の差を簡単な近似によって，次のように導くことができる．

$$質量 = 静止質量 + \frac{運動エネルギー}{c^2}$$

この式から見るとエネルギーを光速の c^2 で割ったものは質量の役割をなすと想像してよさそうである．すなわち一般にエネルギーには，それにともなう慣性があって，その大きさは

$$エネルギー/c^2 = 慣性質量$$

この関係はアインシュタインの力学によって導かれたもので，運動学的な立場に立つものである．しかしこの関係は物質の構造について新しい視野を開くことになった．アインシュタインは，このエネルギーのもつ慣性についての法則を，輻射圧力についての実験事実を基に思考実験によって導いた．この輻射圧力の存在は 1884 年にポインティングがマクスウェルの方程式を使って導いたもので，光はこれを吸収する物体に圧力を与え，また物体はあるエネルギーの光を吸収するとその表面でそのエネルギー/c の運動量を受けるという事実である．1890 年にレベデフが，また 1901 年にニコルスとハルが実験によってこの事実を認めた．

質量は今やエネルギーの一つの形態にすぎないものであることがわかった．物質自身は究極的にもたらすことので

きない実態としての性質を失い，単にエネルギーの塊にすぎないということすらできる．電磁場あるいは他の作用は，強力なエネルギーの蓄積をもたらせば，そこに慣性質量の現われる現象が存在するであろう．電子も原子も大きなエネルギーの塊といえるであろう．1913年にラザフォードたちの実験によって示された原子核反応において，あるいは1920年にアストンによって確かめられた同位元素の存在において，この質量とエネルギーの等価の原理は根本的な役割を果たしたのである．

第4章　量子論

1　古典論の困難

今世紀はちょうどその前半を終ったが，そのあいだにおける物理学の進歩はまことに急ピッチな革命に次ぐ革命であった．その中でも最も重要なものとして量子力学の形成にいたるまでの量子論の発展について述べることにしよう．物質は分子・原子からなり，分子・原子はさらに原子核と電子からできているが，これらの小さな世界――これらと相互作用するいろいろな波長の光をも含めて――を支配している法則を扱うのが量子論である．それは現代の物理学や化学において基礎的・中心的な地位を占めるものである．この理論は1900年12月プランクが作用量子という量を発見した時にうぶ声をあげ，1913年ボーアがこれを原子の中に持ち込んでから成長のテンポを速め，早くも1925年から27年にいたるころに量子力学と呼ばれる一貫した理論体系にゆきついたところのものである．できあがった量子力学はわれわれの自然法則・自然像に対する常識的な観念を打ち破るような一見はなはだ風変わりなものであり，きわめて流動的な論理を持つものだけに，このようなものをどうして必要とし，また獲得することになったのかという道筋を調べ，そのかぎを明らかにすることは，ことに興味をそそるものであり，ことに現在の段階で今後理論をどうおし進めるべきかについて示唆するところ多いであろう．しかしなにぶんその展開の歴史はきわめて豊富な内容を含んでいるので問題を十分具体的に扱いとまはない．それでここでは理論の形成という面に叙述の中心を置くことにし，しかもそれをできる限り材料を節約した簡素な形で述べることに努めようと思う．まず量子論の話にはいるに先だって，前置きとして前世紀までにできて働いていた理論——いわゆる古典論——が世紀末期からようやくいろいろの現象の説明において破綻を呈し始めた次第を見ておこう．

原子論　われわれが直接観察するようなさまざまの自然現象——それは原子・分子というようなものに比してはるかに大きな世界のものであるからマクロの現象という——が，どのような法則にしたがっているかということは，前世紀までに基本的に明らかにされた．すなわちそれはニュートンの力学とマクスウェルの電磁気学および熱力学を根幹とするものであって，これらによって一つのかなりまとまった理論の体系（古典論）が構成されたのである．

しかし人々はマクロの現象をマクロの現象として認識するだけで満足するわけにはいかなかった．なぜならこのような立場にとどまる限りは，いろいろの現象を相互の論理的関連をもたないばらばらのものとして受け取るほかないような部分が，理論の中に残ってこざるをえないからである．なかんずくそれぞれの物質がそれぞれの特性をどうして示すのかを，必然的なものとして理論の中から理解することができない．

このような点をもっとつっ込んで説明し，いろいろの現象，いろいろの物性のあいだにつながりをつけるためには，マクロな物質に，直接目に見えないような微細な——いわゆるミクロの——構造を想定してゆくほかないであろう．このようなものとして古くから考えられてきたものが物質の原子論である．それは一見連続的に見える物質に微細な不連続的な構造を考え，物質はおびただしい数の分子・原子からできていて，それらの運動・機能の総括的な効果がマクロの現象として観察にのぼるのだと考えるものである．すると問題は，第一にこれらの分子・原子自身がどのようなものであり，どのような法則に従い，相互にどのような相互作用を持つかということ，第二にこれらの集まりに統計的な方法を使ってこの集まりの全体として示すべきマクロな性質を導きだすこと，そしてそれが実験事実と一致するかどうかを調べることである．

ところでこれらの分子・原子などのミクロなものの従う法則については，実はあらかじめなんともいえないはずである．しかし法則というものはなるべく普遍的なものであることが望ましいわけであるし，そして従来の古典論というものが普通の地上の現象と同様に天上の巨大な尺度の現象にも当てはまるということからおして，逆に原子のようなミクロのものの行動にも古典論が当てはまるだろうと考えることは一応自然な考え方であろう．ことに自然法則について適用限界の意識の希薄であったころに，そう考えられたのは不思議でない．こうして原子論は古典論の胎内において成長することになったのである．すなわち原子はなんらか普通の物体を単に連続的に縮小したようなものであり，ニュートンの力学に従って飛び回ったり，アンテナが電波をうちだすのと同じ法則に従って，光ったりすると考えられたのである．

このような方法は，まず気体の場合についてその力学的・熱的な諸性質（状態式・比熱・粘性など）を導き出すのにかなりの程度に成功した（気体分子運動論）．のみならずこの立場で熱力学の一般概念（温度・エントロピーなど），一般法則そのものを基礎づけることができた．さらに今世紀にはいってから，このような総括的・平均的な現象のみでなく，それからのゆらぎを意味する現象（ブラウン運動など）が明らかにされるにいたり，分子・原子の実在はもはや疑う余地のないものとなったのである．

しかしこのような成功は半面において若干の困難をも伴っていた．たとえば2原子分子からなる気体（水素・酸素など）の比熱について理論は明らかに実測と食い違う結果を与えた．

電子論　次に同様の立場で物質の電気的・磁気的な性質，

ことに光学的な性質を導き出そうとすると，単に物質の分子的・原子的構造を考えるだけでは不十分で，原子自身がさらに電気的な内部構造を持つ——具体的には原子が電子と呼ぶ非常に軽い荷電粒子を含んでいる——というふうに考えを進める必要が生じてきた．ローレンツはこのような電子的構造に基づき，電子に対しては真空中の荷電体に対するマクスウェルの理論をそのまま適用して，物質の電磁気的・光学的性質を説明するのに相当の成功を収めた．だがそれは同時にむしろより多くの困難を生み出す結果になった．

これらの問題における困難の由来を分析することは，原子の内部構造がどのようなものであるかという問題がからみあっているので複雑である．だがこのような困難はきわめて根深い一般的な性格のものだということが重要である．古典論によれば，原子は——少なくともそれが荷電粒子からなり，電気的な性質の力のみによってまとまっているとすれば——不定な（すなわち一定の性質を持ちえないような）ものになり，おまけに不安定なものになって原子内における電子の運動のエネルギーがまわりの真空中に吸いつくされてしまう（2節「ボーアの理論」参照）．真空自身は無限大の比熱を持つ（2節「空洞輻射」参照）．物質の磁性は結局において0である．——等々といったぐあいである．

このような困難の局面が発展し具体化するにつれて，従来の古典論をそのまま原子や電子に適用するというやり方自体に対して深刻な疑惑がきざし始めたわけである[1]．古典論は本来マクロの現象についてたてられたものであって，それが原子のようなものにも当てはまるかどうかは同様の意味で検証されているわけではない．ことにこれらの問題では——「原子論」の場合のように分子・原子というような，まだ比較的重いものの全体としての運動ではなくて——電子という，ずっと軽いものの運動，さらにそれと光の場との相互作用が，問題になってきているという点が注意されねばならぬ[2]．

新しい放射線　とにかく原子・電子などの導入によって諸現象をより統一的に説明する道が開かれ，その代わり理論は直接の経験から遠ざかった基礎に立つようになってきた．ところがあたかもそのころ，電子や原子がより直接的な観察に姿を現わしてきたのである．世紀の大づめにいたって，なんらか物質から発して空間を高速で飛ぶエネルギーの種々の新しい形態——このようなものとして従来は光

1)　実際には古典物理学は長い伝統を持っていただけに人々はかなりの意識の遅れを示した．前世紀の終わりごろまでは人々はむしろ，本質的に物理学の基礎は明らかにされ，物理学者の仕事は測定の精度を上げていって，細かい効果を調べることにあるといった自己満足に陥っていた．このような意識を打ち破ったのは若いラザフォード，アインシュタイン，ボーアらであった．他方においてポアンカレが物理学の危機を唱えた．

2)　このような問題で古典論の破綻がずっと著しいのは，後に見るように電子を古典的な粒子とみなすことが不当なうえに，光を古典的な波とみなすことも不当であるからである．

のみが知られていた——が，矢つぎばやに登場した．それは真空放電管における陰極線，陰極線のあたったところから出るX線，ウラニウム，ラジウム等から自然に出る放射線（α線・β線・γ線……）などである．

これらは実験的には，むしろある程度相互に同質的なものとして現われてきたのであり，光とともに放射線という言葉で，一括していいようなものであった．しかしその正体を理論的に考える場合，古典的な概念に従うかぎり，それが粒子か波かという差別は「そのいずれか」であるべきであり，この分類が進められた．これらは原子の崩壊の産物ともいうべきものであって，あるもの（陰極線）は原子の構成要素として想定されつつあった電子であり（トムソン），あるものは原子から電子をもぎとった残余としてのイオン（ないし原子核）であり，またあるもの（X線）は波長の極度に短い光と解すべきこと（ラウエ）がわかってきた．

さてこうして電子線やα線やX線が生産されると，従来の光（赤外線・可視線・紫外線など）と物質との相互作用の諸現象と並んで，これらの線と物質との相互作用を調べ，分析してゆく新しい型の実験が開始されることになる．たとえば電子線を気体の中に送りこむと，気体の分子・原子によって単に通路を曲げられる（弾性散乱）場合のほかに，そのさい，なにがしかのエネルギーを原子に与える場合（非弾性散乱）もある（その例としてフランク‐ヘルツの実験については2節「ボーアの理論」参照）．このエネルギーが十分であれば原子中の電子をほうり出す（イオン化）こともある．あるいはまた電子が速度を失ってしまって分子に付着するということも起きうる．このような電子線をもってする実験はレーナルト以来次第に広範に推進された．同様に α 線をもってする散乱の実験はラザフォードらによってなされた．また X 線を気体の中に送りこんだときも気体の分子・原子によって吸収されたり散乱されたりする．吸収されるさいには分子中の電子をはじき出してイオン化する（光電効果）．このような実験はトムソンやバークラらによって進められた．

このような現象の解析を通じて原子の内部構成は次第にはっきりして，やがてラザフォードの模型と呼ばれるものに結晶した．すなわち X 線の散乱の実験から，原子はその原子量の約半数の電子を含んでいることが推定できた．原子はこれだけの負電気をちょうど中和するだけの正電気を持っているはずであるが，それの正体は α 線の散乱の実験からつきとめられた．すなわちそれは原子自身よりもはるかに小さな1個の重い粒子であって，原子核と名づけられる．電子は核の反対荷電に引かれながら，そのまわりを運動しているはずである．ラザフォードの原子模型とはこのようなものである．

これらの解析には古典論が用いられた．それによってともかく原子の構成素材を明らかにすることができたのは，一般的にいえば，本来マクロな現象に当てはまる古典論が，ミクロの現象を支配するはずの未知の理論となんらかの連結・対応の関係を持つからである．電子が荷電と質量を持つ粒子であること，X 線が短波長の光波であることが確立されたということ自体が，このような古典的な像が当てはまるような現象——陰極線を電場や磁場で曲げるトムソンの実験，X 線を結晶格子にあてて回折させるラウエの実験——を通じてであったが，同様に電子や X 線（あるいは一般に光）の古典的な像に基づく分析は，それらと物質との相互作用の諸現象においても近似的・漸近的に——場合によっては正確に——有効な結果を与える場合がありうるし，このような場合を通じて原子の内部構成が明らかにされたわけである（実際前述の α 線や X 線の散乱において古典論はこのような意味を持っていた）．

しかしこうして電子や X 線の像や原子の内部構造がいったん古典的なものとして確定されると，「電子論」で触れたような古典論の破綻がいっそう明確，先鋭な形をとって再生産されることになる．それは「電子論」であげた諸現象においても，この項で述べた諸現象をもう少し詳しく広く調べるときにも，現われてくる．たとえば X 線については，その吸収における光電効果や，散乱におけるコンプトン効果においてその粒子的な性質が現われ（2 節参照），電子線については弾性的な散乱（ラムザウアー効果，結晶による回折）においてその波動的な性質が現われる．

しかし基本的に同種の困難は，「電子論」に述べたように，すでに普通の光の場合について，また原子の内的な性質[1] をめぐって，より早くから表面化したのであった．そして量子が，世紀末におけるミクロの世界の開拓とは一応無関係に，同じころ熱輻射の問題から始めて姿を現わしてきたということは興味あることである（2節「空洞輻射」参照）.

こうして古典論で扱いきれないような諸現象が登場し，物質のミクロの構造が開拓され，新しい種々の実体が認識されてきて，量子論を必要とする情勢が準備されてきたことは，世紀末期における電気技術を中心とする生産技術の発展——高電圧発生・強磁場発生・真空技術・高温と低温の生産等——と密接な関係にある．しかしこの点は立ち入らないことにする.

なお，電子などがより直接な観察に姿を現わしてきたといったのは，電子などが物質から解放されて「線」として飛び出してきて，電場・磁場の作用を受けたり，物質との相互作用をいろいろな形に展開したというだけでなく，そのさいに個々のα粒子や個々の電子を実験的にとらえることが，可能になったことをもいおうとしたのである．個々のα粒子や電子が蛍光板にあたって閃光を放たしめ，計数管を放電させ，ウィルソンの霧箱にその通路を示すことになってきたのである．そしてことに，霧箱における観察は電子が粒子であることをきわめて明白に示したのみならず，たとえば，1個の電子が1個の原子に衝突して，散乱されるというような要素過程を手にとるように見せた．し

1） 原子の問題というのは，簡単にいえば，束縛された電子系の問題にほかならない.

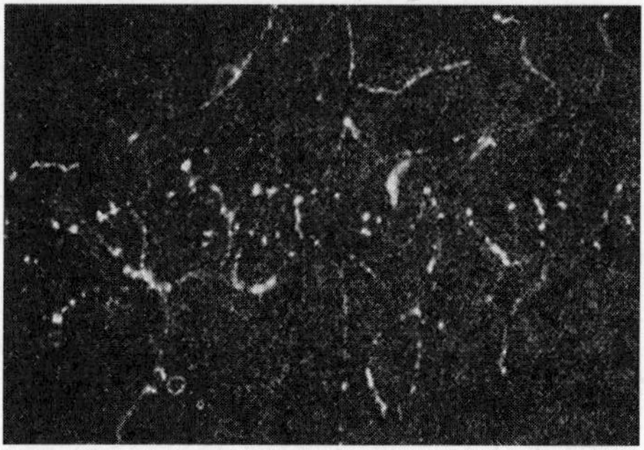

図1　α線によって霧箱中に現われる飛跡．長いのは光電効果によるもの．短いコンマ状のものはコンプトン効果によるもの．

たがって，このような過程を扱うべき理論（量子力学）の建設に，きわめて重要な実験的基礎を提供することになった．ことにそれは光の粒子性をも如実に示すものであった．

ここではわれわれは，やがて量子的世界の立役者になるべき電子・X線・放射性物質の線・原子構造（束縛電子の体系）などが，古典論の環境の中に姿を現わし，いったん古典的なものとして，その性格を定められつつ次第に古典論のわくを破るものに転じてゆくさまをスケッチした．しかし世紀末におけるこのようなミクロの世界の急激な開拓は，歴史的には，それに次ぐ今世紀最初の10年間に危機意識をもっと広範な形で呼び起こしたことを付記しておく必要があろう．それは原子（原子核）が不易でなくて，崩壊しうることの認識（ラザフォードとソディ），電子の質量が速度によって変わることの発見（カウフマン），そして相対性理論と量子論等々によって，従来の物理学・化学の基本的な原理の相次ぐ崩壊・変革がもたらされ，このような情勢がポアンカレらによって，物理学の危機として，「物質は消滅した」というような叫びとしてはやし伝えられたのである．しかしケルヴィン以来目に見えるような模型で考えることに慣れたイギリスの学者たちはこのような声にかかわることなく，まさに同じ時期に彼らの原子模型を構築していったのであった[1)]．

2 状態の不連続性・光の粒子性と遷移

古典論が破綻するような場合に，古典論に矛盾するような新しい考えがまずどのような形で具体化されていったかをこれから簡単にみてゆくことにしよう．

空洞輻射 古典論の矛盾が非常に純粋な，物質の特性によ

1) 大陸における理論物理学的伝統に対して，イギリスではこれを応用数学として扱う習慣があった．さらにイギリスではケルヴィン以来の伝統でエーテルを全くリアルな物質——しかも宇宙の根元的な物質とみなす傾向が強く，他方大陸ではエーテルを否定する批判的傾向が比較的強かった．そして後者から量子が生まれたのである．イギリスの物理は原子模型を育てたが，量子論には立ち遅れた．

らないような形で現われたのは前節に「真空の無限大の比熱」と呼んだことがらであり，プランクはこの問題の分析から，将来の理論（量子力学）のための第一のヒントを取り出したのである．

一般に物体（固体）を熱して相当の温度に達すると赤く光り，さらに温度を上げるにつれて白熱化してゆくことは日常観察されるとおりである．キルヒホフはこの問題を純粋化して，ある温度の壁で囲まれた空間（空洞）を問題にした．ここにはいろいろな波長の光がたまって壁の温度に相当する熱的なつり合いの状態が達せられるはずであるが，この状態では光のエネルギーが各波長に決まった仕方で分布し，それは温度にはよるが壁の物質の種類などにはよらないことを彼は理論的に明らかにした（1860 年）．以来この分布曲線がどのようなものになるかは実験的にも理論的にも熱心に追究された．ことに世紀末にいたってルンマーとプリングスハイムは非常に精密な測定[2)]に成功した．

この問題をマクスウェルの電磁気学で考えると，ある温

2) ドイツの科学は，前世紀末期における産業革命の遅れた到来とともに，工業との密接な連携をもって勃興した．熱輻射の研究もこのような工業技術（ことに照明の問題）の躍進と結びついて推進された．研究の中心はそのころ，ベルリンにできた「物理工学研究所」にあった．ルンマーらはここで仕事をした．他方，空洞輻射の問題は物質の種類などによらない，なんらか「絶対的なもの」（プランク）を表わすと考えられたので理論的にも興味の的であった．プランクまでにこの問題は理論と実験との緊密な協力により一歩一歩と追いつめられていたのである．

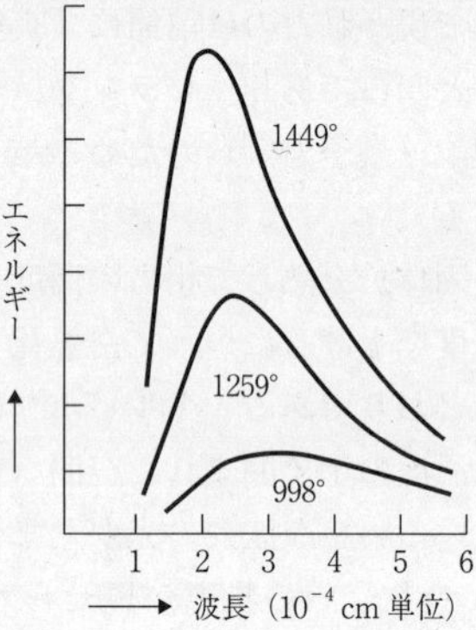

図2　空洞輻射のエネルギーの各波長への分布．

度の壁と熱的なつり合いにあるためには，空洞内に起こりうべき各波長の光は，その平均的なエネルギーが波長によらないある一定の値（ただし温度にはよる）を持つまで実現されねばならないが，空洞内にはいくらでも短い波長の光が可能なはず[1]だから結局この空間は無尽蔵にエネルギーを要求することになる．そうして比熱も無限大になる．これはレイリーやジーンズによって明らかにされた発散であって，古典論の内面的な困難をきわめて鋭くあばきだしたものであった．

問題は壁の物質の種類などによらず真空の光の場自体の熱的なつり合いの問題と考えられるものであるから，プラ

1)　これは場というものが——粒子の集まりである物質と違って——本来無限大の自由度を持っていることに相当する．

ンクは各振動数の光とエネルギーをやりとりしてつり合いを維持するための一番簡単なものとして，これと同じ振動数の振動子[2]の集まりを設定して問題を分析した．そのさい彼はエネルギー保存則と，エントロピーと確率を結びつけるボルツマンの原理とを護持されるべき原理的支柱とした．

彼の達した結論だけいうことにすると，もしこの振動子のとりうるエネルギーの値が——古典論のように連続的な任意の値ではなく——その振動数を ν として［補注 K］

$$\varepsilon = h\nu, \qquad h = 6.5\times 10^{-27}\,\mathrm{erg\cdot sec} \tag{1}$$ [3]

なる量（これをエネルギー量子という）の整数倍

$$E = n\varepsilon, \quad (n = 0, 1, 2, \cdots) \tag{2}$$

に限られるとするならば，単に発散が防げるのみならず，実測をきわめてよく再現する分布式がもたらされるということであった[4]．こうして量子力学を象徴する唯一の自然

2)　これは具体的にはたとえば荷電粒子が弾性的な力で束縛されているようなものである．

3)　h の値は日常的な尺度では非常に小さいが，たとえば黄色の光（振動数約 5×10^{14} ヘルツ）に対し $h\nu$ では約 3×10^{-12} erg で，これは常温における熱運動の平均エネルギーに比して二桁ほど大である．したがってこのような領域（振動数と温度の）で h の有限性が結果にきくのである．

4)　プランクはドイツ帝国の勃興とともに育ち，若くしてベルリン大学の教授になったが，この大発見をしたのは 42 歳の時であった．以後長くドイツ物理学界の大御所であった．律気な理想主義者であった．今次大戦では家を焼かれ，敗戦ドイツの混乱の中で 1947 年に 90 歳の長い一生をとじた．

常数となるべき作用量子 h が，初めて導入されたのである．そしてこれが場の平均エネルギーに対する高振動数部分からの寄与をおさえ発散を防止する収斂《しゅうれん》因子として働いたわけである．

こうして振動子の取りうるエネルギーが，したがって取りうる状態が不連続的であるということは，物質の構造における従来の不連続性——原子論・電子論——とはまた異なった新しいことがらであり，直ちに古典論に矛盾する全く新しい考えである．のみならず可能な状態がとびとびで中間の状態が許されないとすると，系が一つの状態から他の状態に移るさいの変化は，この断絶を瞬間的にとびこえる不連続的な飛躍として起こらねばならぬであろう．

さらにこの振動子に他の電子なり原子なりが衝突して，そのために振動子の状態が飛躍したとすると，エネルギーの保存則を認める限り，電子なり原子なりのエネルギーも同時に，振動子のエネルギー変化をちょうどつぐなうだけ，飛ばねばならぬだろう．こうしてたとえ，電子や原子自身は連続的にあらゆるエネルギーの状態を取りうるとしても，飛躍的な変化というものはこれらについても認めねばならなくなる．

ことにこのような振動子の飛躍的な変化が，粒子ではなく波であるはずの光とのエネルギーのやりとりで起こる本来の空洞輻射の場合を考えるとどうであろうか．波ではそのエネルギーも空間に広がって分布しているのだから，このような波を受けて振動子が一瞬にして $h\nu$ のエネルギーを吸収すると考えることはきわめて不可解である．振動子のエネルギーが飛ぶためには，光はむしろ波のようなものではなくて空間的に集中した

$$\varepsilon = h\nu \tag{3}$$

なる大きさのエネルギーの粒から成っており，これが振動子に吸収されたり，振動子から放出されたりすると考えるべきことになろう[1]．このような光のエネルギーの粒を光量子といい，物質から出入するさいに発生し消滅するような，（静止）質量をもたない粒子と考えられる．

こうしてとびとびの状態という新しい考えがいったん振動子という一点において取り入れられた以上，それは光の粒子性を要求し，また光や振動子と相互作用するあらゆる系に飛躍的な状態の変化を要求することになり，hという常数は自然の不連続性の規定というにふさわしい普遍的・非古典的な意味を担うべきことが予想されるのである．そして実際そうであることは以下順次述べてゆく事実によりますます裏書されてゆくのである．

しかしプランク自身はすでに中年で，彼がこれまで長く親しんできた古典論をこのように惜しげもなく破壊してゆくにはあまりに保守的であった．彼はむしろ作用量子をなんとか古典論の中に適合させようとむなしい努力を重ね

1）　このような光の粒子性は，必ずしも光の出入のさいを考えなくても，プランクの熱輻射の式をもとにして光の場のゆらぎを算出してみることによっても結論されたのである（アインシュタイン）．

た．上に述べたような作用量子の革命的意義を展開したのは若いアインシュタインであり，次いでボーアであった．

光量子　プランクの仕事からなにごともなく5年を経て1905年にいたり，アインシュタイン[1)]は前記のような光の粒子説を初めて大胆に提唱したのである．

彼はまず，従来の物理学の二つの構成要素，ニュートン力学の支配する粒子の理論としての物質の原子論と連続的な波の伝播の考えに立つ電磁場，光のマクスウェルの理論とのあいだに深刻な形式上の対立がある点に注目し，この対立は，電子・原子と光との相互作用によって光が生滅するような要素過程を扱うとき現実的な困難をもたらすことを洞察した．

このような要素過程として彼が注目したものの一つは光電効果の現象である．紫外線などの比較的振動数の高い光を金属にあてると，これから電子が飛び出すことはヘルツ以来次第に明らかにされたことであるが，レーナルト[2)]はその起こり方を実験的に調べ次の点を明らかにした（1902

1)　このころ彼はスイスの特許局の一技師の職についていた．1905年，彼の天才は驚嘆すべきテンポで打ち出された．3月に光量子論，5月にブラウン運動の理論，6月に特殊相対性理論が発表された．

2)　レーナルトのすぐれた実験はアインシュタインの発見を呼び起こしたわけであるが，レーナルトは第一次大戦以来極端な国家主義者となり，理論家・ユダヤ人・平和主義者アインシュタイン排撃の急先鋒となったのは妙な因縁である．なお当時のアインシュタインは実験事実をよく見ていた．

年)．この効果は当てる光の振動数がある限界値よりも高いときにのみ起こり，高振動数の光を当てるときほど飛び出る電子のエネルギー（速度）は大であり，光を弱くするとただ飛び出る電子の数が減るだけである．

この場合飛び出る電子のエネルギーが光の強度によらないということはもとより，そもそも弱い光でも効果が起こるということからして波動論では理解しがたい．波動論では光のエネルギーは連続的に空間に広がっているのだから，電子を飛び出させるに必要なエネルギー[3]が原子に吸収され蓄積されるためには相当の時間を必要とするはずである．しかるに実験によれば弱い光をあてる場合でもほとんど光をあてた瞬間から効果が起きる[3]．

普通の光電効果では，金属内の伝導電子が放出されるわけであるが，事情は本質的には異ならない．この場合電子が遠方のエネルギーを一挙にかき集める能力を持つのではないかという考えもだめである．金属の細かい粉に弱い光をあてる場合にも，やはり効果は瞬間的に起こる．

レーナルト自身は，その独得の原子模型に立って，光電効果ではもともと原子に蓄積されていたエネルギーが，光を受けるとその引き金的な効果によって解放され，電子が

3) トムソンもX線が気体分子をイオン化する場合（これは先に述べたX線光電効果である）について同様の困難に気づいていた．X線は気体を通過するとき，なぜところどころでごく少数の分子を，いわば確率的に選びだしてこれのみをイオン化するのかという困難である．

飛び出してくるのだと考えた．これでは電子のエネルギーが光の振動数とともに増すことを説明できない（この種の説明がだめなことについては，なお「ボーアの理論」のフランク－ヘルツの実験（p. 184）を参照）．

光をエネルギーの粒の驟雨《しゆうう》だとすれば，このような事実が簡単に理解できることは明らかである．光電効果はまさに前に述べた状態の飛躍が起きる一つの場合であり，飛躍的な過程の存在を空洞輻射の場合よりもっと直接的に示すものであった．しかも電子が物質から解放された自由な状態へと飛躍する場合であるので，これを直接観測しそのエネルギーを測ることができたわけである．

光量子のエネルギーは（3）式で与えられると考えられ，電子はこれを吸収して外へ飛び出る．電子が金属の表面を乗り越えるのに一定の仕事（P）をせねばなるまいということを考えに入れると，出てくる電子の運動エネルギーは

$$E = h\nu - P \tag{4}$$

で与えられるはずである．（4）式の関係が前のレーナルトの定性的な実験結果と符合することは明らかである．実際これはレーナルトの明らかにした事実（Eとνとの関係）を素直に最も簡単な実験式にまとめたものともいえる．

しかし一定の金属についてEとνの関係をもっと正確に測るということはむずかしい実験であった．これは10年後になってやっとシカゴのミリカンによって果たされ，（4）式の関係が確証された．光電効果は，個々の要素過程におけるエネルギー関係の式である（4）式がそのまま現象

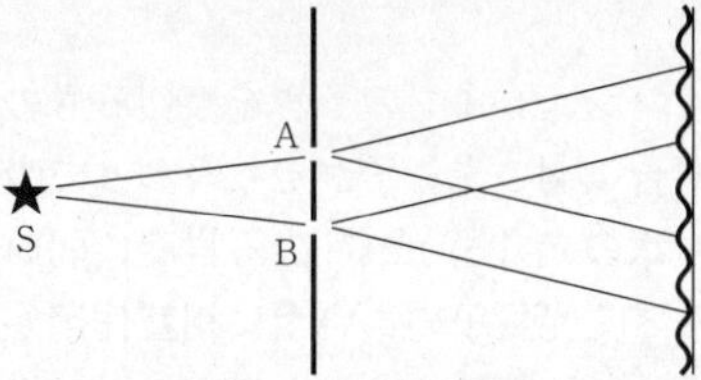

図3　ヤングの実験．光源Sから出た光が二つのスリットA, Bを通って衝立上に回折縞をつくる．

面に現われてくる点においては，統計を媒介とする熱輻射の問題よりも簡単であった．

さて (3) 式は，同じ光に干渉などの実験を施しこれを波動論の立場で解釈することによって決まる振動数νと，光電効果などで測られるエネルギー量子εとの関係を与えるものであり，干渉や回折のような波動論に特徴的な現象を光量子の立場でなんとか説明できない限りは，たがいに矛盾する二つの理論のあいだに対応をつけるものとみなすほかないものである．では干渉や回折においても光量子の立場を貫徹することができるであろうか？

光量子間に相互作用を適当に考えることにより，干渉や回折をたくさんの光量子の統計的な効果として，説明する可能性をアインシュタインは予想した．しかるに，非常に弱い光を用いてヤングの干渉実験をやってみた場合にも，普通の場合と同じ干渉縞の写真（光が弱いから長時間露出する必要がある）が得られることをテーラーは確かめた

(1909年).

これはアインシュタインの予想を裏切るものである. なぜならこの場合1個の光量子が走り終わって吸収されてしまってから, 次の光量子が飛び出る程度に弱い光を用いたのだから, たとえ光量子のあいだに相互作用があるとしても, それがきいてくるはずはなかろうからである.

孔が一つのときの回折縞は光量子の流れがなんらかの理由で統計的に散乱させるのだと考えることにして, 孔が二つのときの干渉縞は, 光量子論では, 単におのおのの孔, 別々の回折縞の強度分布をそのまま重ねたものになるはずである. なぜなら各光量子はどちらかの孔を通ってゆくはずであり, かつ, 光量子間には相互作用を考える必要はないはずだからである. しかるに実際にはもっと別の縞——光が波として二つの孔を通りぬけてから重なったものの強度に相当するもの——になる.

こうして光電効果において光の粒子性を認めねばならないのと同様に干渉現象では光の波動性を認めないわけにはゆかない (4節「ド・ブロイの理論」参照). このようなディレンマをどう解決するかが重大な問題となってくるわけである.

単純な光量子論のまずい点をもう一つあげるならば, マクスウェルの理論で光や静電場が電磁場の二つの場合としてせっかく統一されていたのが再び分解することである.

ボーアの理論　アインシュタインの光量子説以後, 量子は徐々にいろいろの問題（固体や気体の比熱の問題など）に適用されて従来の古典論の困難を解決し出した．1911年[1]ブリュッセルで開かれた第1回ソルヴェー会議[2]における討論を契機として，空洞輻射の問題が量子の仮説を採ることによってしか解決されえないことが，ようやく学界の一般的承認を得るにいたった．そして少数の目のきく人々は「物理学の将来は相対論にもまして量子論にかかっており，ここに輻射論と原子構造論の解明のかぎがある」（ゾンマーフェルト）ことを予見したのであった．このような見通しに答えるように2年後デンマーク[3]の若い物理学者ボーア

1）　なおこの年には前にも述べたようにラザフォードの原子模型が成立したこと，同じころウィルソンの霧箱にα線や電子等の飛跡が観察され，ラウエがX線の回折に成功したことなど，物理学の発展における記念すべき一時期である．

2）　化学工業で成功したベルギーの富豪ソルヴェーは自分の道楽の物理研究を評価してもらいたがっていたが，ネルンストはこれをうまくもっていって，世界の最高級物理学者の会議を開催させるようにしたわけである．議長は物理の国際的交流の立役者ローレンツであった．

3）　イギリスとドイツの二つの大きな科学的伝統——一方はトムソンとラザフォードによって，他はプランクとアインシュタインによって代表される——が，この小国において結ばれた量子論はドイツを中心として発展したが，ドイツをとりまく中欧の諸小国はそれぞれ顕著な寄与をしている．デンマークのコペンハーゲン大学，オランダのライデン大学，スイスのチューリヒ工科大学，オーストリアのウィーン大学，そしてスウェーデンのノーベル賞とベルギーのソルヴェー会議等．またハンガリーは最近不思議にたくさんの物理学者と音楽家を国外に送り出した．これらの小国のいくつかでは「国家主義的自己満足，政治的偏見による科学の歪曲」のような大国の場合に見られる弊害が少ないという利点があ

図4 ボーア

の仕事が現われた.

さて光電効果は光の吸収の一つの場合であるが, 普通の光の吸収では電子が飛び出ない場合のほうが一般的である. しかしこの場合電子が光のエネルギーをもらってなんらか状態の変化をこうむるだろう.

ただ電子が飛び出さないので直接的にこの変化を調べることはできないが, 本質的には光電効果と異なるものではないから, やはり状態の変化は飛躍的なものとして起こることが予想される. そして吸収の逆である発光についても同様であろう.

ところでいろいろな物質をいろいろな方法で刺激して光

る. コペンハーゲンではあるビール会社の大きな寄付が科学を財政的に支援した.

らせ，その光を成分の単色光にスペクトル分解し，その波長を測るところの，いわゆる分光学という部門は前世紀のうちに非常に高い技術的水準に達し豊富なデータを蓄積していた．いろいろのスペクトルのうちで，とくにとびとびの単色光（ただし多少の幅を持つ）からなる「線スペクトル」は自由な原子がうち出すものであることが結論され，それは原子の種類に固有なものである．すなわち観測される振動数スペクトルは光のそれであるけれども，これはなんらかその光を放つ原子に固有な内部振動数のスペクトルと考えねばならぬもので，原子の内部をうかがう重要なデータである．

ことに水素原子の発するスペクトルは最も簡単な構造を持っており，一見して明らかな規則正しい排列を示す．この各線の振動数が

$$\nu = R\left(\frac{1}{n^2} - \frac{1}{m^2}\right), \qquad \begin{array}{l} n = 1, 2, \cdots \\ m = n+1, n+2, \cdots \end{array} \tag{5}$$

なる公式にまとめられることはスイスのバルマー（1885年）によって，さらにライマン（アメリカ），パッシェン（ドイツ）らによって明らかにされた．他の原子のスペクトルはもっと複雑であるけれども，一般にこの場合も各線の振動数が，その原子に特有なある数列 $T_1, T_2 \cdots$ の二つの項《ターム》の差

$$\nu_{nm} = T_n - T_m, \quad (\therefore \nu_{nl} + \nu_{lm} = \nu_{nm}) \tag{6}$$

として整理されるという事実がリュードベリ（スウェーデン）とリッツ（スイス）によって帰納された（1908年）．

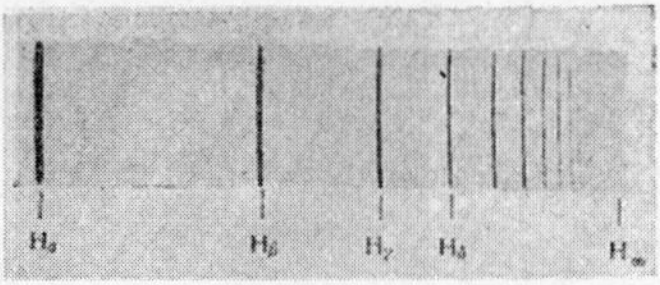

図5 水素のスペクトル

ところがこのような規則性は古典論では理解できない．古典論では原子の発光は原子内電子の周期的な運動から放たれると考えられ，この周期運動の基音振動数 ν_1 またはその倍音振動数 $\tau\nu_1$ (τ は整数) の光がでてくる[1] はずであるが，これは (5) 式や (6) 式の関係と全く異なる．

ところが実はこのような周期運動は，すでに述べたようにもともと不定かつ不安定なものである．このことは，ラザフォードの原子の核模型が成立したとき，きわめて明白になった．水素原子においては電子は核からのクーロン力のもとにケプラーの楕円を描いて回っているであろう．し

1) スペクトル線がめいめい別々の自由度の単振動から発せられると考えれば一応事実が記載できる．しかしもしこの場合，各振動の間の内的関連（すなわちスペクトルの規則性）を説明しようとして，なんらかの力学的な構造のもつ独立な振動（基準振動）のスペクトルを調べてみると，これはやはり (5), (6) 式のような光のスペクトルの示す規則性と，一般的な差異を持っていることがわかる．この考えでは，たとえば水素原子にもおびただしい自由度が必要になるが，電子の数は，原子量の半分の程度にすぎないことは前に述べた．とくに，水素原子では電子が一個であることが推定できる．

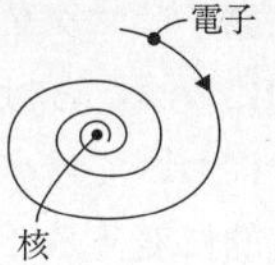

図6

かしその軌道の形や大きさは初期条件が連続的に変わりうることに応じて連続的にさまざまのものが可能である．ところがさらに電子が周回運動をする以上は，マクスウェルの理論によって光の波を放って，連続的にエネルギーを失っていくことを考慮せねばならない．すると軌道はすみやかに縮小して電子は核に向かって落ちこんでゆくことになる．これらの結果は原子が一定の安定な大きさ（気体分子運動論で結論されているような），および化学的性質，シャープなスペクトル線を持つという事実と矛盾する．

このような困難はまさに原子が古典論とは異なった原理によって，その安定性を保証され発光の仕方を規定されていることを示すものだとボーアは解した．すでにわれわれは振動子の場合にそのエネルギーが $h\nu$ の整数倍のとびとびの値しかゆるされないことを知っている．だとすればこれを一般化して，一般に原子のエネルギーは $E_1, E_2, E_3 \cdots$ というようなとびとびの値（これをエネルギー準位と呼ぶ）しかとりえないとすることも考えられることであろう．そしてこれらの許されたエネルギーの状態（これを定常状態と呼ぶ）では，原子はマクスウェル理論のいうような仕方で輻射を連続的に放つことはないと考えられる．それは前に振動子の場合について述べたと同様の理屈で，原子のエネルギーを連続的に変えることが許されないからである．このような状態の一つから他に移るためには，$E_n \to E_m$ というように飛躍する（ボーアはこれを遷移と呼んだ）ほかなく，この時のエネルギーの差額は，すでに述べたと同様に一個のアインシュタインの光量子 $h\nu$ の形で放たれると考えられるから

$$E_n - E_m = h\nu, \qquad (E_n > E_m \text{とする}) \tag{7}$$

なるエネルギー保存の関係がなければならぬ．こうして，古い考えでは光の振動数が，発光の最中，振動している粒子の力学的振動数に一致したのに対して，新しい考えでは

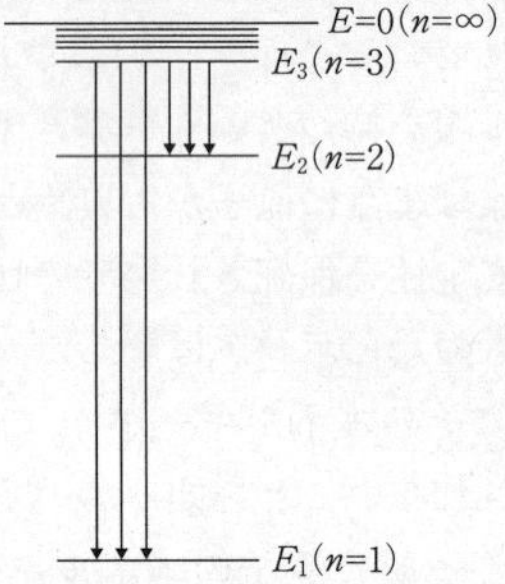

図7　水素原子のエネルギー準位．$E_2 \to E_1, E_3 \to E_1, E_3 \to E_2$ 等の遷移でそれに相当する光（光量子）が放出される．フランク－ヘルツの実験では，電子で衝撃して $E_1 \to E_2$ のように上へ遷移（励起）する．

発光の前後の原子のエネルギー差によって決められることになった点は著しい差異である[1]．(7) 式の関係は $E_n = -hT_n$, とおけばリッツの規則 (6) 式と合致する．

こうしてスペクトルの秘密を読みとるための基本的なかぎが——すなわちそれが原子なり分子なりのエネルギー準位の精密なデータのカタログであることが——とらえられたということは画期的なことであった．いまや分光学（X線のそれも含めて）における豊富で精密なデータの蓄積を原子の探究のために駆使する道が開かれた．そして原子構造論，したがってまた量子論の成長のために，分光学という膨大な実験的沃野を持ったということは，このうえもなく有利なこととして働くのである．

さてボーアはさらに最も簡単な水素原子の場合について，E_n の値がどういう関係で決まるかを見いだした．彼はまず定常状態では電子は古典力学に従って運動する（すなわちクーロン力は働くが電子の加速度による輻射はない）とする．ただし定常状態そのものは，古典力学的に可能なあらゆる運動の中から特定の条件をみたすものとして選びだされるものである．ボーアは（さしあたりケプラー運動のうち円運動の場合だけについて考えることにし）このような条件（量子条件と呼ぶ）として

$$\text{角運動量} = n\hbar, \qquad (n=1, 2, \cdots, \quad \hbar \equiv h/2\pi) \tag{8}$$

1) 振動子の場合にはそのエネルギー準位がたまたま等間隔であったので，この二つの振動数が一致し，(7) 式の関係を明白に意識することが妨げられていたわけである．

をとった．すると水素原子のエネルギー準位として［補注L］

$$E_n = -R'/n^2, \qquad R' = \frac{me^4}{2\hbar^2} \tag{9}$$

が得られる（ここに m と e はそれぞれ電子の質量と荷電で $m=0.91\times10^{-27}$ g，$e=4.8\times10^{-10}$ 静電単位なることがわかっている．これを用いると $R'=13.6$ eV である）．これを（7）式に入れると，まさに（5）式が得られ，（5）式における R の値は $R'/h=me^4/4\pi\hbar^3$ に等しいはずだということになるが，このことも，精密に実測と一致することが確かめられた．（9）式では電子が自由になった状態を，エネルギーの原点にとっているから，R' は $n=1$ に相当する最低の定常状態に対する，イオン化エネルギーを意味する．こうしてボーアは，定常状態を一応古典的な軌道運動として描いたが，その間の遷移はイメージの与ええないものであることを強調した．すなわち一つの軌道から別の軌道への遷移がどのような経過をたどって行なわれるかを描くことはできず，それは瞬間的に行なわれるものであると考えねばならない．

またボーアの理論において作用量子が二重の意味で——（7）式ではアインシュタイン的な意味で，（8）式ではプランク的な意味で——はいってくることに注意せねばならぬ（3節「行列力学の構成と性格」および4節「ド・ブロイの理論」参照）．

同じころ，原子のとびとびの定常状態の存在はフランク－ヘルツの実験によってより直接的に確かめられた（1913

年，ベルリン）．この実験はまた原子がエネルギーを光からでなく自由な電子の運動エネルギーから受け取るような場合にも，やはりそれが飛躍的な変化として行なわれることを確かめたものである．

低圧の気体（彼らは単原子気体としてまず水銀蒸気を選んだ）の中へ，かなりのろい一定の速度の電子線を送り込み原子に衝突させる．原子は初めそのエネルギー準位 E_1, E_2, … のうちの，最低のもの E_1 の状態に収まっているが，電子の（非弾性）衝突によりこれからエネルギーの一部をもらってエネルギーのより高い状態 E_2, E_3, … 等に移るチャンスを生じる．しかしそれは飛び込んできた電子のエネルギーが E_2-E_1 を越えたときに初めて起こりうるはずである．実際送り込む電子のエネルギーを次第に増してゆくと，あるところで送り込んだ電子のエネルギーが急に減少するのが見られ，同時に原子が $E_2 \to E_1$ なる遷移に相当するスペクトル線を発するのが見られた．さらに電子のエネルギーが，前に述べたイオン化エネルギー R' に等しい値に達すると，実際イオンが現われ始めるのが見られる．ついでに注意するが，このことは，前に光電効果においてイオン化する直前の原子があって，これが光の波をうけてその引き金作用により飛び出すのだという類の説明もだめなことを示す．

ゾンマーフェルトの理論　プランク，アインシュタイン，リッツ，ラザフォードの仕事を結合して成立したボーアの理論は原子構造論を開幕した．時あたかも世界は第一次大戦に突入した．戦争の期間になされた重要な進歩の一つは，ゾンマーフェルト[1]によるものである．

定常状態を選び出すための量子条件としてボーアは水素原子の場合 (8) 式をとったが，振動子に対してプランクは (2) 式をおいた．これらを特殊な場合として含むような量子条件の少しく一般的な形は，1次元の場合についていうと，粒子の位置座標を x，運動量を p として

$$\oint p dx = nh, \qquad n = (0), 1, 2, \cdots \tag{10}$$

である．$\oint$ は周期運動をするものとしてその一周期にわたる積分を意味する．3次元——ないしもっと多自由度——の場合には (10) 式のような量子条件が——変数が分離するとして——各自由度に対して与えられる．

このことを考慮して水素原子の問題をもう一度解いてみると，許される運動として次のようなとびとびのケプラーの楕円軌道が得られる．

そのエネルギーは，楕円の長軸の長さで決まり，ボーアの場合の円運動のどれか一つのエネルギーに等しく，一つの量子数 n で区別される．同じエネルギーの楕円軌道でも，短軸の長さの違ったとびとびの形が可能であり，これらは角運動量の大きさを異にしていて角運動量の大きさを指定する量子数 k で区別される．n, k を指定しても，さら

1）1951年，82歳でなくなった．

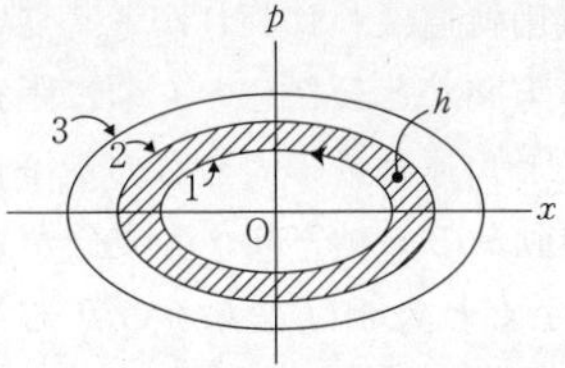

図 8 古典論では粒子の状態は位置 x と運動量 p によって決まる．すなわち x-p 空間（位相空間）の点で指定される．粒子の運動とともにこの点も動いてゆくが，周期運動では，閉じた曲線を描く．$\oint p dx$ はこの閉曲線の包む面積である．本文 (10) 式の量子条件は，この面積が h の整数倍になるような運動だけが量子論では許されることを示す．上図は振動子に対するものである．

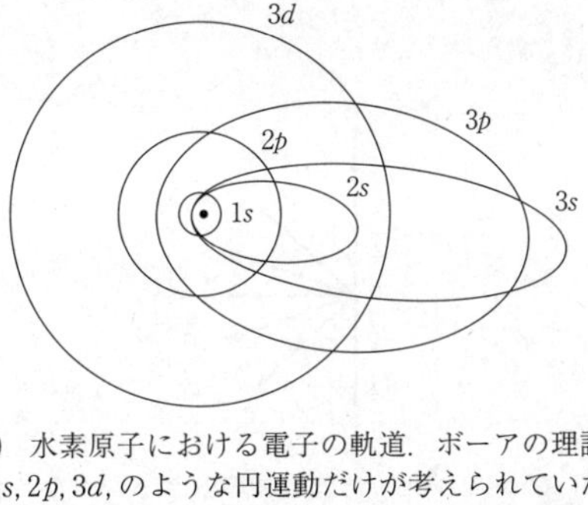

図 9 水素原子における電子の軌道．ボーアの理論では $1s, 2p, 3d$, のような円運動だけが考えられていた．ゾンマーフェルトの理論では，たとえば $3d$ 軌道とエネルギーを等しくする楕円軌道 $3s, 3p$ がなお許されている運動として存在する．

にこのような楕円軌道はわれわれが考えている座標軸に対してそれのとる方向がとびとびのものに限定される．すなわちエネルギーと角運動量の大きさの量子化された楕円運動は，その角運動量の z 軸方向への成分が $\hbar$ の整数倍（この整数を m とかくと，m は $-k$ から k までの $2k+1$ 個の値に限られる）になるような方向のものに限定されるのである．これを方向量子化という．こうしてボーアの場合に一つの円運動で考えられていたエネルギー準位には実はいくつかの異なった惰円運動が属していることになる．その一つ一つを量子状態といい，このような事情を縮退と呼ぶ．もし外部から磁場が働いているならば，われわれは，もはや z 軸を任意の方向にでなく，この磁場の方向に選ぶべきである．そしてこの方向に対してやはり角運動量の z 成分が量子化されるが，その各状態は磁気能率（これは角

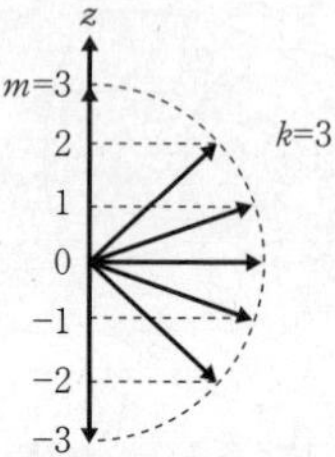

図 10　方向量子化．角運動量の大きさが，たとえば $k=3$ に量子化された軌道は，その方向が角運動量の z 方向成分が $m=3, 2, \cdots, -3$ のいずれかの値をとるようなものに量子化される．

運動量に比例する）の z 成分を異にしているから，したがってもはや，わずかずつエネルギーを異にする（縮退がとれる）ことになる．この前者（磁気能率の方向量子化）はシュテルンとゲルラハによって実験的に確かめられ（1921年），後者（磁場で準位の縮退が一部とれること）からして，ゼーマン効果（スペクトル線が磁場で何本かに割れること）の簡単なものが理解されることになる．

こうしてボーア‐ゾンマーフェルトの理論は分光学と化学の諸問題に関してたちまち多くの輝かしい収穫をもたらした．しかし一般的進歩が戦争のために阻害されたことは明らかである．科学者の多数が戦時研究に動員された．すぐれた二，三の学者（モーズリ，シュワルツシルト）は戦死した．再び平和がかえってきたとき，量子論はにぎやかに迎えられた．敗戦国ドイツのプランクにノーベル賞（1918年度）が与えられた．ついでアインシュタイン（1921年），ボーア（1922年）が順次ノーベル賞を得た．

コペンハーゲンのボーアのところへは早くから各国の若い学者がつめかけてきて量子論研究のメッカとなったが，1921年，ここに理論物理研究所ができた．コペンハーゲンのほか，ミュンヘン（ゾンマーフェルト），ゲッティンゲン（ボルン，フランク），ライデン（エーレンフェスト）等が量子論のセンターであった．そのほかベルリンのアインシュタイン，チューリヒのシュレーディンガーのようにあまり学派をつくらないすぐれた学者もいた．ことに注目すべきは若いゼネレーションの輩出である．ことにそれはインフレの波の荒れ狂う敗戦国ドイツにおいて目ざましかった．その最も抜きんでた者はパウリ，ハイゼンベルク，ヨルダンである．またオランダからはクラマース，フランスにはド・ブロイ，イギリスにはディラック，イタリアにはフェルミが現われた．これらのアプレゲールの天才・秀才の一群によって量子論は精力的に推進され，いくばくもなくしてみるみる量子力学をつくり上げてしまうことになるのである[1)]．彼らはまさに量子力学の形式が予定されていたような時期に青春の研究生活にはいっていった幸福な世代であった．この人々は現在では50歳前後で健在で世界の物理学界の指導的地位にある．

戦後の準備的な時期を経て1921-22年ごろから量子論のいっそう本質的な研究があふれ出始めた．前にあげたシュテルン－ゲルラハの実験もそうであるが，そのようなものの一つとして，シカゴのコンプトンによって見いだされた効果について述べよう．

コンプトン効果　光電効果は光の吸収の一つの場合であったが光の散乱の問題はどうか．束縛された電子あるいは自

1)　たとえばハイゼンベルクは次のように語っている．「私は1920年にミュンヘン大学を卒業した．敗戦はそれまでに叫ばれたすべての理想を空虚なものにしてしまった．われわれは親も先生も信頼せず，自分自身のためにこの世で価値あるものを見つけだそうと欲し，その過程で科学を再発見した．科学においてはなにが正しく，なにがまちがっているかについて自然自身によってつねに決定に到達するのである」．

由な電子による光の散乱は，マクスウェル理論の立場で以前にローレンツやトムソンによって計算されていた．とにかく波動論では，入射する光の波が電子を強制的にゆすぶり，ゆすぶられた電子がまわりに球面波をうちだすという機構で，光の散乱が起きるのだから，散乱光の振動数は入射光のそれと等しいはずである．これは一般に事実と一致している．ところがX線の原子になる散乱の場合には，入射光と波長の等しいもののほかに，入射光より波長のわずかに長いものが混じっていることをコンプトンは見いだした．これは光量子の立場では簡単に理解されることがらである．光速 c で走る（静止質量0の）粒子のエネルギーと運動量のあいだには，相対論的に

$$p = E/c \tag{11}$$

なる関係があるから，光量子のエネルギーが $h\nu$ であることを用いると

$$p = h\nu/c = h/\lambda \qquad (\lambda：波長) \tag{12}$$

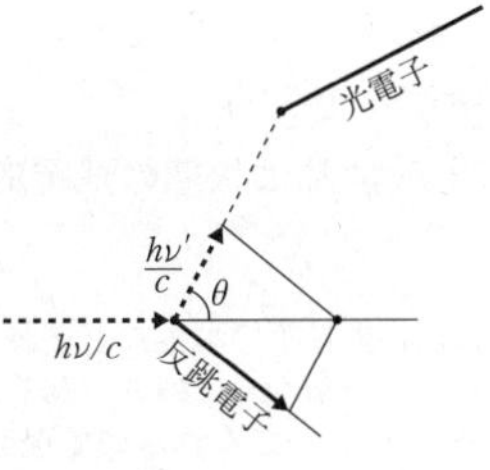

図11　コンプトン散乱とコンプトン－シモンの実験．運動量の保存関係を示す．

なる運動量を光量子は同時にもつはずである，とアインシュタインが指摘した（1917 年）．

ところで，光量子論では散乱は光量子が電子に衝突してはねとばされることと解される．X 線のような高振動数の光では $h\nu$ が大きいから，これに対しては原子内の電子は近似的に自由なものとみなしてよい．このような電子に光量子が衝突するさい，光量子が運動量を持っているために電子も反跳をこうむり，したがって電子は光量子のエネルギーを一部もらう結果になり，それだけ散乱光量子のエネルギーは減少し，これが散乱光の波長の増大となって観察されることになるわけである．これは電子と光量子の衝突において，全体として運動量とエネルギーが保存されるということであって[1]，この関係を式にのせて計算すると，入射方向から θ なる角だけそらされる散乱光量子において，波長の増加は

$$\Delta\lambda = \frac{h}{mc}(1-\cos\theta), \quad \frac{h}{mc} = 0.024\ \text{Å} \tag{13}$$

なることがわかる．この関係は実測とよく一致することをコンプトンは確かめた（1923 年）．

こうしてコンプトン散乱は状態の飛躍的な変化――遷移

1）　光電効果の場合は，光量子のエネルギーがすっかり電子の運動エネルギーに変わってしまう．このさい電子を束縛していた原子が適当に運動量を取り去ってくれるので運動量保存則が満たされ，それにともなって原子が取り去るエネルギーは原子が重いので無視できたのである．

——の一つの場合であるが，原子の発光の場合などとは少しく異なった特徴を持っている．第一に遷移によって飛び移るべき状態（終状態）が相互にとびとびではなく，光量子が任意の方向に散乱されうることに応じて連続的に無限個のものがありうることである[2]．こうして遷移というのは必ずしも状態の離散性の結果として要求されるものとは限らないわけである．

第二に，このことに関連してコンプトン効果では，遷移が電子と光量子との弾性衝突として表象しうるので理解しやすいことである．

さてこのような簡単な考えだけではしかし，散乱の強度とその角度分布というものは与えることはできない（この事情は光電効果の問題でも同様であった）．すなわちこれだけの理論では，いいうることは衝突においてエネルギーと運動量の保存の関係が成り立つということだけであって，衝突がどのような頻度で起こり，決まった方向にどのような頻度で散乱されるかということを正しく算出する手続を与えていない．

他方，同じ問題に対してトムソンの古典波動論は，このような波長のわずかのずれということをだすことはできないにしても，散乱光の強度についても同程度の近似（すなわち波長のずれが無視できるような長波長のところで漸近的に正しいような近似）で答えることができるということ

---

2) 光電効果においても電子は連続スペクトルへ遷移する．

に注意せねばならぬ[1].

しかしコンプトン効果に対する光量子論的描像は霧箱の中で実験することにより，きわめて如実なものとなった．X線を送りこむと確かに反跳電子の飛跡が見られた（ボーテとウィルソン）．この立体写真からその反跳の方向とエネルギーを知ることができる．散乱される光量子の方向は——光量子そのものは飛跡をつくらないので——普通は知りえないが，これがうまくもう一回霧箱の中で原子に衝突して光電効果（あるいはコンプトン効果）を起こし電子を飛び出させる場合がまれには起こる．するとここから飛び出る光電子のやや長い飛跡が見られる（図11）．このような場合には初めの衝突における光量子の散乱の方向もわかるので，これと前に述べた反跳電子についてのデータとを合わせて調べてみると，実際二つの粒子の弾性衝突に相当するエネルギーと運動量の保存関係が満たされていることが確証されたのである（コンプトン－シモン，1925年）．

とにかくこうして光の粒子性はますます否定しがたいものとなり，したがって光の二重性の矛盾はいっそう，あざやかなものとなった．これを概念的に解決することは必ずしもむずかしくないが（6節「思考実験に関する注意と相補性」「状態の概念と確率」参照），このような事実を完全な光の理論にまで定式化することは容易ではない．この二重性

1) 実はさらに波長のずれというものも波動論の立場である程度まで説明できないこともないのである（4節「ド・ブロイの理論」参照）．

は物質粒子に対する同様の二重性を示唆し，後者の解決としてまず物質粒子に対する量子力学が先に成功した時に，光の合理的な理論を組み立てる道が開かれるという順序をとることになる．

われわれはこの節で遷移のいろいろの場合を考察したが，それらはいずれもエネルギー（と運動量）の確定量がある部分から他の部分へ移るような種類のものであった．それは遷移ということにはなにかエネルギーと運動量という物理量が特別な意味を持っているように見えるかもしれない．しかし遷移というのはこのようなものに限るわけではなく，たとえば角運動量が飛ぶというのでもよい．

前に述べた水素原子に外から磁場をかける場合を考えてみよう．磁場がいくら弱くても電子の運動は磁場の方向に対して方向量子化を満たすような軌道のどれかにあると考えられる．そこでこの磁場をそのまま連続的に弱めて０にして前と異なった方向に弱い磁場をかけるとする[2]．すると電子は新しい方向に対して，方向量子化を満たすような軌道のどれかに突然飛ばねばならぬはずである．この場合は光の射出はなく，エネルギーの変化はないが角運動量の成分が変化する．

これに似た例は，光量子の偏《かたよ》りに対する次のような実験

2)　今の場合この磁場は無限に弱くてよい．しかしこの磁場が無限に弱くはなく，かつ不均一磁場の場合がシュテルン－ゲルラハの実験に相当し，角運動量の成分を測定するという意味を持つことになる（6節参照）．

である．光は偏りという性質を持っているが，これを光量子の立場で考えると，個々の光量子がなんらか偏りという性質を持つものと考えられる．そこでいま，ある偏光板を通して決まった方向に偏った光量子の流れをつくり，次にこれを最初の偏光板の軸と傾いた偏光板（「検光器」）を通す場合を考えると，光量子はこれを通るか通らぬか，いずれかでなければならない．すなわち光量子の偏りは，検光器の光軸の方向またはこれに垂直な方向に偏った状態のどちらかへと遷移する．遷移にはさらにもっといろいろな場合がある．

3　対応原理から行列力学へ

古い量子論の発展と行きづまり　ボーア‐ゾンマーフェルトの理論（これを古い量子論と呼ぼう）はすでに述べたように原子構造論においてすばらしい成功を収めたのであったが，いくばくもなくしてその限界に達し実験事実との不一致を暴露し始めた．

ボーア‐ゾンマーフェルト理論の第一の部分——定常状態の存在とボーアの振動数関係（2節（7）式参照）——は，一般的な正当さを持つものと考えられるもので，これを基礎にして原子や分子のスペクトル項をエネルギー準位として量子数でもって分類してゆくという半実験的な仕事をやってゆく限りにおいては，全く有効であった．しかし理論の第二の部分——量子条件（2節（10）式参照）——はそのような一般性・厳密性を持っておらず，これによってエネルギー準位を算出することに進むと種々の困難が生じる．

第1に，低い量子数についてはしばしば事実と食い違う（「行列力学の発見」参照）．第2に量子条件は変数分離が行なえるような周期的な運動（多重周期運動）についてのみ与えられているが，2電子系・多電子系の運動は電子間のクーロン力を考えるとこのようなタイプにはならない．したがってボーアの理論はこのような問題が厳密にはどう定式化されるのかをいうことができない．ただしボーア理論の立場でこのような多電子原子をなんらか近似的な意味で模型的・定性的に考察してゆくことはできる[1)]．

一般にいって，スペクトル線の配置（振動数分布）をターム（エネルギー準位）に解析し，タームをさらに分類してゆく仕事と，ボーア-ゾンマーフェルト理論の基礎からタームを演繹する仕事とのあいだのギャップを克服するた

1） 前に述べたように，水素原子のように核のクーロン場にただ1個の電子が存在している場合には，問題を正確に解くことができ，量子状態は n, k, m なる三つの量子数で指定され，その分布ははっきりわかった一定の構造を持っている．そこでこれを基にして順次電子の数が2個，3個…とふえていった場合の原子の電子配置を考えて，それが「殻状構造」を持つことを推察しうる．このことは原子の周期律の事実と結びつけられる．またたとえばアルカリ原子は，そのたくさんの電子のうち1個（「価電子」）を除いたもので「閉じた殻」をつくっていると考えられるので，この閉じた殻と原子核とからなる安定な一団のつくる平均的な静電場で価電子が運動しており，これが遷移するという立場でそのスペクトルを考察することができる．

めの努力が必要である．

そのために理論の修正がさまざまの方向に試みられる．相対性理論の効果を入れてみるとか，量子条件を修正するとか，原子内に働いている力として新しいものをつけ加えてみるとか等々．このような，なんらかもう少し複雑な運動の可能性を捜す試みは，半ば困難の性質から示唆され，半ば試行錯誤的になされるであろう．そして問題の性質によって有意義なこともありうる．

元来古いローレンツ的な理論では水素原子がたくさんのスペクトル線を持つことが，それに応じるだけの振動電子を考えて理解された（180 ページの注参照）ものを，ボーアの理論は，ただ1個の周回電子を持つところの構造的により簡単な，ラザフォードの模型から導けるものにしたのであったが，もう少し，くわしく広く実験事実を調べてみると，事実の方が再び理論より豊富で襞《ひだ》の多いものであった．そこでこれに応じるために必要なことの一つは電子に新しい自由度を付与することであることが次第に明らかになってきたのである．すなわち電子は単なる質点ではなくてなんらかの内的な自由度を持つとされることになるわけであるが，それは電子の自己の軸のまわりの回転，すなわちスピンとみなされ，しかもその角運動量の大きさが $\hbar/2$ なるただ一つの値に「量子化」されているとするのである．それはさらにある方向に対して方向量子化され，その方向へのスピン角運動量の成分が $\hbar/2$ なる状態（右回り，すなわち上向き）と $-\hbar/2$ なる状態（左回り，すなわち下向き）

のただ二つの状態のみが許されると考えられる．

もう一つの重要な認識は，電子が2個以上ある場合に関することで，原子の各量子状態（スピンの上下の状態をも区別したもの）に同時に2個以上の電子がはいることはできないということ（パウリの「排他律」），そして二つの量子状態のおのおのに一つずつはいっている電子を単に入れ換えてみても初めと全く同一の状態が得られるが，これは初めの状態と区別して勘定してはならず，ただ一つの状態と考えねばならないということである．これは電子が個別性を持たないということであって，電子がこの意味で古典的な粒子と本質的に異なったものであることを意味する[1]．

スピンと排他律（個別性を持たぬことを含めて）は，いずれもまさに量子力学への突入が始まろうとする前夜に見いだされ，古い量子論の有効範囲を大いに拡大し，いろいろの事実の説明に役立った[2]．そしてこれらはやがて量子力学の中にその基本的な構成要素として取り入れられるべきものであった．われわれはしかしこの方向の進歩にはこれ以上立ち入らないことにする．

しかしながら，われわれはボーア理論の根本的な性格に

---

1)　個別性を持たないということは一般に量子力学的な粒子に本質的な新しい特徴である．

2)　排他律によってたとえば前述べた周期律も初めて正しく理解されるのである．ただし排他律などが認識されても，それだけでは2電子問題は解決されない．

ついてもっと反省してみなければならない点がある．この理論はとびとびの定常状態と遷移という量子論特有の考えを出発点としながら，定常状態においては電子が古典力学の法則に従って軌道運動するという描像を呼びかえした．このことはこの理論が古典論と，本来これに矛盾する量子の考えとから折衷的に構成されているということであり，理論が過渡的な性格のものであることを示すものである[1)]．「ボーアの原子は古典論というゴシック風の土台の上に立ったバロック風の塔」に似ていた．

すでに述べたように，この第1の部分は一般性を持つものであったが，これだけでは定常状態そのものを理論的に定めえないので，この点を補うために古典的な軌道運動の描像に基づいた量子条件を（さらには「強度の問題と対応原理」で述べるように，軌道運動の倍音成分が遷移の確率を与えるという考えを）援用せざるをえなかった．このような，量子の考えとうまくとけ合わないような部分がつぎ木されているということは，理論の発展の基本的な動機としてとらえるべきものである．したがってこのような理論を固定した形で考える限りは，それはまにあわせ的なものといわねばならず，正しい量子論（量子力学）のひどくゆ

1）このような性格は最初のプランクの熱輻射論の進め方の場合も同様であった．しかしプランクが量子を古典論に同化させようと努力したのに対して，ボーアはすでにその最初の仕事を次のようなきわめて正しい見通しで結んでいる．――「このコントラストを強調することにより，やがてはこの新しい理論の中になんらかの一貫性をもたらすことができよう」．

がんだモデル化された，そしてなお断片的弥縫的《びほうてき》な模写《コピー》にすぎないであろう．そしてこれが水素原子のエネルギー準位（低量子数の場合にも）やその他いくつかの問題で正確な結果を与えたということは，むしろ半ば問題の特殊性に幸いされたものと見ねばならないのである[2]．

しかもこの理論はまだ，本来の古典論にすっかり置き代わるほどの普遍性・包括性を持ってはいない．第一に，この理論は周期的な運動については，運動がどのように作用量子によって制約されるかを考慮しているが，そうでない非周期的な運動については作用量子を考慮するすべを知らず，単に古典論がそのまま成り立つとしている点に見られる．確かにこの場合とびとびのエネルギー準位というものは現われないし，電場・磁場による電子線の屈曲やラザフォードの散乱の問題で，古典論の計算は一応正しい結果を与えたが，実は電子が急激な力の場を通るような場合には，一般には古典論からの食い違いが現われるのである（4節「電子の波動性の実証」ラムザウアーの実験参照）．

またすでに述べたように，量子条件は本質的に変数分離が行なえるような周期的運動についてのみ表現できたの

2）　さらにこの量子条件はそれが有効な場合でも，縮退のある場合にちょっと物理的に奇妙な結果をもたらす．たとえば前の自由な水素原子の問題では方向量子化という縮退が出てきた．しかし別に磁場も働いていない場合には，空間は等方的なのだから元来座標軸のとり方は勝手なのであって，許される運動がこのような勝手な座標軸の方向と一定の角をとらねばならぬということは逆説的である（6節「状態の概念と確率」参照）．

で，束縛電子の場合でもヘリウム以上の原子について問題がどう定式化されるかを実は厳密にいうことができなかったのである．したがってまた一般に分子や金属のような多電子問題も扱うことができない．

第2にこの理論は，原子のうち出す光の性質のうち振動数を与えるだけで，その強さ（や偏り）を与えない[1]ということも欠陥である．

いったい，これまで見いだされた遷移に関するいくつかの関係式 (2節 (4), (7), (13) 式など) はすべてエネルギー (と運動量) の保存を意味する関係であり，これまでの理論は遷移の起こり方をそれ以上進んで教えることがなかったのである．将来の完全な理論においては，エネルギーと運動量の保存ということはもちろん含まれるべきであるが，さらにその根底に系の時間的な変化を規定する運動方程式に相当するものがなければならぬだろう．ボーアの理論は古典的な運動方程式を定常状態に妥当するものに局限し，遷移をこれから切り離した．しかし遷移の起こり方を与えるためには，なんらかの仕方で「遷移をも限定し媒介するような運動方程式」ともいうべきものが必要であり（後述「強度の問題と対応原理」参照），これによってどのような遷移がどのような頻度で起きるかが——すなわち強度が——計算されることになろう．

ところで古いマクスウェルの理論は運動方程式を基礎と

1) 古い量子論では，同様にそのままでは光電効果やコンプトン散乱においても逸出や散乱の強度を与えない．

しており，強度や偏りに関して（実験と合わず発散的な困難をもたらすことは別として）ともかくそれなりに完全に答えることができた．したがってわれわれは，量子論の立場でこれらの問題に答えるための手がかりは，さしあたりこの理論を古典論と対比させることから得られよう．さらにこのような対比を追求してゆけば，単に個々の場合について有効な結果を得ることができるのみならず，それを通して真の量子論における運動のあり方,「運動方程式」そのものをうかがうことさえ期待されるのである．

われわれはすでに，これまでの理論において古典論がどのように利用されたか（すなわち，定常状態で古典力学にしたがう軌道運動を行なうという考え）を知っている．このような考えは量子論の本来の考えとうまくとけ合わないものであり，その点でまにあわせ的なものであるが，しかもこのような不整合の中に理論の発展の動機がとらえられるべきことを前に注意した．いま同様の方法を強度の問題に対しても具体化してゆこうとするわけである．合理的な量子論の体系をさぐりあてていくために従来の理論——古典論——は否定されねばならないが，単にこれをすっかり放棄してしまうというだけでは手がかりが得られない．量子の世界はマクロの世界と単に異質的であるだけでなくこれと連結するものである以上，量子の世界の法則はマクロの世界を支配する古典論と一定の移行・対応の関係に立つはずである．したがってわれわれは量子論を発展させるために，既知の古典論をできるだけ利用しつつ，そのさい古典論の適用限界，古典論の利用ということの対応論的性質をはっきりとらえ，古典論を踏み台にして新しいより一貫した理論に乗り移るという方針で進むことができよう．このような方法を対応原理という．

古い量子論に現われたいろいろの困難を克服するために，前にもふれたように，さまざまの試みがなされる．しかしそれらが単に試行錯誤的にばらばらに進められるだけでは，将来の理論体系を見つけだすのに必ずしも有効ではないであろう．そのためには指導的な方法が——それによってあまり大きな任意性なしに真の理論に乗り移ることを可能にするようなものとして——必要である．このような役割を果たしたものがまさにボーアの対応原理であった．

量子力学の形成におけるもう一つの指導的な考えは，対応原理と密接に関連する，広い意味での「相補性」の考え方であった．これは，一般に対立し矛盾するような二つの面を統一的に把握しうるような形にもたらそうとする努力を意味する．このような対立する二つの面が現われるということは，そのいずれもが本質的なものではなく，それらを否定的に統一するいっそう本質的な論理構造が存在し，これから両者が媒介されるようなものであることを示すものである．したがって矛盾する二つの面のいずれか一方のうちに他方を還元してしまうことによって困難が解消するのではなく，この対立の分析から，これらを否定的に統一する，より本質的な法則，論理構造を認識することによって解決されるべきである．

ボーア理論における，定常状態における古典運動と不連続的でイメージの描けない遷移との二つの異質的な，対立した運動形態を統一しようとする努力が密接に対応原理的推論とからみ合っていることは以下で見る．また波動性と粒子性の対立の分析がどのように理論の形成に働いたかについては4節以後においてくわしく述べる．こうして対応原理とともに相補性[1]は，できあがった量子力学に含まれる原理または解釈である（6節「思考実験に関する注意と相補性」参照）と同時に，量子力学を形成するさいの方法という意味を持っていたのである．

強度の問題と対応原理　われわれはここでは発光における遷移の法則性の問題のみを取り上げることにし，この問題を対応原理的に追究することから，古い量子論がどのように量子力学へと発展的解消をとげたかを見ることにしよう．

2節「ボーアの理論」で述べた古典論による発光の考え方をもう一度思い出そう．電子が基本振動数[2]が ω なる周期運動を行なっているとする．するとこれは基本振動といろいろの倍音振動――その振動数は τ を整数として $\tau\omega$ で

1)　ボーアは「相補性」という言葉は量子力学の理論形式ができてからその解釈にさいして用いたのであったが，このような広い意味での相補性は，それまでの発展の中に働いていることを見落してはならない．

2)　今後普通の振動数 ν の 2π 倍をいつも用いることにしこれを ω とかく．

ある――とがそれぞれ一定の振幅でもって重なったものと考えることができる．式でいえば電子の位置（変位）x が（簡単のため一自由度として）時間 t の関数として

$$x = \sum_{\tau} x(\tau), \quad x(\tau) = X(\tau)e^{i\tau\omega t} \tag{1}$$

なるフーリエ級数の形に表わせるということである．そしてマクスウェルの理論によればこの各倍音成分 $x(\tau)$ は振動数 $\omega(\tau) \equiv \tau\omega$ のスペクトル線を

$$\omega(\tau)^4 |X(\tau)|^2 \tag{2}$$

の強度でうちだす[1]．こうして周回電子は連続的に光の波を発して次第にエネルギーを失っていくというわけであった．

これに対してボーアの理論ではとびとびの定常状態というものがあり，電子はそのどれか一つにあり，その限り全く光を発しないが，それが突然下の準位に飛び移ることがあり，そのさいに光を放つ．こうしてボーア理論による発光は，古典論による発光にいわば「節をつけた」ような格好になり，両者のあいだに対応をつける仕方は次のようにして推察される．

ボーア理論では n 番目の定常状態は2節（10）式できまり，これからその状態でのエネルギー E_n や軌道運動の基本振動数 ω_n も決まるが，両者のあいだには

$$\hbar\omega_n = \frac{\partial E_n}{\partial n}, \qquad \therefore \quad \hbar\omega_n(\tau) = \tau\frac{\partial E_n}{\partial n} \tag{3}$$

1）全強度が（2）式にある常数係数の掛かったものになるという意味である．この係数は今後も省略することにした．

なる関係があることがすぐに知られる．一方この理論ではこの準位から $n-\tau$ 番目の準位へ遷移するさいの光の振動数 $\omega_{n,n-\tau}$ は

$$\hbar\omega_{n,n-\tau} = E_n - E_{n-\tau} \qquad \text{〔2 節 (7)〕} \qquad (4)$$

できまる．(3), (4) 式を比べると軌道運動の倍音振動数と遷移による光の振動数とは一致しないが，$n/\tau \gg 1$（すなわち高い準位間の遷移）において漸近的に一致することがわかる．すなわち

$$\omega_{n,n-\tau} \approx \omega_n(\tau) \qquad (5)$$

このような分析からして，われわれは古典論をいかなる仕方で量子論に対応させるべきかということと，このような対応がいかなる条件のもとで漸近的な一致を持つかという判定をつかむことができた．これは基本的なかぎであり，直ちに振動数以外の性質にも押し及ぼすことができよう．そしてこのような形で具体的にとらえられた対応をのがさないようにして追いつめてゆくことによって，未知の理論の本質にまで行きつくことをわれわれは試みるべきである．

「古い量子論の発展と行きづまり」で述べたように，相互のあいだにギャップをもっているところのボーアの振動数関係（2 節（7）式）と量子条件（2 節（10）式）――それからでてくる (3) 式――とを対比することによって，このような対応関係は見いだされた[2]．すなわち対応関係は一

2) ボーアは実は彼の最初の理論において，すでにむしろこの対応関係の意識からして水素原子の場合の量子条件を見いだしたので

致ではなく，このようなギャップの正確な表現という意味を持つのである．

さてこの対応関係を強度に適用すると次のようになる．$n \to n-\tau$ なる遷移による光の強度は，n 状態における τ 番目の倍音振動 $x_n(\tau)$ が古典的に発する強度

$$\omega_n(\tau)^4 \,|\, X_n(\tau)|^2 \tag{2'}$$

と，$n/\tau \gg 1$ なる場合漸近的に一致する．

こうして量子論において光の強度を漸近的に与える手続がわかった．これは事実と合うことが確かめられる．

ところで対応原理は古典論を利用するけれども，古典的な法則の見方を変革してゆくことを含んでいる．すなわち，量子論による強度が古典的なものと漸近的に一致するといっても，それは結果としての一致であって，光の射出の機構における根本的な差違は存続していることである．量子論では遷移という考えのうえに立って強度を理解せねばならぬのだから統計的な見方を必要とする．すなわち発光が強いということは，多数の同じ原子を考えたとき問題の遷移が数多く起こるようなものだということである．

ここで直ちに次の疑問が起こる．同じ n 状態にある多くの原子において，ある時間にある個数のものは $n-\tau$ 状態へ遷移し，他のある個数のものは他の $n-\tau'$ 状態へ遷移

あった．すなわち彼は n が大きい状態では，電子は普通の原子の大きさに比して，ずっと大きな径の軌道を描くのでこのような場合古典論が，正しい結果を与えるであろうという推察から出発した（4 節「物質場の立場」の項参照）．

するというのはどうしてであろうか？　それは同じ定常状態においても，もっと隠れた状態の相違点が蔵されており(状態を区別する隠れたパラメーター[1]があり)，これをも含めての状態の因果的な経過において別々の遷移が生じてくることを意味するのであろうか？

仮にそうだとしてもそれを問題にする手がかりはない．したがってわれわれはむしろ，アインシュタイン(1917年)に従って少なくとも結果として，遷移はラジウムの崩壊などの場合と同様に，確率の法則に従って起こると考えるべきであろう．こう考えると先に得られた強度の値は遷移の確率を与えるものに解釈し直されることになる．

すなわち(2′)式を光量子のエネルギー $\hbar\omega$ で割ったもの

$$\omega_n(\tau)^3|X_n(\tau)|^2 \tag{6}$$

が単位時間の遷移の確率となる．こうして結局対応原理は軌道運動の倍音成分の振幅 $X_n(\tau)$ を遷移の確率振幅[2]という意義のものに対応づけることに導いた．

こうしてとにかく強度を $n/\tau\gg 1$ の場合について知る手続きがわかった．これだけでは，$n\sim\tau$ の場合の強度はわからないが，ボーアはさしあたりこの手続きをそのままの

1)　われわれは定常状態に軌道運動の描像を当てはめているのだから，たとえば軌道運動の位相のようなものをパラメーターと考えうるかもしれない．

2)　確率振幅といったのはその絶対値の２乗が確率を与えるからである．

形で $n \sim \tau$ の場合にまで外挿的に押し及ぼした．しかしもちろんこのようなところでは，この手続きは不精密なものとならざるをえない．

$n \sim \tau$ のところでは，光の振動数として (3) 式の $\omega_n(\tau)$ でなく (4) 式の $\omega_{n,n-\tau}$ をとらねばならなかったことにちょうど対応して，遷移確率も (6) 式そのままによって与えられるのではなく，(6) 式における $X_n(\tau)$ をなんらか別の——$n/\tau \gg 1$ で $X_n(\tau)$ に漸近的に一致するところの——量で置き換えたもの (同時にもちろん (6) 式の中の $\omega_n(\tau)$ は $\omega_{n,n-\tau}$ で置き換えねばならぬ) で与えられると考えねばならぬであろう．こう考えるということは，遷移確率の振幅として $X_n(\tau)$ のような古典的な計算で導かれる量をそのままとることはもはや許されないが，これを正当な遷移確率振幅——これを $X(n, n-\tau)$ と書こう——で置き換えさえすれば直ちに (6) 式で遷移確率が決まると見ることを意味する．結局問題は倍音振動 $x_n(\tau) = X_n(\tau)e^{i\omega_n(\tau)t}$ を「遷移振動」$x(n, n-\tau) = X(n, n-\tau)e^{i\omega(n, n-\tau)t}$ で置き換えることである．

$$x_n(\tau) \longleftrightarrow x(n, n-\tau)$$

両者は $n/\tau \gg 1$ では漸近的に一致するのだから，このようなところでは後者も知れているわけだが，$n \sim \tau$ のところでも正確な後者の式を得ねばならぬ．

そしてこれがわかりさえすれば，われわれは発光について実験と比較するに必要な知識はすべて持つことになるから，遷移の法則性はとらえられたといってよいのだと考える立場をわれわれはとるのである．このように対応関係をもとにして倍音振動を書き換えるという方針で進むということは，古い理論の中に対応物を見いだしえないような新しい要素をもち込むことなし[1]に，新しい理論の形式をつくり上げようとすることを意味すると同時に，そのためにはその形式に包含されている中味の論理が古い理論のそれから全く変改されるべきことを意味する．

なぜなら倍音振動に代わるべき遷移振動を見いだすことによって遷移の法則性をとらえられたものとみなすということは，前に述べた隠れたパラメーターの立場の否定であり，遷移の法則性をその確率的な起こり方の中に見，その奥になんらかの実在的なものとして因果的経過を想定しない[2]ことを意味する（6節「状態の概念と確率」参照）．そして倍音振動が遷移振動に書き換えられることによって，遷移を規定する振動は古典的な描像から断ち切られる．こうして対応原理は保守的な側面と革命的な側面とをあわせも

1） 前に触れたようにスピンという新しい自由度をもち込むことは古い量子論の重要な前進になったのであるが，それは今考えない．

2） われわれは量子論において，不連続的な飛躍という点において全く非古典的な遷移という概念を導入した．ところがいまわれわれはさらに遷移は本質的に確率的な法則に従って起こるという非古典的な考え方に達したのである．遷移確率を初めて考えたアインシュタイン自身は「隠れたパラメーター」の考え方をした．遷移は確率の法則に従うが，一つ一つの遷移がどう起こるということには，それぞれの原因がある——サイコロを投げてある目が出るのにはそれだけの原因があるように——と．

つのである．

このさい注意すべきことは，遷移にはその因果的な機構ではなくその確率だけが問題になるといっても，対応原理が教えるように，将来の完全な量子論においても直接まず算出されるべきものは，その絶対値の2乗が遷移確率を与えるような量，すなわち遷移確率振幅であろうということである．そしてこの量自体は，再び対応原理が教えるように，因果的な法則に従うものであり，これから絶対値の2乗をつくるところから先でのみ，確率という概念が将来の理論において，現われるべきであろう．

このように積極的前進的に理解してゆくとき，対応原理は，単につぎはぎ的な補強工作，強度を近似的に得るための手続き以上のものであり，将来の完全な量子論の組み立てを察知してゆくための発見法的意味を持つことになる．それは将来の理論の諸要素・諸関係が，これと段階を異にする古い理論の中にいかに投影されて包含されるかの認識である．それは新しい理論の形式をさぐりあてるのに働くうえに，それが見いだされてゆくにつれて，その新しい形式の物理的意味をよみとるための指針ともなるはずである（「行列力学の発見」「行列力学の構成と性格」参照）．

量子力学において $\hbar\to 0$ とすると古典論に一致するということは古典論と量子力学の対応移行関係の最も簡単な表現に違いないが，過渡期の量子論から量子力学に行きつこうとするさいには単にこのような認識はあまり役にたたない．ボーアの理論もまた $\hbar\to 0$ にすると単に古典論に還元するであろう．われわれは $\hbar$ を有限にとどめ，量子論が古典論に縮退してしまわない現実の世界において，発光の問題などに関して対応をいま述べたような具体的な形でとらえてゆくことによって，量子的世界の論理構造をうかがうことができたのである．

なおわれわれはもっぱら原子内電子による発光の問題について，対応原理の方法の具体化を調べたが，その他の問題についても同じ精神で扱ってゆくことができよう（たとえば2節「コンプトン効果」で述べたコンプトン効果や方向量子化の遷移の問題などについて）．

行列力学の発見　さて倍音振動を遷移振動に書き替えるというわれわれの課題は，単に両者の漸近的一致ということだけでは任意性が残り，一義的に解決することはできない．

それでも人々は実験データに助けられ，また勘と技巧でもって個々の問題を処理し，いろいろの場合について，あとから見ても正しい関係公式を結論することができたのである．しかしこのような手続きが一貫した体系的な方式としてとらえられないかぎりは単に一般性をもたないのみでなく，新しい理論を自らの足で立たしめることができず，したがってその全貌，その本質を明らかにする道が開かれない．対応原理の精神を徹底して理論の書き換えに成功し，こうして量子力学の世界への敷居を初めてまたいだのはハイゼンベルクであった（1925年）[1].

さてこの書き換えは倍音振動を算出する計算規則を，遷移振動を算出すべき計算規則に置き換えれば達せられることに思いをいたす．そしてこのような計算規則の書き換えは，振動数に関してはすでにわかっていることに着目する[2]．それは (3) 式の関係を (4) 式の関係で置き換えることである．したがってこれに適合するように振幅の計算規則をも書き換えうれば目的が達せられる．

これを実行する前に，このような見地から定常状態の扱い方をもう一度考え直してみよう．ボーアの理論では定常状態は量子条件で限定された古典運動として定められた．この考えでは，前に述べたように，水素原子などの二，三の特別な場合を別として，一般にはエネルギー準位を正確に与えることができなかった．この方法は，エネルギー準位そのものについても，やはり高量子数のところで漸近的

1) 行列力学への道の最初の決定的な一歩となったものは，ボーアのところのクラマースが対応原理の方法で光の分散の問題を扱った仕事であった．ゲッティンゲンからやって来た若いハイゼンベルクは，クラマースとともにこの仕事をさらに精密化した．この仕事を通じてハイゼンベルクは，電子の軌道の概念を捨て，その代わりに輻射を直接与える「遷移振動」の集合を問題にし，その計算規則を得ようというアイディアをつかんだのである．この新しい規則の核心はすぐ見るように積の規則にあるが，分散を与える関係は，より簡単な発光の問題の場合と違って，異なった遷移にあずかる振幅の積を含んでいたのである．

2) ボーア理論において，量子条件からきまる E_n を用いて (4) 式で求めた $\omega_{n,n-\tau}$ 自身は正確でないけれども，(4) 式の計算規則自体は正確である．

に正しい値を与えるという意味のものだったのである．このことは，このような量子条件で定常状態を定める手続き——これは (3) 式の関係につながる——が，前に述べたようにボーア理論の中で，遷移振動数を与える部分 ((4) 式) に対してギャップを持っているということに符合することである．したがって正確なエネルギー準位を得るには，量子条件で限定された古典運動という考えも対応原理的につかみ直し，このギャップをうめねばならぬ．このようなつかみ直しは (3) 式から (4) 式への置き換えと一貫したものであるべきで，したがって倍音振動数というものはいたるところ遷移振動数に置き換えられてしまって，定常状態を導き出す計算過程においても姿を消し，遷移振動数が代わりに現われるはずである．ところが後者は二つの定常状態に結びついた量であり，軌道運動の振動数という意義は持ちえないものである．このような事情は，理論の書き換えによって遷移振動というものが軌道運動の描像から断ち切られた（「強度の問題と対応原理」参照）のと同様に，定常状態自体も，電子の軌道運動の描像から断ち切られるべきことを示すものである．こうして対応原理を徹底し書き換えを行なうということは，古典的な粒子の描像を含む理論を跳躍台としつつ，このような描像への依存から蟬脱《せんだつ》することをもたらす．最初のボーアの理論では，定常状態に対しては一つの軌道運動の描像を描き，遷移に対しては描像を持ちえないとしたが，実は定常状態についても軌道運動の描像は持ちえないのだということになる[1]．

さて (3) 式を (4) 式で置き換えるという振動数の計算規則の書き換えの示すところをいえばこうである．倍音振動数における倍音関係

$$\omega_n(\tau) = \tau\omega_n(1) \quad \therefore \quad \omega_n(\tau') + \omega_n(\tau - \tau') = \omega_n(\tau) \tag{7}$$

が遷移振動数に対するリッツの規則

$$\omega(n, n-\tau') + \omega(n-\tau', n-\tau) = \omega(n, n-\tau) \tag{8}$$

で置き換えられること．さらに振動数とエネルギーとの関係の面に注目すると，(3) 式を (4) 式で置き換えるということは微分が差で置き換えられることであり，これをエネルギー以外の量 F_n にまで一般化して[2]

$$\tau \frac{dF_n}{dn} \longleftrightarrow F_n - F_{n-\tau} \tag{9}$$

なる置き換えを示すものと考えられる．さらにこれをおし進めて

$$\tau' \frac{\partial G_n(\tau)}{\partial n} \longleftrightarrow G(n, n-\tau) - G(n-\tau', n-\tau-\tau') \tag{10}$$

なる置き換えの規則が得られる．こうして (7) 式 $\longleftrightarrow$

1) ボーアの理論を最後として，将来の理論では，もはや原子内電子にはっきりした軌道の描像を与えることは不可能になるであろうという予測は，またヘリウム原子のエネルギー準位の問題などについての失敗の経験を通じて，次第に人々にいだかれ始めていた．モデルが結局捨てられるべきだという意識は，スピンの問題からも示唆された．スピンを電子の自転として描くハウトシュミットらの方法は一応発見法的に有効であったにかかわらず，これはローレンツの古典電子半径の球電子について，その面上で超光速度になるような回転を要求した．

2) F_n は定常状態ごとに値をもつ任意の力学的量である．

(8), (9), (10) 式なる，書き換えの基本的なかぎが得られた．第一のかぎを用いて，振幅の計算規則の書き換えは容易に果たされる．

古い理論では，電子の位置とか運動量などの運動学的・力学的諸量（これを一般的に u, v 等で表わそう）は，すべて各定常状態ごとに，倍音振動 $u_n(\tau)$ の集まりとして構成されていた．新しい理論では，そのおのおのは遷移振動 $u(n, n-\tau)$ が対応する．ところで古い理論では二つの量 u, v の振動成分から積 $\overline{uv}$ なる量の振動成分は

$\overline{uv}_n(\tau)$

$= (\sum_{\tau'} U_n(\tau') e^{i\omega_n(\tau')t}) \times (\sum_{\tau''} V_n(\tau'') e^{i\omega_n(\tau'')t})$ の $e^{i\omega_n(\tau)t}$ を含む項

$= \sum_{\tau'+\tau''=\tau} u_n(\tau') v_n(\tau'')$

$$= \sum_{\tau'} u_n(\tau') v_n(\tau-\tau') \qquad (11)$$

として導かれる．これを書き換えることによって，新しい理論における $\overline{uv}(n, n-\tau)$ が u, v の遷移成分から導かれる関係を知ることが問題である．$\overline{uv}$ も一つの力学量であるので，古い理論でその倍音成分 $\overline{uv}_n(\tau)$ は $u_n(\tau), v_n(\tau)$ 自身と同じ振動数 $\omega_n(\tau)$ を持つわけであるが，このことは (11) 式に見られるように指数関数の肩で，(7) 式が働くことにより保証されたのである．新しい理論でも uv の遷移成分 $\overline{uv}(n, n-\tau)$ は $u(n, n-\tau), v(n, n-\tau)$ 自身と同様 $\omega(n, n-\tau)$ で振動すべきであるが，今度は (8) 式が働くことによってこのことが保証されるはずである．そのためには (11) 式に対応して

$$\overline{uv}(n, n-\tau) = \sum_{\tau'} u(n, n-\tau') v(n-\tau', n-\tau) \qquad (12)$$

であるべきである.

こうして新しい計算規則（の核心である積に対するもの）が得られたが，倍音成分に対する計算規則との著しい差異は，$\overline{uv}(n, n-\tau)$ には，v の同じ n に属する成分のみならず，あらゆる違った n に属する成分が混入してくることである．したがって一般に $n \to n-\tau$ なる遷移に対応する成分というものは，一つの定常状態 n（または $n-\tau$）における電子の運動のみに関連したものと考えることはできない．古い理論では $u_n(\tau)$ において τ を走らせたものの和が n 番目の定常状態における位置とか運動量とかを意味しており，軌道運動の描像が成立していたのだが，書き換えられたものにおいては，$u(n, n-\tau)$ において τ を走らせた和というようなものがこのような意味を持つことはできなくなる[1]．

こうして普通の意味で位置とか運動量を表わす数がなくなる．ただし $u(n, n-\tau)$ の n と τ を走らせた全体としての集まりは，古い理論における $u_n(\tau)$ の集まりに対応するという意味で，古い理論で u が表わしていた力学量を新しい理論においてとにかく代表するものと考えられる．そしてこの集まりが従う計算規則（12）式は，それを

---

1)　古い理論で倍音振動 $u_n(\tau)$ の各 n ごとの集まりがフーリエ級数として一つの軌道運動に統一されていたということは，そのことがこの集まりの計算規則を与えるということに意味があり，これがわれわれの遷移振動の集まりに対する計算規則に対応論的に書き換えられ，そのさい，成分の和というものに対する意味づけのほうは捨てられるわけである．

$$\boldsymbol{u}=\begin{pmatrix} u(1,1) & u(1,2) & \cdots \\ u(2,1) & u(2,2) & \cdots \\ \cdots\cdots & \cdots\cdots & \cdots \end{pmatrix} \tag{13}$$

（以下行列を一つの文字で表わすさいはボールド太字活字を用いることにする）.

なる形に排列して得られる行列《マトリックス》の計算規則として数学で知られているものとまさに一致する．したがって古典的な各量にはその遷移成分の集まりによって構成される行列が対応することになり，新しい理論では力学量は行列で代表されるといってよいことになる．

前に新しい理論では軌道運動の振動数というものが追放されることを述べたが，さらに原子内電子の位置や運動量というものも，普通の１個の数としての対応物を持たないことになり，軌道運動の描像は犠牲に供せられる．このような状況に対してハイゼンベルクはこう考えた．――原子内電子の位置や運動量というようなものは観測にかからないものであるから，これが普通の１個の数としての対応物を持たないことは困難を意味しない．観測にかかる光の振動数や強度に対しては理論は $x(n, n-\tau)$ によって答えている．位置や運動量に一つの数値を与ええないということは，従来の軌道運動の描像の失効を意味するが，そのこと自体は理論にとって本質的な困難ではない．むしろ位置とか運動量の値というような原理的に観測できないと考えられる量が理論から追放されるのは，理論の進歩であるというふうに．

これはしかし，原理的に観測しえない量がことごとく理論から追放さるべきだということではなくて，理論が行きづまった場合，原理的に観測しえないにかかわらず，理論の本質的な構成部分として介在し行きづまりの因となっているような概念が，まず批判の対象となるべきだという意識に意味がある．実際ハイゼンベルクはこのような考え方をしたから，彼の「実証論的な方法」はドグマとはならず発見法的なものとして役だちえたのである．そしてできあがった彼の理論において基礎法則から観測事実が媒介されてくる筋道というものは，古い理論の場合よりもかえって長いこみいったものになることに注意せねばならぬ．さらに新しい理論は後に見るように，その発展とともに軌道運動に代わって波動関数（状態ベクトル）という一般に観測できない量を，理論の構成における本質的な要素として導入することになるのである．

また電子に位置や運動量の値を否定するということなども，ミクロの領域においては古典的な粒子の概念の否定が要求されていること，より一般には日常的なマクロの現象において有効な直観的な描像が，ミクロの世界に当てはまるとは限らないことの意識として意味がある（6節「思考実験と不確定関係」参照）．彼は粒子の描像を否定したが，それに代わるなんらか別の直観的な描像を与えはしなかった．このことは電子が，せいぜいいろいろの観測事実の束，ないしそれに対応して数学的な記号の束としての統一性しか持たなくなることのように見える．しかし理論の展開とともに，電子に対して全く新しい（広い意味での）描像を持つことも不可能でなくなり，理論は，新しいものとして電子をはっきりとらえさせるようになることを後に見るだろう．

とにかくこうして新しい計算規則はとらえられた．すなわちそれは力学量を表わす成分の集まりが行列の代数に従うということである．しかしこれだけではまだ系の各力学量の成分を実際に算出することはできない．古い理論では倍音成分に対する計算規則は自明のものにすぎなかったが，倍音成分を——すなわち運動を——定めるものとして運動方程式（ただしこれは定常状態にのみ用いられるとした）と量子条件があった．したがって新しい理論ではこれを対応論的に解釈し直したものが存在し，これによって遷移成分が決められることになるはずである．そこでハイゼンベルクは新しい計算規則によって古い理論における運動方程式や量子条件を対応論的に書き直すことに進んだわけであるが，「驚いたことにそれは完全に成功した．数学が突然物理学者よりも賢明であることが明らかになった」のである．新しい計算規則の特徴は，(12) 式に見るように，$\overline{uv}(n, n-\tau)$ と $\overline{vu}(n, n-\tau)$ とが一般に等しくないこと，すなわち二つの力学量の行列の積は積の順序を入れ替えると異なってくることである．とくに電子の位置を表わす行列 $\boldsymbol{x}$ と運動量を表わす行列 $\boldsymbol{p}$ の積 $\boldsymbol{xp}$ を考えると，これと $\boldsymbol{px}$ との食い違いをきめる関係がちょうど古い理論における量子条件に対応することが見いだされる．古い量子条件

(2節 (10) 式) は，倍音成分で書くと

$\sum_{\tau} \tau P_n(\tau) X_n(\tau)^* = i\hbar n$ (＊は共軛《きょうやく》複素数を意味する)

であるが，これを n で微分したものに，前の (10) 式で示された書き換えのかぎを適用すると

$$\sum_{\tau}\{P(n, n-\tau)X(n-\tau, n)-X(n, n-\tau)P(n-\tau, n)\}$$
$$= -i\hbar$$

となる．これは (12) 式により

$$\overline{px}(n, n)-\overline{xp}(n, n) = -i\hbar \qquad (14)$$

に他ならない．この左辺は $\boldsymbol{px}-\boldsymbol{xp}$ なる行列の対角線上に来る要素であるが，同じ行列の対角線外の要素，$\overline{px}(n, n')-\overline{xp}(n, n')$，$(n \neq n')$ は0であることが，もっと一般的な考察から結論されるから，これを合して (14) 式は行列の間の関係式として

$$\boldsymbol{px}-\boldsymbol{xp} = -i\hbar \cdot \boldsymbol{1} \qquad (15)$$

と書ける．ここに $\boldsymbol{1}$ は

$$\boldsymbol{1} = \begin{pmatrix} 1 & 0 & 0 & \cdots \\ 0 & 1 & 0 & \cdots \\ 0 & 0 & 1 & \cdots \\ & \cdots\cdots\cdots & & \end{pmatrix}$$

なる行列である．こうして古い量子条件は書き換えられて交換条件という形をとり，(15) 式の形ではもはや周期系についてのものという特殊性から解放された形のものとなる．

次に運動方程式を書き換えるということは，古典的な運動方程式においてそこに現われてくる力学量を行列と考え

直して，行列のあいだの同じ関係としてとらえることである．すると古い量子論で古典的な運動方程式が，一つの定常状態においてのみ成立していると考えたことは，書き換えられた理論では意味を失う．したがって新しい運動方程式は，純粋な古典論の場合と同様の一般的な妥当性を持ったものと考えられる．以上からして実際に力学量を表わす行列を算出することができる．そしてたとえば位置を表わす行列 $\boldsymbol{x}$ の各成分 $x(n,m)$ ——すなわち $X(n,m)$ と $\omega(n,m)$ ——によって射出される光の振動数や強度もすっかり得られるわけである．

実はこの方法で実際問題を解くことは，無限に多くの未知数を持つ連立方程式を解くことになるので数学的に複雑困難である．ハイゼンベルクが解いたのは比較的簡単な非調和振動子や回転子であった．水素原子の問題はパウリとディラックによって解かれた．

行列力学の構成と性格　前節の結果をもう一度まとめていってみると次のようになる．

（Ⅰ）　各力学量は，その nn' 要素が時間とともに $e^{i\omega_{nn'}t}$ の形（ここに $\omega_{nn'}$ は (8) 式すなわち $\omega_{nn'}+\omega_{nn''}=\omega_{nn''}$ をみたす）で振動するエルミート行列[1] で表わされる[2]．

（Ⅱ）　位置と運動量を表わす行列 $\boldsymbol{x}, \boldsymbol{p}$ は（15）式なる

1）　その nn' 要素と $n'n$ 要素とが複素共軛の関係にある行列をエルミート行列という．

2）　以下 $\omega(n,n'), u(n,n')$ 等を $\omega_{nn'}, u_{nn'}$ などと書くことにした．

「正準交換関係」をみたす．

（Ⅲ）　古典的な運動方程式と同型のものが行列のあいだの関係として成り立つ．

ここで（Ⅰ），（Ⅱ），（Ⅲ）のうち，（Ⅱ），（Ⅲ）は行列相互の関係として表わされるものであるので，より基本的なものと見ることができよう．これを純粋な古典論と比較したときの形式的な相違は交換関係（Ⅱ）である．これは古い量子論における量子条件 $\oint pdx=nh$ のように古典論に付加された条件ではなくて，古典論における「交換関係」

$$px-xp=0 \tag{15'}$$

の右辺を $-i\hbar$ で置き換えたものであり，$\hbar\to 0$ で（15′）式に還元するようなものと見るべきものである．そして同一の対象に対して古典論における運動方程式の形がそのまま使えるということは，古典論で考えられた系の構造の知識がそのまま新しい理論で通用することを意味する．こうして（Ⅱ），（Ⅲ）はそれ自身が対応原理の厳密な表現と見ることができるものである．

さてわれわれはこのような理論の数学的な構造をもっと明らかにし理論を体系化してゆかねばならないが，これはゲッティンゲンのボルンとヨルダンによってなされた[1)]．

さて（Ⅰ），（Ⅱ），（Ⅲ）によって問題を解いて $\boldsymbol{x}, \boldsymbol{p}$ を行列として求め，これを系のエネルギー関数（ハミルトニア

1)　実は力学量の計算規則が行列のそれに合致することもハイゼンベルクは気がつかなかったのである．ボルンは結晶の格子理論などで行列を使いなれていたので，このことに容易に気がついた．

ン[2]という）$\boldsymbol{H}(\boldsymbol{x},\boldsymbol{p})$ に代入してエネルギーを表わす行列をつくると

$$\boldsymbol{H} = \text{対角行列} = \begin{pmatrix} E_1 & 0 & 0 & \cdots \\ 0 & E_2 & 0 & \cdots \\ 0 & 0 & E_3 & \cdots \\ \cdots & \cdots & \cdots & \cdots \end{pmatrix} \qquad (\text{IV})$$

$$E_n - E_{n'} = \hbar\omega_{nn'} \qquad (\text{V})$$

が得られることが一般的にいえる．対角行列の対角要素として現われる $E_1, E_2, \cdots$ は古い量子論でとびとびのエネルギー準位として得られたものに対応する[3]と考えられるから，（V）式はボーアの関係にほかならない．

こうして新しい理論では，力学量の各成分が初めからそれの放つ光の振動数と同じ振動数で振動しており，交換条件（と運動方程式）の結果として，とびとびのエネルギー準位と同時にボーアの関係が得られる．これに対して古い量子論では，量子条件（と運動方程式）の結果としてまずとびとびのエネルギー準位が求まり，（同時にその状態に

---

2)　$V(x)$ なる位置エネルギーに相当する力の場で運動する粒子については

$$H(x,p) = p^2/2m + V(x) \qquad (16)$$

3)　一般に対角要素 u_{nn} は古い量子論におけるフーリエ級数の初項 $u_n(0)$ に対応するが，後者は u_n の時間的平均値に等しいから，対応原理によって u_{nn} は n 状態における $\boldsymbol{u}$ なる量の「平均値」と考えられる．ところが $\boldsymbol{u}$ が対角行列のときは $(\boldsymbol{u}^2)_{nn} = (u_{nn})^2, (\boldsymbol{u}^3)_{nn} = (u_{nn})^3, \cdots$ であるから，このことは $\boldsymbol{u}$ が n 状態で一定値 u_{nn} を持つことと解せられる．これらは物理的意味づけの重要な発展である．

おける軌道運動の振動数も求められるが，これは遷移の振動数とは別ものであり)，遷移振動数は別に設定されたボーアの関係を使ってあとから得られる．

ボーア理論におけるこのような原子内振動数と光の振動数の分裂が，新しい理論においては再び取り除かれるわけで，前にボーア理論の二つの部分のあいだのギャップといったものが新しい理論では確かに埋められている．また前にボーア理論における h の二重性といったものも統一され，h は交換関係を規定するものとしてのみはいってくることになる．ここで行列力学の構成を図式化しておくと次のようになる．

$$\left.\begin{array}{ll}(\mathrm{I}) & (\text{振　動　型})\\ (\mathrm{II}) & (\text{交換関係})\\ (\mathrm{III}) & (\text{運動方程式})\end{array}\right\}\text{—— 解}\longrightarrow\left\{\begin{array}{ll}\mathrm{IV} & (\boldsymbol{H}=\text{対角型})\\ \mathrm{V} & (\text{ボーアの関係})\end{array}\right. \qquad (\mathrm{A})$$

こうして原子のエネルギー準位や発光の強度を求めるというような問題を，とにかく数学的に閉じた形式に定式化することができたわけである．

こうして量子論の正しい姿の一角がついにとらえられたが，以上の程度ではまだ十分なものではない．そのことは次節以下の叙述でおのずから明らかであるが，一，二の点を注意してみよう．

ハイゼンベルクらの理論は，原子内の運動を少なくとも形式的には一貫したやり方で精密に解く方式を示したけれども，それからの光の放出に関しては，ボーアの対応原理による関係 (6) 式を（行列要素[1] としての遷移振動と遷移確率との関係として）そのまま採用する．しかしこの関係そのものも新しい理論の立場で，その中から導けるものであることを示し得ねばならぬ．それには原子のみならず，光と電子系との相互作用をも新しい理論で扱えるようにせねばならないだろう．そのさい同時に光が波か粒子かという，なおそのままになっている二重性の矛盾に解決を与えることが要望される．

しかしすでに見たように，粒子という時間空間的な描像は，電子についてもぼけてしまった．ハイゼンベルクは観測可能な量のみを相手にするという見地をとり，原子内電子の普通の意味での位置や運動量というものを廃棄した（もっともやがて定常状態における電子の位置などについてその平均値というものを問題にできることがわかったが，電子の粒子的な描像が捨てられたのだから平均値ということの意味が明らかでない）．ところで単にこのように考えるだけでは，新しい理論と古典論とのあいだの概念的なつながり，移行関係を明らかにすることができない（6節「思考実験と不確定関係」参照）．これを明らかにすることは，古典論は確かにマクロの運動において成り立っている以上，そしてミクロの領域とマクロの領域とはたがいに切

1）　実はさらに，行列要素は原子に属し原子を記述するものなのであるから，$n \to n'$ なる遷移による光の振動数が nn' ——行列要素の振動数に等しいこと（共鳴）自体もハイゼンベルクの理論の中にやはり一つの仮定として暗黙のうちに含まれているといわねばならぬ．

り離されたものではなくて連結するものである以上，必要なことである．

ハイゼンベルクの理論でさしあたり扱うことのできるのは原子内電子のエネルギー準位や遷移確率のような問題であるが，このような場合には原子内電子の位置というようなものは一応実験的に問題になってこない．ところが一方において電子線の屈曲とか散乱のように電子の位置や運動量が問題になる多くの実験がある．たとえば霧箱の中を電子が走って飛跡《トラック》を呈するような場合，電子の近似的な軌道というべきものが観測される．あるいは単に静的な力の場において電子の流れが弾性散乱をこうむる過程を問題にしようとすると，ある位置にあるスリットから流れ出た電子が，ある方向にどのような強度で散乱されるかということに対して答えねばならぬ．しかしこれまでの理論では，このような問題をどう処理すべきかわからない．

ところでこういう場合に確かに電子の位置というものがなんらか問題になりうる以上は，電子が原子内に束縛される場合に途端にその位置というものが全く意味を失うというのは考えがたいことである．原子内の電子についても位置をなんらかの方法で観測しうるのではないかという疑問が当然起きてくるわけである（6節「思考実験と不確定関係」参照）．このような難点は，これまでの行列理論がまだ形式的に狭いこと，そのことに対応して理論の物理的意味づけを十分に展開させていないことを示すものである（この理論は，ボーア－ゾンマーフェルトの理論を合理化し，その適用範囲をある程度広げはしたが，そのままでは依然準位，それが離散的な場合の定常状態とその間の遷移というものの扱いに局限されている）．そして電子というようなものに対して古典的な粒子の描像は捨てられるにしても，われわれはこれまでの説明が与えているようなきわめて形式的・操作的な考え方以上に，もっとまとまった新しい実体的な概念の形成を期待してよいはずである．ハイゼンベルクの理論は，物理量がたがいに非交換的な量（具体的には行列）で表わされるという，古典論とは全く異なった量子力学の基本的な性格を初めて明白にとらえたこと，この非交換性を別とすれば，物理量相互の関係や運動方程式が古典論と全く同じ形式に従うことを認識し，こうして古典論と量子力学とのあいだの対応関係を精密に定式化したことに，その一般的・抽象的本質がある．

一方この理論の特殊性は，エネルギーを表わす行列が対角的になり，各物理量を表わす行列の要素がすべてボーア振動数で振動することである．このことは系の状態というものが依然としてもっぱら定常状態（エネルギーの固有状態）としてのみ理論に登場することを許されている（それは量子数すなわち行列の番号 n で示されている）ことに対応しており，そのためにこの理論は，エネルギー準位，その他の量の定常状態における平均値，定常状態間の遷移確率（これは対応論的手続きを援用して）などを与えることはできたが，定常状態以外を問題にすることができず，位置とか運動量の測定が問題になるような実験を扱いえなかったのである.

量子力学の一つの表示形態であるこの理論は，対応原理が予想したようにボーアの理論に新しい素材を持ち込むことなしに，本質的にはボーア理論の論理的展開によって，すなわちこの理論に内在していた論理的なギャップを克服する努力によって達成された．ボーア - ゾンマーフェルトの理論が成立してから，わずか10年にして，これに成功したということは，このような事情にも関連している．しかし——おおかた述べることを省略したのだが——このような進歩は前に注意したように分光学を大宗とする豊富な実験事実からの「強制」によって，拍車をかけられたことを忘れてはならぬ.

とにかくしかしこうして新しい理論の一角が攻略されると，これを数学的に変形し展開し体系化してゆくことはすみやかに行なわれ（ボルン，ヨルダン，ディラック[1]），それにともなって物理的意味づけを成長させる道が開けるのである（5節参照）.

1) ハイゼンベルクの第1論文は，ケンブリッジの若いディラックの独創的な反応を呼び起こした．彼もボルン，ヨルダンと同様に，位置と運動量の交換関係から出発する．しかし彼は行列算法のような特別な表示に拘束されないで，量子代数をシンボリックに扱った．彼は交換子（$\boldsymbol{px}-\boldsymbol{xp}$ など）と古典力学におけるポアソン括弧という量とのあいだの対応を明らかにした．これが彼の方法のかぎとなった．彼の方法は後に，ハイゼンベルクの行列力学と次節に述べるシュレーディンガーの波動力学をその特殊な表示として含むような，一般的な量子力学の定式化（5節「変換理論」参照）へと発展した.

4 電子の波動性と波動力学

ド・ブロイの理論 量子力学への道は，ボーアの理論から出発して対応原理の線に沿ってまず行列力学の形に達するボーア，ハイゼンベルクのコースに対して，他方アインシュタイン以来の粒子・波動の二重性の関係を追究してまず波動力学の形式に達するド・ブロイ，シュレーディンガーのコースがあった．この両方の理論は初めその数学形式において，またその根本的な立場において対立的な傾向を持っていた．にもかかわらず，エネルギー準位を求めるというような実際問題に適用してみると，全く同じ結果を与えることが見いだされた．この両方の探究の線が――次節に述べるように――織り合わされ，深められることによって量子力学の完全な理論が築き上げられることになった．

物質粒子に対する波動力学の建設においては，光の理論との対比類推が導きとなった．それは単なる機械的な模倣といったものではなくて，物質粒子ことに電子が，光とどのように共通の性格を持ち，同時にどのように異なった性格を持つかを掘り下げていくことであった．

光の二重性というのは，光がある現象では波として，他の現象では粒子として振る舞うものとして現われるということであった．しかしいろいろの簡単な効果は波動論によっても粒子論によっても説明でき，したがってこのような現象については粒子波動並行論が成り立つことに注意せねばならぬ．

すなわち一方では，たとえば輻射圧やドップラー効果，他方では屈折（屈曲）のような幾何光学的現象は，光を粒子としても波としても説明できるのである．このような場合，アインシュタインの関係

$$\begin{cases} E = \hbar\omega, & \text{〔2 節 (3)〕} \quad (1) \\ \vec{p} = \hbar\vec{k} \quad \therefore p = h/\lambda & \text{〔2 節 (12)〕} \quad (2)^{1)} \\ \text{ただし} \quad \omega = ck & (3) \end{cases}$$

は一方の立場による説明を他方の立場による説明に翻訳するコードを与える．ただしこのような場合，(1)，(2) 式は比例関係としての意味だけが重要なのであって h の数値自体は結果にきいてこない．

さらに光量子説の直接的な証拠と考えられるコンプトンのずれを波動論の立場で導き出すことも不可能ではないし（シュレーディンガー，1927 年）格子による回折を粒子論の立場で説明することも不可能ではない（デュエン，1923 年，これらの場合は (1)，(2) 式の $\hbar$ が本質的である）．

ところでこのような並行論は，結果の一致をもたらすけれども，過程の機構の解し方はもちろん異なっている．たとえばコンプトン散乱は，波動論では散乱光は波として同時にあらゆる方向に広がってゆくと考えねばならぬが，粒子論では個々の散乱では 1 個の光量子が特定の方向に散乱され，それらの統計的な結果として各方向への角度分布が

---

1)　→印はベクトル量を意味する．(2) 式は粒子の運動の方向と波の伝播の方向とが一致すべきことをも含んでいる．この節では一応問題を 3 次元で扱うことにする．

生じると考える．したがっていずれの説明が正しいかは1個の光量子に相当するような弱い光[2]について調べれば判定されよう．実際コンプトン－シモンの実験は光量子説を確かめた．

こうして一般に要素過程では粒子説が正しいように見えるかもしれないが，これが困難を含んでいることは前に（2節「光量子」参照）二つの孔による1個の光量子の干渉の例において見た．単純な粒子論も単純な波動論も現象の一面を表わしうるにすぎず，ある場合には一方が，他の場合には他方が当てはまるが，そのいずれも十分なものではないのである．コンプトン－シモンの実験は，そのような実験条件のもとで粒子性が現われるということを示すものなのである．

しかし，われわれは光の問題にこれ以上立ち入ることはやめて，電子に目を転じることにしよう．波と考えられていた光についてある程度まで粒子波動並行論が成り立つとすれば，粒子と考えられてきた電子（一般に物質粒子）についても同様の事情があるのではなかろうか．

こうして光の二重性と，もう一つ（あとで説明するように）原子内電子の状態の不連続性という従来の量子論の二つの基本的な事実から出発して，量子論の第3の基本的なモチーフ，電子の波動性の考えを提出した[3]のはド・ブロ

2) 光電効果の場合にも，弱い光の場合の考察から光量子と考えねばならなくなったのと同様である（2節「光量子」参照）．

3) これは学位論文としてランジュヴァン（1946年に没した）に提

イ（1923年）であった.

ド・ブロイはエネルギー E, 運動量 p で運動する粒子は, 再び (1), (2) 式の関係で決まる振動数 ω と波数 k の波としての性質を持つとした. この関係は光と共通であるが, 物質粒子が光と異なる基本的な点は質量を持つということであり, この相違に相当して, E と p の関係は, 光の場合の

$$E = cp \qquad \text{〔2節（11）〕}$$

の代わりに,（自由な）粒子では

$$E = p^2/2m \tag{4}$$

である. したがってこれと (1), (2) 式とから (3) 式の代わりに

$$\omega = \frac{\hbar}{2m}k^2 \tag{5}$$

となる. こうして ω が k に比例しないために位相速度 $u = \omega/k$ は一定にならず, 自由空間においてすでに波の分散が起こることは光の場合との著しい差異である. 一般に波数の（したがって振動数も）少しずつ違った波を重ねると, 空間時間のある領域に局所化したような波（いわゆる波束）をつくることができ, この波の中心は $\dfrac{d\omega}{dk}$ なる速度で移動してゆく（これを群速度という）ことが知られている. ド・ブロイの波ではこの速度は分散のために位相速度と異なり, (1), (2) 式により

出され, 後者からアインシュタインに伝わり, ドイツで紹介された. この考えは当初奇抜すぎてまゆつばものと感じられた.

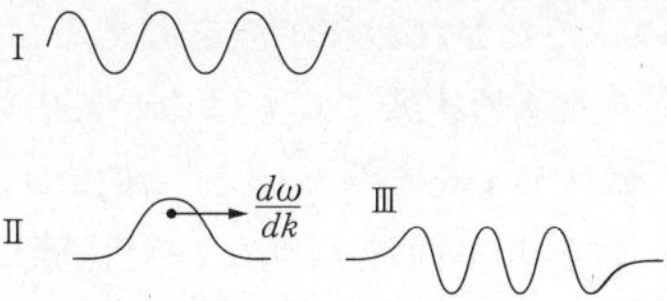

図 12　Iのような平面正弦波をたくさん（波長の少しずつずれたものを）重ね合わせると，IIあるいはIIIのような波束をつくることができる．

$$\frac{d\omega}{dk} = \frac{dE}{dp} = v \tag{6}$$

となる．こうして波の中心の速度が粒子としての速度（v）に一致するという，もっともらしい結果が得られるということは，(1), (2) 式の関係で波をともなわせるとしたことの妥当さの一つの理由になる．逆に，粒子には (1) 式の関係で決まる振動数の波がともなっていることを認め，その波の群速度は粒子の速度に等しかるべきこと（(6)＋(4) 式）という対応論的要求からして，粒子としての運動量 $\vec{p}$ と波の波数 $\vec{k}$ との間の (2) 式の関係を導きだすこともできる[1]．同様に (2) 式と (6) 式＋(4) 式とから (1) 式がだせる．

エネルギー E なる粒子に (1) 式で決まる ω の単色の波をともなわせている限りでは，粒子波動の並行論が成り立つものとして考えることができる（「波動力学の形成」参

1)　実際はド・ブロイは相対論的な考察で (2) 式をたてた．

照).しかしいったんわれわれが波を考えると,これは1個の古典的な粒子の運動状態よりもはるかに広い状態の自由度とフレキシビリティをもっている.波については,波束のようないろいろの平面波の重なった状態[1]が考えられる.ド・ブロイがやったようにこれを1個の粒子に連合させれば粒子波動並行論は乗り越えられることになる.ことに今の場合,波は分散するようなものであり,このために波束は――その中心は群速度で動くが――その形が次第にくずれ広がってゆくことになるだろう(「波束の拡散」という).古典的な1個の粒子の運動にはこれに対応する性質はありえない.

さてド・ブロイのアイディアの第2のポイントは,原子内電子がとびとびの量子状態を持つという事実は,まさに電子の波動性の現われと解し得るということである.物理現象において,整数が現われてくる場合として固有振動の現象があることはよく知られている.したがって状態が量子数で指定されるということも,なんらかの固有振動に基づくものとして自然に理解できるのではないだろうかと彼は考えた.われわれは前に,原子が線スペクトルを持つことを同様の考えで(古典的な粒子系の基準振動として)理解しようとする試みが失敗に終わったことを見た(2節「ボ

---

1) 波束を(1),(2)式によって粒子の言葉に直訳すれば「いろいろな E, p の状態を重ね合わせた状態」なるものを考えるべきことになる.この言葉をどう理解すべきかは次第に明らかになろう(6節参照).

ーアの理論」注参照）．そのさいの考え方と異なる点は，第1に，今度は粒子系の固有振動ではなく，連続的な波の固有振動――すなわち定常波――を考えることである．さらに第2に，各固有振動は定常状態に対応するのであって，その振動数 ω_n がそのまま光の振動数として現われるのではなくて，二つの固有振動数の差

$$\omega_{nn'} = \omega_n - \omega_{n'} \tag{7}$$

が光の振動数として現われるのだとすることである．それは各固有振動に対して (1) 式の関係によってエネルギー準位 E_n が決まり，このような二つの準位間の遷移に関するボーアの関係に従ってスペクトル線の振動数がきまるとすることに相当する．しかしスペクトル振動数が (7) 式できまるということは，発光の因として考えられた遷移もまたなんらか連続的な過程として考えうるのではないかということを示唆する（「波動力学の形成」の注参照）．

さてボーアの定常状態は電子にともなう波の定常波の状態であるという考えを具体化するには，力の場を運動する粒子にともなう波を扱わねばならぬが，これに対しても彼は同じ (1), (2) 式の関係を仮定した．すなわち電子が $V(x)$ なる位置エネルギーで表わされる力の場の中を運動する場合，質点力学ではエネルギーの式（(4) 式に代わるもので3節 (16) 式）

$$H(x, p) = p^2/2m + V(x) = \text{一定} \equiv E \tag{8}$$

が成り立つ．すなわちこの場合も古典的な粒子運動の（全）エネルギーは一定であるが，このような一定エネルギ

一の状態にはやはり (1) 式で決まる振動数の単色波がともなうと考える．そしてこのような状態で粒子が古典力学的な運動をするとすれば，各場所で (8) 式で決まる運動量，すなわち

$$p(x) = \sqrt{2m(E - V(x))} \tag{9}$$

を持つはずであるが，この $p(x)$ とこれにともなう波の同じ場所での波長[1] $\bar{\lambda}(x)$ とのあいだの関係として (2) 式が成立すると考える．

$$\bar{\lambda}(x) = \hbar/p(x) = \hbar/\sqrt{2m(E - V(x))} \tag{10}$$

すなわち，われわれは力の働く場合には場所ごとに変わる波長を持った波を考えるのである．するとやはり波束の中心の速度が粒子の古典運動の速度と一致するであろうか．この点はもう少し詳しく吟味する必要がある．しかし定常状態ではわれわれは単色波だけを考えればいいと考えられるから，この問題はあとまわしにしよう（「波動力学の形成」参照）．

まず実際 (10) 式を用いてボーア理論における量子条件を「導きだす」ことができることを示そう．ボーア粒子の周期的な軌道運動が，あるときこれにともなう波が定常波をつくるためには，波がこの軌道に沿って一循したとき，位相がうまくつながらねばならない．そのためには

$$\oint dx/\lambda = n \text{（整数）}$$

を要する．ところがこれは (10) 式によりゾンマーフェル

1) 普通の波長 λ の $\dfrac{1}{2\pi}$ を $\bar{\lambda}$ と書いて用いる．

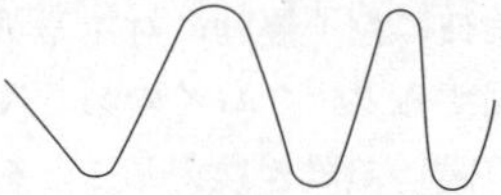

図 13　場所ごとに波長が連続的に変わる波.

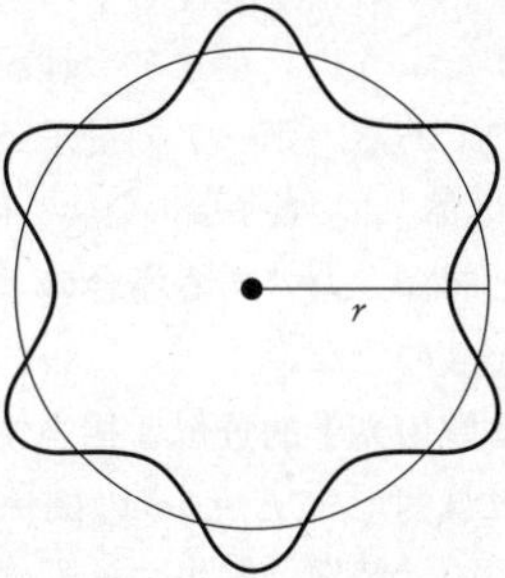

図 14　ボーアが最初に考えた水素原子内の等速円軌道を描く電子を考えると，これにともなう波は円周に沿う波長一定の波となる．位相がうまくつながると定常波ができるが，そうでないと干渉の結果，波は打ち消されてしまう．定常波ができるためには，$2\pi r/\lambda = n$, $rp = n\hbar$ となり，ボーアの量子条件（2 節（8）式）と一致する．

トの量子条件 $\oint pdx = nh$ にほかならない．こうしてド・ブロイは原子の状態の離散性を原子内電子の波動性に関連せしめた．すなわち彼は粒子運動に対する量子条件を，粒子にともなう波に関するド・ブロイの第2関係（(2) 式あるいはむしろ (10) 式）で置き換えることを示したわけである．このド・ブロイの定常波の理論は，力のある場合に (10) 式をそのまま採用し，単に軌道運動に即した波を考えた結果として，ボーアの量子条件をそのままの形で再現したことからもわかるように，ボーアの理論と同じ段階の理論と見るべきものである．ボーアの量子条件が十分精密なものでなかった（3節「古い量子論の発展と行きづまり」「行列力学の発見」）のと同様，力のある場合のド・ブロイの定常波の理論も精密なものでない．

すなわちそれは幾何光学的近似に相当する（「波動力学の形成」参照）．これに対して $E=\hbar\omega$ の関係は力のある場合にも定常状態について精確に妥当するものであった．結局ド・ブロイの理論の定常状態の問題に関する部分は，ボーアの理論と

$$\begin{cases} E = \hbar\omega \longleftrightarrow E_n - E_{n'} = \hbar\omega_{nn'} \\ p(x) = h/\lambda(x) \longleftrightarrow \oint pdx = nh \end{cases}$$

なる対応関係にあるものであった（この第1の対応関係の意味については，なお5節「確率的解釈」を参照）．

そしてボーアの理論が，これに新しい素材を追加することなく，対応原理的な書き換えで量子力学の一つの表示に達せしめるものであったのと同じように，このド・ブロイ

の理論も，対応原理的な考えで，ただより容易に量子力学の別の表示をもたらしうるものであった（「波動力学の形成」参照）．

なおド・ブロイの理論は，ボーアの理論における h の二重の意味を，粒子性と波動性を媒介するものとしてのアインシュタイン的な h に統一するという利点を持つように見える．しかし実は逆に光に対する $E=\hbar\omega$ の関係を量子条件の結果として導くこともできるし（デバイ，1910 年），これは電子についても同様である（「物質場の立場」参照）．したがってボーア理論における h の二重性というものは量子条件を規定するものとしてのプランク的（ないしはハイゼンベルク的）h に統一することもできたものであった．

とにかく電子が波動性を持つというド・ブロイの考えはすばらしい着想であった．波動論というものはそれまでの物理の理論で広くきわめられていたから，その知識を電子の記述に適当な形で導入しうるということになれば，電子の理論は急激に豊かになることになろう．ただ電子の波は，従来知られてきた種々の波とは数学的に少々異なったタイプのものであり，その物理的意味づけもむずかしいものであった．そしてド・ブロイのアイディアは，当時の量子論の主派から離れたところで出されたのであまり広く注目をひかなかった．この項で述べたド・ブロイの洞察は核心をついたものであるが，まだ十分な定式化に達していない．これらの考えを組織化し波動力学を建設することは，ド・ブロイの仕事から２年ばかりたって，チューリヒのシュレーディンガーによって果たされた（1926年）．こうして彼がハイゼンベルクと全く異なった方向から，これにわずかに数カ月遅れて量子力学の別の形に到達したということは興味ある歴史的事件である．われわれはこれを見る前に電子の波動性の実証を簡単に述べておこう．

電子の波動性の実証　電子がこのような波動性を持つならば，原子の外においても，光の場合と同様の仕方で干渉や回折を示すことが期待されるということを，エプシュタインが注意した．それがこれまで観察されなかったのは，一

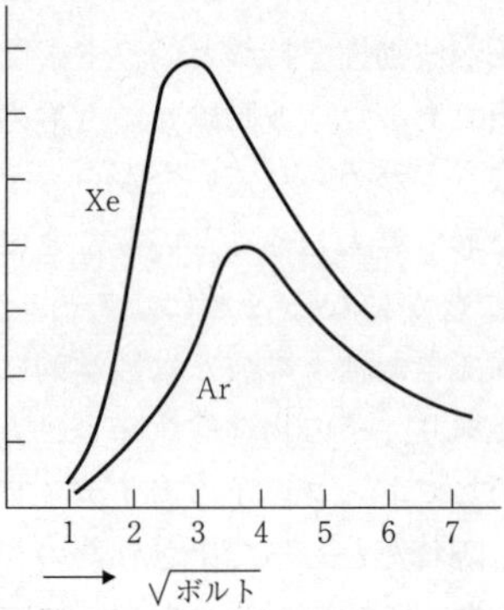

図 15　ラムザウアー効果．電子の速度を変える場合のアルゴン（Ar）とキセノン（Xe）の断面積の変わり方．

つは電子にともなう波の波長がきわめて短いためと考えられる．(2), (4) 式から電子線の波長は

$$\lambda = \frac{h}{\sqrt{2mE}} \tag{11}$$

$$\therefore \quad \text{Å で測った波長} = \sqrt{\frac{150}{V}},$$

（V は電子のエネルギーをボルト単位の加速電圧で表わしたもの）

となるから，普通の仕方でつくられる電子線は，X 線ないしそれ以下の程度の波長になるはずである．しかしこのような電子の波動性がすでに実験事実の中に現われていることをエルザッサー（1925 年）が指摘した[1]．

その一つはラムザウアー（1923 年）の見いだした効果である．おそい電子の流れがアルゴンのような気体原子に衝突して弾性散乱される場合，散乱体は球対称的な中性原子で，これは弾性散乱に対しては一定の力の場のように振る舞うであろう．電子が点的な粒子だとすれば，その散乱の断面積はこの力の場の形によって決まるであろう．もっともこの断面積はシャープに一定のものではないだろうが，入射電子の速度によって，それほど著しく変わることはなく，気体運動論で得られている断面積（すなわち原子対原

1)　アメリカのダヴィソンが，彼の奇妙な散乱曲線の凹凸の意味を手紙で，ボルンに問い合わせてきたので，ボルンはこれをド・ブロイの考えと結びつけて，同僚のフランクの弟子のエルザッサーに検討させたという．

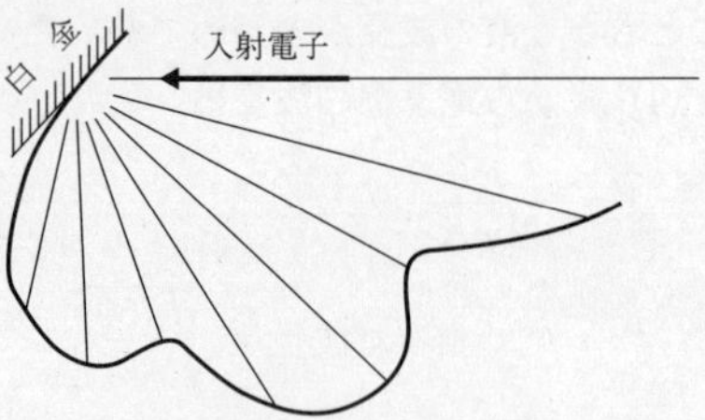

図 16　白金板に 135° の角で 750 ボルトの電子線をあてたときの散乱線の強度の角度分布（ダヴィソンとクンスマン）.

子の衝突に対する断面積）に近いものであろう．ところが実験によれば，電子が非常に低速になってゆくと，断面積が異常な変化を示し，極大をすぎてから著しく減少するのが見られたのである．

電子が波として散乱されるのだとすれば，十分低速になると波長が (2) 式によって増して原子の径に比してはるかに長くなり，波はほとんど散乱されることなく，原子を乗り越えてゆくであろうから，このような効果は定性的に理解されることになる．

第 2 の現象は白金板に電子線をあてて，散乱強度の角度分布を調べたダヴィソンとクンスマンの実験（1923 年）である．結果は上図に見るように角度分布に凹凸が現われる．エルザッサーは，これは結晶の各原子で散乱された電子線が，X 線の場合と同じように，波として干渉するためだとした．

この実験はその後（1927年）ダヴィソンとジャーマーによってニッケルの単結晶についてなされ，もっとあざやかな規則正しい極大極小をもたらした．ダヴィソンらは100ボルト前後の遅い電子線を用いたからその波長はÅ程度で，ちょうどX線の波長と同程度であった．彼らは電子のエネルギーを変化して実際（11）式の関係が成り立っていることを確かめた[1]．

このようなおそい電子線は，X線と反対に透過能がきわめて小さく，結晶表面のわずかのよごれで影響されるなどの理由でその実験技術がむずかしい[2]．しかし速い電子線を用いると，実験はずっと容易でX線の場合と同様の干渉縞が写真にとれることがアバディーン大学にいたG. P. トムソンやわが国の菊池によって示された．こうして電子の波動性が完全に実証されたのは，次節に述べる波動力学の成立に一，二年遅れたのである．

なお電子回折の現象は定性的にはド・ブロイの理論で理解されるが，これを完全に扱い，極大極小の方向だけでな

---

1)　こうしてド・ブロイの第2の関係は直接的に実証されたが，第1の関係（(1) 式）のほうは直接的に実証はされない（位相速度 $\lambda\omega$ を測ることはできない）．しかしこれはたとえば前述のように，第2関係と波束の群速度と粒子の速度との一致ということから要求される．

2)　上田良二氏は「ダヴィソンらが，最初におそい電子線についての実験で成功したということは，まことに驚異的で，その当時，急速な発達をとげつつあった電子管工業の背景なしには考え及ばぬことである」と述べている（同氏著『粒子線回折』参照）．ダヴィソンらは，ニューヨークのベル電話研究所のメンバーである．

く強度分布まで説明するには，電子の波とX線とで原子との交互作用の性質が異なることを考慮せねばならぬ．これはシュレーディンガーの理論によって可能になるわけである．これはラムザウアー散乱についても同様である．

X線についてもその波動性は最初結晶格子による回折によって実証されたが，その後幾何学的な道具で干渉縞を得ることも可能になった．電子線について幾何学的な道具による干渉縞を得ることは，ルップが早く成功を伝えた．これは当時大いに引用されていたが，その後いんちきであり彼は頭が変であることが暴露された．しかし近ごろ(1943年）ベルシュは幾何学的な縁によるフレネル干渉縞といってもいいものをきわめて鮮明に得た．便利に使える電子線の波長はX線よりさらに短いので，このような方法で干渉縞を見ることはむずかしかったわけであるが，彼は照射線の並行性をきわめて良くし，生じたフレネルの干渉縞を電子顕微鏡の方法で20万倍程度に拡大することによって，これを見たわけである．図17の写真を見れば電子が波動性を持っていることは，普通の光が波動性を持っているというのと同じ程度に疑いえないであろう．

ラムザウアー散乱や電子回折は電子の弾性散乱の過程であって，このような実験では電子の波動性がいわば純粋な形で現われることは，X線の干渉性散乱（X線回折）の場合と同様であった．この場合，散乱波は入射波と位相のつながった波であり，したがって散乱波は相互に干渉的《コヒーレント》であり回折を生じる．これに対して非弾性散乱では，散乱体は

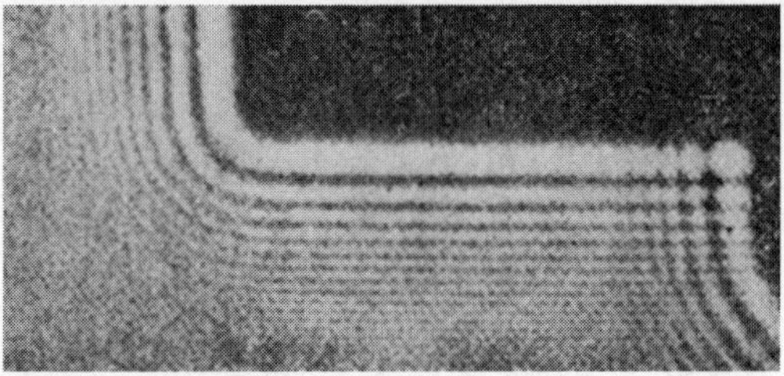

図 17 電子線のフレネル干渉縞

エネルギーと運動量の別の状態に遷移し，この遷移が観測されるような状況のもとにある限り，散乱される光や電子は干渉性を失い，その粒子的な面が顕著に現われることになる（6 節「思考実験に関する注意と相補性」参照）．コンプトン－シモンの実験が光の粒子性を示したように霧箱における電子の飛跡——これは電子が空気分子をイオン化する一種の非弾性散乱である——は電子の粒子性を示したのである（後者は電子の位置の測定の一種とみなしうる）．

波動力学の形成　こうして電子が波動性を持つことは明らかであるが，問題はこの波動性を正確に数学的に表現することと，この波の物理的意味をとらえることである．第 1 の問題は波を記述する関数（波動関数）とその変化をきめる「波動方程式」を見いだすことにほかならないが，これがまずシュレーディンガーによって解決された．

われわれはまずド・ブロイの第 1 の考え（自由空間の波

束）から出発するものを述べ，次にド・ブロイの第2の考え（力の場での定常状態単色波）から出発するものを述べよう．

まず自由電子の場合の波動方程式をさがすわけであるが，一定のエネルギーと運動量を持つ自由電子にともなう波は，(1), (2) 式によって決まる一定の振動数と波数――それらは (5) 式をみたす――の平面波である．このようなものとして最も簡単なものは

$$\psi = \cos(\vec{k}\vec{x} - \omega t) \tag{12}$$

$$\psi = \exp i(\vec{k}\vec{x} - \omega t) \tag{13}$$

である．ところで (5) 式をみたすという条件のもとで (12), (13) 式の ω, k が任意に変わったものも，やはり同じ電子の，速度の違った状態にともなう平面波であるが，さらにこれらの平面波を任意に重ねたものも，やはり電子の可能な状態に相当する波とみなさねばならぬ．このことは，すでに注意したように，電子の状態というものが相互のあいだに重ね合わせの関係を持つようなものに流動化されることを意味する．「ド・ブロイの理論」において波束というものを考えたとき，すでにこのことを認めていた．ところでこのような重ね合わせが成立するためには，波動方程式は k, ω を陽に含んではならず，したがってそれは (5) 式を用いて (12) 式あるいは (13) 式から k, ω を消去することによって得られる．すると (12) 式からは

$$\frac{\partial^2 \psi}{\partial t^2} = -\left(\frac{\hbar}{2m}\Delta\right)^2 \psi \tag{14}$$ [1)]

(13) 式からは

$$\frac{\partial\psi}{\partial t}=\frac{i\hbar}{2m}\Delta\psi \tag{15}$$

が得られる.

(14) 式をとる場合には ψ を実数に限定することも可能であるが, (15) 式では虚数 i を含んでいるので ψ は本質的に複素関数となる. にもかかわらず (15) 式は (14) 式より簡単である. (14) 式は (15) 式の他に $\frac{\partial\psi}{\partial t}=-\frac{i\hbar}{2m}\Delta\psi$ をも含んでいるわけである.

(15) 式のほうが合理的であることは粒子の運動との対応を考察することから判断される. われわれの波は, 粒子の位置に相当するものを波の振幅が大きな値を持っている場所として含んでいるのみならず, 速度に相当するものをも波の群速度としてそれ自身の中に (すなわち ψ を考えるだけで $\frac{\partial\psi}{\partial t}$ を考えないで) 含んでいる. すなわち波束の運動が粒子の運動と対応を持つ (波束の拡散ということは別として) ためには, 波は ψ を指定するだけで運動状態がすっかり定まってしまうようなものであるべきであって, したがって時間について 1 階の微分方程式をみたすべきである[2].

---

1) Δ というのは $\frac{\partial^2}{\partial x^2}+\frac{\partial^2}{\partial y^2}+\frac{\partial^2}{\partial z^2}$ なる微分演算を意味する.

2) 方程式が複素数に対する 1 階のものであるべきことは, 後の一般的解釈に立てば, ψ を用いて確率関数が定義されうるために必要である. 確率関数は, いたるところ正であり, 全確率が保存されるという条件をみたすべきことからして.

こうして自由空間における波動方程式が（15）式に定まった．これが光に対するマクスウェルの方程式と異なる一つの点は i や $\hbar$ が現われてくること[1]である．

さてこの波動方程式を力が働く場合のものに一般化するには，同様にそのような場合における波束の運動と粒子の運動との対応原理的な関連によればよい（「物質場の立場」参照）．

しかしわれわれはその方法を述べることはやめて，ここでド・ブロイの第2の考えから出発するシュレーディンガー流の進み方を述べよう．それには一定エネルギーの粒子運動には，（1）式で決まる振動数と，（10）式で決まる場所ごとに変わる波長を持つ波がともなうという考えを，定式化すればよいだろう．

さて質点力学における関係を土台として，このように考えを進めて波動方程式を見いだすさいに，シュレーディンガーに導きとなったものは，再び光の理論との対比であった．すなわち彼は，光の粒子性を，光量子の理論からひとまずそれよりもひと回り古いニュートン流の粒子論にもどした．ニュートン流の粒子論は幾何光学を説明することのできるものであるが，そのことに相当して，幾何光学の法

1） $\hbar$ が現われてくることは，電子が光量子と違って静止質量を持つためであることは，これまでの導き方から理解されよう．ϕ が複素量であることは，前注にも触れたように ϕ が確率振幅という意味を持つべきことに関係する．これは他の観点からすれば電子が電荷を持つことに相当するが，ここでは説明しない．

則は質点力学の法則ときわめて似た性格を持つ．しかるに幾何光学は，波長程度の隔たりでの，屈折率の変化を無視してよいような場合における波動光学の近似として，後者の中に含まれるようなものである（このことは光学においてよく知られている）．このことに対応して，一般に質点力学に対して，これを，波長程度の隔たりでの，ポテンシャルの変化を無視してよいような場合に対する近似として含むような「波動力学」を考えることができよう．このような対比関係を通じてこの波動力学の基礎方程式を見いだせばよいのだが，このことだけでは，波動力学の極限と考えられた質点力学について

$$\lambda(x) \propto 1/p(x)$$

ととるべきことはわかるが，この比例の係数は決まらず，それは一般に E（すなわち ω）の関数であってもよい．この係数がまさに h であることを教えたものが，光量子論から示唆されたところのド・ブロイの関係にほかならなかったのである．

さて（10）式のように場所ごとに変わる波長の波というのは，真っ正直に考えれば

$$|\nabla S| = \frac{1}{\bar{\lambda}} \quad \text{すなわち} \quad |\nabla S|^2 = \frac{1}{\bar{\lambda}^2} \qquad (16)$$ [2]

---

2)　$\nabla\psi$ というのは $\dfrac{\partial\psi}{\partial x}, \dfrac{\partial\psi}{\partial y}, \dfrac{\partial\psi}{\partial z}$ を成分とするベクトルの意味である．∇ は任意の関数 ψ に働いてこのようなベクトルをつくるという演算である．$|\nabla\psi|^2 = \left(\dfrac{\partial\psi}{\partial x}\right)^2 + \left(\dfrac{\partial\psi}{\partial y}\right)^2 + \left(\dfrac{\partial\psi}{\partial z}\right)^2$.

$$\text{ただし}\quad \bar{\lambda}(x) = \hbar/\sqrt{2m(E-V)}$$

をみたす S を位相とする波

$$\psi = Ae^{iS} \tag{17}$$

である．ここに振幅 A（実数）は必ずしも一定でなくてもよいのでそのとり方に任意性が残るが，S が（16）式をみたすようにするには，一般には（17）式が線型の方程式をみたすように（すなわち重ね合わせの関係をみたすように）することはできない．

ところで（16）式は古典力学における「ハミルトン－ヤコービの方程式」にほかならないものであって，$\hbar S$ がハミルトン－ヤコービの関数になっている．したがって（17）式は，古典力学において一つのハミルトン－ヤコービ関数から導かれる軌道群の直交表面をそのまま波面とし，ハミルトン－ヤコービの関数の $1/\hbar$ 倍である S を位相とする波である．このような波を考えるということは，最初の質点力学の立場を忠実に反映するような波を考えることにすぎず，そのような意味での粒子波動並行性に対して h という新しい常数の介入が修正を加えるという意義を持たない．これは幾何光学の立場に相当する．ただ（17）式の $\psi = Ae^{iS}$ に一価連続性を要求することから量子条件に相当するものがとり入れられることになり，ボーアとド・ブロイ（定常波に対する）の段階を意味する．したがってこのような理論は自由粒子の場合の（15）式――これは波束の拡散ということを含んでいる――とも矛盾するわけである．

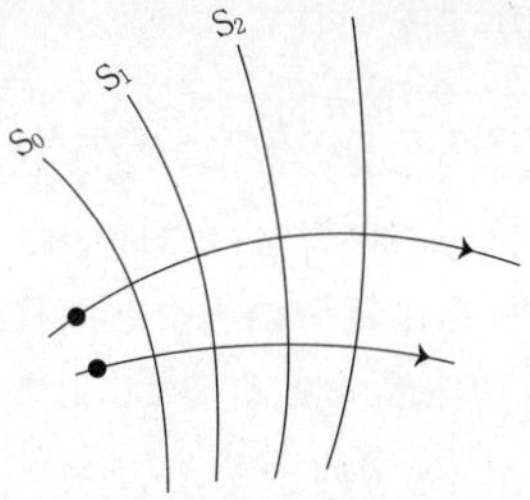

図 18　$S_0, S_1, S_2 \cdots$ は $S=$ 一定なる直交表面でこれらを垂直によぎってゆく曲線群が軌道になる.

われわれの求めるのはこのような粒子・波動の並行論ではなくて粒子性と波動性の否定的統一であるべきである．あるいは少なくとも古典的粒子性に対する否定的契機を持つべきである．すなわちわれわれは，重ね合わせの関係をみたす線型のもので，かつ λ の場所的変化がゆるやかなときに，このような幾何光学に漸近するような波動方程式を求める．それはよく知られている波動光学と幾何光学との移行関係を手本にして容易に見いだせる．すなわち（16）式＋（17）式を

$$\Delta\psi + \frac{1}{\lambda^2}\psi = 0 \qquad (18)$$

に置き換えればよい．そしてこれを λ の場所的変化が急激なところでも，また λ が虚数になるところでも成立する波動方程式の一般の形としてとるのである．このようなところでは質点力学との並行性は当然破れる．

(18) 式は (10) 式をいれて

$$\Delta\psi+\frac{2m}{\hbar^2}(E-V)\psi=0 \tag{19}$$

とも書ける．次にこの場合 ψ は時間的に $\omega=E/\hbar$ で振動すると考えたが，自由電子の場合と同様に，指数関数型 $e^{-i\omega t}$, ($\omega=E/\hbar$) の振動をとることにして

$$\frac{\partial\psi}{\partial t}=-i\omega\psi$$

これと (19) 式とから ω (すなわち E) を消去すると，いろいろな ω の波を重ねたようなものをも解として持つような一般の波動方程式

$$i\hbar\frac{\partial\psi}{\partial t}=\left(-\frac{\hbar^2}{2m}\Delta+V\right)\psi \tag{20}$$

が得られる．これは自由粒子の場合に得た (15) 式と矛盾しない．(19) 式と (20) 式が有名なシュレーディンガーの波動方程式にほかならない．

こうしてシュレーディンガー方程式の導出には光の理論との類推が活用されたけれども，得られた波動方程式は波動光学におけるものと異なって時間について1階であり，すでに自由な場合のもの (15) 式について触れたような異なった特徴を持つものである．

こうして，ド・ブロイの定常波の理論（これはボーアの理論と同じ段階にある），すなわち質点力学の運動に密着した波の考えから出発して，このようなものに λ の場所的変化がゆるやかなところで漸近するという対応原理的方法

に基づいてこれを止揚し，これと重ね合わせの原理とのあいだのギャップを克服することによって，シュレーディンガーの波動方程式（これはハイゼンベルクの理論と同じ段階にある）が得られたわけである．

こうしてド・ブロイの理論からシュレーディンガーの理論への発展は，前に見たボーアの理論からハイゼンベルクの理論への発展とよく似た関係にあったといえる．後者が倍音成分に対する計算規則の対応論的書き換えによって遷移成分に対する行列の計算規則に達したごとく，前者はハミルトン－ヤコービ関数Sに対する「計算規則」（1階2次の偏微分方程式）の対応論的書き換えによって，波動関数ψに対する新しい計算規則（2階1次の偏微分方程式）に達したといってもよい．書き替えによってハイゼンベルクの場合には軌道が捨てられ，シュレーディンガーの場合には軌道群が波に変わった．

質点力学と幾何光学の法則との類似は，古くハミルトンによって明らかにされていた．この類似は，質点力学の法則をハミルトンの正準形式に対する変換理論として導かれるハミルトン－ヤコービの形に形式的に変形したものについて，とくに明らかになる．波動力学の発見は，質点力学のこのような変形が準備されていたことによってきわめてスムーズに行ないうることになったのである．

さてわれわれは先に任意のエネルギーの値を持つ粒子運動の状態に付随して，$\omega=E/\hbar$なる単色の波が存在するとして（19）式に達したのであったが，このような微分方程

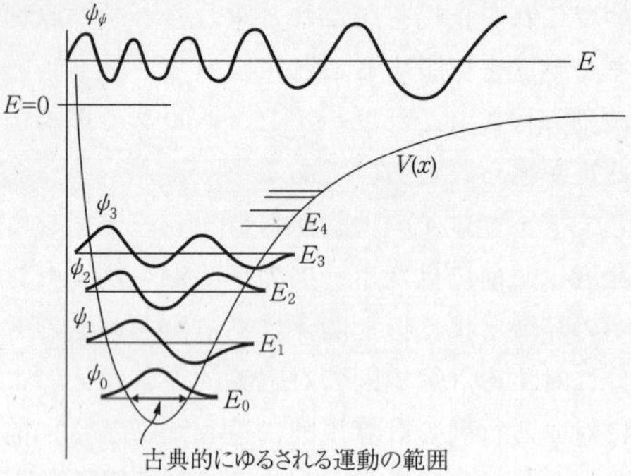

図 19　上図のようなポテンシャル $V(x)$ において，とびとびのエネルギー準位 $E_0, E_1, E_2, \cdots$ と，それに対する固有関数（定常波）$\psi_0, \psi_1, \psi_2 \cdots$ が得られる．$E>0$ に対しては固有値は連続的にゆるされ，それに対する波動関数は ψ_φ のようになる．

式の特徴は，波の1価・連続・有限性に対するきわめて自然な補助的な条件のもとで，実は任意の E の値に対しては解を持つとは限らず，とびとびの E の値に対してのみ解を持つということがしばしば起こるということである（このような E の値とそれに対する解とをエネルギーの固有値・固有関数という）．こうして粒子運動の描像を波動で置き換えることにより定常状態を波動場の固有振動として自然に導き出すという（「ド・ブロイの理論」で述べた），ド・ブロイのプログラムが精密に実現されるにいたったのである．ただし波の正体はまだ明らかでない．再び「数学が突然物理学者よりも賢明なものとして現われた」．この方法は系のエネルギー準位として前述の行列力学の方法と全く合致する結果を与えることがわかったが，実際の問題をアタックするのに，行列力学の方法よりもずっと扱いやすい有力な道具であった．

あるポテンシャルの形に対する固有値と固有関数を一例として前ページの図に示した．水素原子の場合に V はクーロンのポテンシャル $-e^2/r$ であるが，これを入れて(19) 式をとき，固有値 E とそれに対する固有状態 ψ が得られるが，この固有値は古いボーア-ゾンマーフェルトの方法で得られたものと一致することが見られる．ただし，そのおのおのに対する固有解はゾンマーフェルトの楕円軌道とは，はなはだ異なった定常波である．波がなにを意味するかはともかくとして，シュレーディンガーの理論の本質的な点は，複素数の波で表わされるような，重ね合わせ

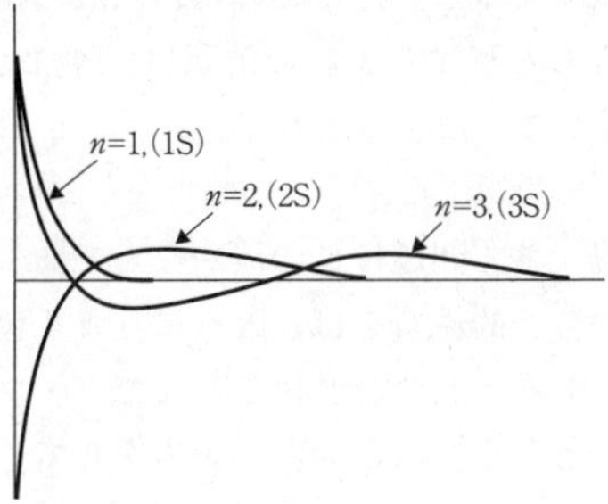

図 20　水素原子の固有関数のうち，球対称なもの（S状態という）の動径方向の変化．

の関係が成立するようなものとして，電子の状態というものをはっきりと定式化したことにある．したがってたとえば二つの定常状態を任意に重ねたものは，一般にもはや定常状態ではないけれども，定常状態と同じ資格でもって電子のある状態を表わすものと考えねばならぬ．こうしてボーアからハイゼンベルクにいたるまでの，定常状態としてのみ状態を考えるという制約が打破され流動化せしめられた．そして運動方程式としてもハイゼンベルクの理論が，これを物理量に対するものとしてとらえたのに対して，シュレーディンガーの理論はこれを状態の変化に関するものとしてとらえる．ところでシュレーディンガーの理論の特徴は，この波が現実の時間空間におけるものであり，したがって電子の状態というものに波の描像を与えたことである．このことは，この理論がハイゼンベルクの理論で扱いがたかった電子線の屈曲や散乱の問題を扱うのにも適していることを意味するが，ただこのために波の描像をそのまま実在《リアル》的なものと解する素朴な解釈に（「物質場の立場」参照）一度は導くことになったのである．

物質場の立場　さて問題はこの波がなんであるか，またこの波が電子の粒子的性質をほんとうにうまく包括しえているかどうかである．われわれはこれまでド・ブロイに従って粒子に「ともなう」波といういい方をしてきた．これは漠然としているが，電子の正体は粒子であり，その運動がこれにともなう波を介して決められるといった見方を示唆するかもしれない[1]．しかし波動力学が，質点力学のいわばなめらかな拡張的変革として得られた仕方から，かつそのさい用いた〈ニュートンの粒子論──→波動光学〉なる類推から示唆されるように，シュレーディンガーはむしろ波が電子の正体だと考えた．

ただ波動方程式（20）式には m や V のような粒子的な量が現われているが，m はさしあたり単なる常数パラメーターであり，V は場所ごとの波長 $\lambdabar(\omega)$ を自由な場合の値からずらす（$\hbar/\sqrt{2m(E-V)}$ に）原因が核やその他の作用によって空間に分布される仕方を与えるものとして理解するならば，（20）式は純然たる「古典的な」波動場の方程式である．このような波動場に許される固有振動は，（20）式において $\psi=e^{-i\omega t}\varphi(x)$ とおいて得られる方程式（ここで φ を改めて ψ と書く）

$$\left(-\frac{\hbar}{2m}\Delta+V/\hbar\right)\psi=\omega\psi \tag{21}$$

の固有解として得られる．このような立場では電子の粒子性は影をひそめるが，われわれは少なくとも電子の数が数えうるという意味の粒子性は持つべきであるとしよう．すなわちこの波動場は──質量と荷電をともなう物質場であるが──その質量が m の，荷電が e の整数倍であるという意味の粒子性を持つと考える．ところが波の強度を意味する $\rho=|\psi|^2$ なる量は，（20）式によって，その全空間にわ

1)　ド・ブロイの案内波の解釈はこの種のものに属する．

たる積分（$\int \rho d\tau$）が保存されることが保証されるから，電子の存在の分布密度とみなすに適したものである．さらに今後電子が「1個」存在する場合についてのみ考えることにすると，$\int \rho d\tau=1$ なる ψ の振幅に対する制限条件をおいた上で，ρ をその電子の存在の分布密度（したがって質量は $m\rho$ の密度で分布する）と考えることがもっともらしく思われる．このような物理的意味づけをさらに正当化するものは，後に述べる対応論的考察である．

さてこのような1電子物質場について，(21) 式の固有振動 ω, ψ_ω が求まると，場の（全）エネルギーは $E=\hbar\omega$（ド・ブロイの第1関係）によって定まるとして，この関係を (21) 式に初めからいれてしまったものが (19) 式にほかならなかったことになるが，われわれの今の立場からすれば $E=\hbar\omega$ の関係も波動1元論の立場で根拠づけうることが望ましい．それには次のような対応論的考察を用いる．前に自由電子の場合，波束の群速度が質点力学の速度に一致すべきことから $E=\hbar\omega$ を結論できることを述べた（「ド・ブロイの理論」参照）が，同種の対応論的推論により，ψ なる物質場は一般に

$$i\hbar\int \psi^* \dot{\psi} d\tau \tag{22}$$

のエネルギーを持つべきことが結論される．ところがこれは (21) 式の固有解に対しては明らかに $\hbar\omega$ となる．

とにかくこうして粒子概念は，より広い波の概念の中に吸収されてしまったように見えた．電子は波となった．こ

図 21　波束の運動．時間がたつと全体として移動すると同時にぼやけてくる．

の波はしかし波の媒質というものを考えることのできないようなものであることは電磁場と同様である．この立場では電子の粒子的な現われ（霧箱に見られるような）は，電子が，狭い領域でのみ大きな振幅を持つような波動関数，すなわち波束の状態にあることとみなされる．そしてその広がりの程度の範囲で力が一様と見ていいような波束については，――前に述べたように電子が $|\phi|^2$ の密度で雲のように広がっているものとして――，その重心の移動がニュートン力学によるものに漸近的に一致することが証明できる．ただし波束は成分平面波の分散効果（「ド・ブロイの理論」参照）のために，それがシャープであればあるほど早く空間に拡散してしまうという性質を持っている．したがって運動の経過のあいだに，力が一様と見ていい程度の範囲の外まで広がらないような波束を作りうるような場合に，波動力学は古典力学に漸近するといっていいことになる．たとえばマクロな電場・磁場における電子線の屈曲実験（1 節「新しい放射線」参照）などでは，この意味で古典力学が実際妥当する．ただ原子内の電子とか原子がつくるミクロな電場で弾性散乱される電子（ラムザウアー効果など）の場合のように，$\bar{\lambda}(x)$（(10) 式の）の場所的変化の急

激なところでは，古典論に近似させようとすると非常に鋭い波束から出発せねばならないことになり，したがって運動の経過のあいだにすみやかに広がってしまい，波動性が表面化するのを防ぐことができないのである．

このような古典力学の適用限界，漸近性の認識はすでに波動力学の発見のさいの根拠になったものであったが，それは原子内電子の場合についての――高量子数での古典論との漸近的一致という――ボーアの対応関係とも通じるものである．実際核から遠ざかるにつれて力の勾配がゆるやかになり，波束が広がらないで回りうる回数はだいたい n（主量子数）の程度であることがわかるから，n が大になるにつれて古典論に漸近するようになるのである．

なお以上のような古典力学と波動力学との移行関係は，形式的には波動方程式（20）式が

$$i\hbar\frac{\partial\psi}{\partial t}=\boldsymbol{H}\psi \tag{23}$$

なる形を持つことに基礎を持つ．ここに $\boldsymbol{H}$ は古典力学におけるエネルギー関数 $\boldsymbol{H}(x, p)$（(8) 式）において p を次のような微分操作

$$\vec{p}\rightarrow -i\hbar\nabla \quad \left(p_x\rightarrow -i\hbar\frac{\partial}{\partial x}\right) \tag{24}$$

で形式的に置き換えて得られる演算（演算子という）で，$\boldsymbol{H}\psi$ はこれが ψ に働いた結果を意味する．この記法を用いると（19）式は

$$\boldsymbol{H}\psi = E\psi \tag{25}$$

と書ける（(24) 式の書き換えで得られる演算子に今後ボールド太字を用いることにする）.

さて以上の議論はすべて有意義なものであるけれども，そのさいの立場はそのままでは保持できないものである．このような，本質において連続的な，因果的な，しかも量子化という手続きを必要としない，いわば古典的な波動一元論の立場が貫徹するとすれば話は簡単であるが，そうはいかない．そのわけの一，二を述べよう．

この立場では電子は連続体として $|\psi|^2$ の密度で空間に広がっているとしているが，にもかかわらずこのような状態で実際電子の位置を観測してみるならば，やはり必ずどこか1点といっていいような狭い領域に，必ず一定の e と m を持ったもの——粒子——として見いだされる．この困難をはっきり例示するには，たとえば（まずボルンが取り上げた）次のような衝突の問題を考えてみるとよい．

電子を表わす波がポテンシャルの山にあたると反射波と透過波に分かれるが，そこで電子の位置を観測して，たとえば透過波の中に見いだされたとすると，その途端に反射波は消滅し，波は非因果的に縮んでしまわねばならない[1]．このような変化は，波が質量やエネルギーを担った実在的なものだとすると，きわめて不可解である（なお5節「確率的解釈」に述べる回折実験参照）.

同様の困難は他の量——たとえばエネルギーや角運動量

1) この例は最初，光を半透明鏡で分けた場合についてアインシュタインのあげたものと同じである．

——についてもいえることである．(25) 式の固有解として得られる定常状態 $\psi_1, \psi_2, \cdots$ では確かにエネルギーは $E_1, E_2, \cdots$ なるとびとびの値のどれかをとる．ところがこれらを任意に重ねたもの（たとえば波束）も系の可能な状態である．逆にいえば任意の状態 ψ は，定常状態を適当に重ね合わすことによってつくることができる[1)]．すなわち

$$\psi = \sum_n C_n \psi_n \qquad \text{ただし} \quad C_n = \int \psi_n{}^* \psi_n d\tau \qquad (26)$$

（$\int \cdots d\tau$ は全空間での積分を意味する）

ところでこのような一般の状態において，エネルギーは (22) 式によって

$$i\hbar \int \psi^* \dot{\psi} d\tau = \int \psi^* \boldsymbol{H} \psi d\tau = \sum_n |C_n|^2 E_n \qquad (27)$$

になるはずである．

ところが実際にこの状態においてエネルギーを測ってみるとフランク－ヘルツの実験が示すように $E_1, E_2, \cdots$ なるとびとびの固有値のどれかが得られ，(27) 式のような中間の値を得ることはない．これは最初の ψ なる波が，エネルギーを観測した瞬間に ψ_n のいずれか（実際に結果としてエネルギーの見いだされた状態）に飛躍的に収縮すべきことを意味する[2)]．

---

1) 固有関数の集まり $\psi_1, \psi_2, \cdots$ が数学的に完全直交系をなすということである．

2) 波動力学では状態の概念が流動化され定常状態以外の状態をも同様に考えるようになり，状態の時間的変化は (20) 式により連

さらにこの波は，直接観測できない（本質的に複素数の）波である．このようにψが直接観測できないものであり，また突然変化するようなものであるということは，この波が，古典論で光について考えた電磁場の波のようなものとは本質的に異なった性質のものであることを示す（電磁場は直接観測することができ，また突然変化することもしない）．しかもなおこの波は，それによって電子の本質的な法則をとらえしめるところの，電子の「状態」の表現でなければならぬ．そしてこの波の突然の収縮は——光量子の場合にも似て——電子についてもその波動性の中に吸収されえない粒子性の面が残ることを示し，さらにまた観測に関連してなんらかの意味で不連続的非因果的変化が登場することを示すのである．

次にシュレーディンガーの理論は，なんら量子化という手続きをやらないでとびとびの量子状態を導き出し，量子数を波の節の数として自然に出すことができた．しかし実はその代わり，電子数が1個ということに対応して，波の振幅を$\int|\psi|^2 d\tau=1$に限定するというようなことをやった．

続的に行なわれることになった．したがって一つの定常状態から，これととび離れた別の定常状態への遷移というようなものも，実はその中間の非定常状態を連続的に経過して行なわれるのではないかと考えられるかもしれない．確かに波動関数の連続的な時間的変化というものによって，遷移というものの連続的な半面が明らかにされるのである．しかしたとえばエネルギーが中間の値に見いだされるということはなく，遷移にはやはりこのような波の飛躍的な収縮というような面が残ってくるのである．

もともと波動場に電子の「数」というような性質はない．それでこれを付与するために，このような一種の「量子条件」をアドホックに付加したわけである．この意味ではこのような1電子物質場の理論は，軌道運動に量子条件を付加したボーア理論と同じ段階にあるといえる．実は電子の数というものを出してくるには，このような古典的な波動場をもっと合理的な方法で量子化することによって果たされるものだったのである[1)]．

波動力学は，これまで量子論の推進の主流となってきたコペンハーゲン－ゲッティンゲンの学派の考え方の傾向から離れた方面で発見，建設され，とにかくすばらしい成功をもたらした．この理論は直ちに行列力学の学派に反作用した．彼らはシュレーディンガーの解釈を批判すると同時に，シュレーディンガーの理論を行列力学と組み合わせ，いずれにせよシュレーディンガーの最初の思惑――電子を波に考え改めることにより量子論を古典論と同じような性格の理論に還元すること――とは，はなはだ異なった方向に以後の理論を展開してゆくことになるのである．

ここでシュレーディンガー理論の構成を前の行列力学の図式（3節「行列力学の構成と性格」のA）と対応させて図式化しておこう．この理論は運動方程式（23）式を基礎とす

1)　これは電子が排他律に従うということを顧慮して行なわれる．その説明はしないが，その結果，各量子状態にある電子は1個または0個のいずれかということになる．この方法では，波の量子化の結果としてド・ブロイの関係 $E=\hbar\omega$ が出てくる．

るが，ここでとくに ψ が振動型（$e^{-i\omega t}$ なる時間因子を持つこと）とおくと，エネルギー固有値（と固有状態）を定める方程式 $\boldsymbol{H}\psi=E\psi$（(25) 式）とド・ブロイの第１関係 $E=\hbar\omega$ に達する．すなわち

Ⅲ′：運動方程式 ＜ 非定常解

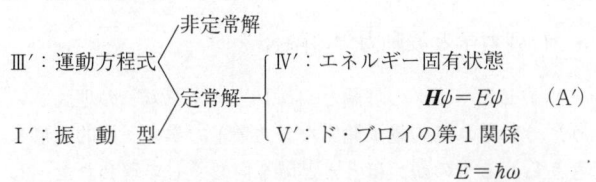

　　定常解 ─ ｛ Ⅳ′：エネルギー固有状態

$$\boldsymbol{H}\psi=E\psi \qquad \text{(A}'\text{)}$$

Ⅰ′：振　動　型 　　　Ⅴ′：ド・ブロイの第１関係

$$E=\hbar\omega$$

ここでⅣ′, Ⅴ′に現われる常数 E がエネルギー固有値を表わすという物理的意味づけは対応論的に根拠づけられたのであったが，それは行列力学においてⅣで $\boldsymbol{H}$ の対角要素がエネルギー固有値なることが対応論的に推論されたのと同様である．なお（A′）式において行列力学におけるⅡに対応するものは，ド・ブロイの第２関係 $p=h/\lambda$ あるいは (24) 式としてⅢ′, Ⅳ′の中に含まれていることは追って明らかになる．

ところで（A′）式においてはⅣ′はⅢ′から導かれる関係にあるが，エネルギーの固有値方程式としてのⅣ′をまずとくとⅢ′の一般解を得ることができる．すなわちⅣ′の解としてまず ψ_n, E_n を得，E_n からⅤ′によって ω_n をつくり，これにⅠ′を考慮して $\psi_n e^{-i\omega_n t}$ なる振動型の関数をつくると，このもの――ないしその重ね合わせとして，Ⅲ′の解を得ることになる．すなわち

$$
\mathrm{IV}'\longrightarrow\begin{cases}\psi_n \longrightarrow \sum_n \psi_n e^{-i\omega_n t} \text{———} \mathrm{III}' \\ \qquad\qquad\quad\nearrow \\ E_n \xrightarrow[(\mathrm{V}')]{} \omega_n\,(\mathrm{I}') \end{cases} \qquad (\mathrm{B}')
$$

5 行列力学と波動力学の融合

ハイゼンベルクの理論とシュレーディンガーの理論という，それぞれ真の量子論すなわち量子力学の一面的な形と考えられるものが，ほとんど時を同じくして現われた．しかしそのいずれもまだそのままでは量子力学の体系の一部または一面にすぎないのだから，それぞれの形式に適合しやすいような解釈を，直ちに採用すると，いろいろの困難が現われる．それはすでに見たとおりである．

しかしこの両理論を交渉せしめることによって，両者を結合して包含するような，より一般的な理論の形式を築いてゆき，それにともなって数学形式と実験事実とのあいだの翻訳関係を完備させてゆくことがすみやかに推進された．それはディラックとヨルダンの変換理論である．そしてやがてこの基礎のうえに量子力学の合理的な解釈も可能となるにいたる．こうして量子力学は早くも 1927 年には一応成立したと見ていい状況に達した．量子力学の形成史におけるこのクライマックスの時期について，しかし残念ながら紙数と数式を節約するために，これまでよりもいっそうあらい概観にとどめねばならぬ．以下，固有値問題を中心に見ることにし，運動方程式に関する話は省略する．

確率的解釈　シュレーディンガーの波がなんであるかということについて，物質場の解釈はある程度まで合理的な面を持っているが結局だめであった．この波がなんであるかを考えるには，まず実験事実によるべきである．

3節で主題となったスペクトル現象は，エネルギー準位や原子内電子の位置ないし運動量という量の行列要素に関するものであったから，波動関数の形というものは直接的には実験事実に顔を出していなかった．ところがシュレーディンガーの理論のすぐれた一つの点は，このような原子内に閉じこめられた電子の問題のみならず，自由な空間に出てきた電子をも扱えることであった．このような場合には電子の波をなんらかより直接的に実験的に調べうるであろうから，このような場合からして波動関数の物理的意味を明らかにできるはずである．そしてこのような場合のうちで，ことに電子の波動性が，すなわち質点力学の法則との食い違いが，顕著に現われるのはすでに述べた電子回折や衝突現象である．

さてシュレーディンガーの物質場の解釈が破綻したとき，ボルンは衝突現象の分析（4節「物質場の立場」参照）から，波動関数に対する新しい解釈として確率振幅の考えを提唱した．

われわれは前に物質場の立場で一般の状態 ψ における系のエネルギーが4節（22）式で，分布密度が $|\psi|^2$ で与えられると考えた．このことは対応論的要求によるものであったから，新しい解釈においても尊重されねばならない．

それにはこれを「平均の」エネルギー，「平均の」分布密度を表わすものと解釈し直せばよい．

すなわち新しい解釈では4節（27）式がψなる状態における平均のエネルギーとなるから，それには4節（26）式における重ね合わせの係数C_nの絶対値の2乗$|C_n|^2$を，ψの状態で電子がE_nなる値をとる確率[1]と見ればよい．また位置については，電子はxなる点に$|\psi(x)|^2$の確率（の密度）で存在すると見ればよい．

確率の解釈にどうして導かれるかは，すでに4節「物質場の立場」に述べた衝突現象などの考察——波が透過波と反射波に分かれた後で位置を観測すると，波がどちらかに収縮する——をもう一度考え直してみればよい．ここでは電子回折の実験の場合について説明してみよう（これは他の場合についても同様の一般的な事柄である）．この場合回折縞の強度分布——それは出てくる電子線をたとえば蛍光板で受けたとして，その蛍光の強度分布として観測される——は，そこでの（波動学によって計算される）波動関数ψを用いて$|\psi|^2$に比例することが確かめられる．しかし1個の電子に相当する弱い電子線を送るときはなにが見られるであろうか？　もし各電子が純粋な波であるならば，それが蛍光板上に到着する時にマクロの広がりを持つところの干渉縞の全体が一時に見られるべきであろう（た

1）したがってシュレーディンガーの第2方程式（25）式の固有解ψ_nは，粒子が確実に（確率1で）一定のエネルギー値E_nをとる状態だということになる．

だしそれは非常に弱く——いなそのようなものに対して蛍光板は反応しないだろうから——実際はなにも見えぬだろう). ところが実際はスクリーン上のどこか1点が光り, そこに1個の (粒子) としての電子が到着したことを示すのである. 電子を次々に送るとその度にいろいろの点が光り, 十分長くこの実験を続けると, 光る点の数の分布密度がちょうど——強い電子線の場合と同様 $|\phi|^2$ に合致するようになることが確かめられる.

この場合個々の電子がどこに来るかは予測できず, ただたくさんの電子について分布が $|\phi|^2$ に比例することがいえるのである. このような事情は, 前に発光などの場合の遷移の頻度に関して遭遇したと同様の統計法則が再びここに登場してくることを示すものである. それは, 1個の電子についていえば, それがスクリーン上のある点をうつ確率が $|\phi|^2$ なのだということになる.

さてこのような確率的解釈では, 電子は, 物質場の解釈におけるように雲のように広がっているのではなくて, いろいろな確率で各点に来ると見る. したがって電子の正体はとにかく粒子だと考えることになる. またエネルギーは, いろいろの固有値をいろいろの確率でとる. そしてこれは粒子としての電子に担われているものであるからには, 物質場の立場で考えた場合のように連続的に空間に分布するのではない.

こうして ϕ はその状態において粒子である電子が位置とかエネルギーなどの量のいろいろな値を確率的にとるそ

の仕方を統一的に与えるもので，ψ自身としてはエネルギーや質量を担わぬ「幽霊場」ともいうべき波となる．またψ（あるいはC_nも）は，その2乗が確率を与える量だから確率振幅ともいう．このようにして波動関数に対して，シュレーディンガーの波動的・因果的解釈を粒子的・確率的解釈に置き換えることによって，前者について生じた前節「物質場の立場」の困難はすべて一応解消する．さらに新しい解釈によって，行列力学の方で考えられてきた遷移確率の考えともうまく結びつくし，一般にもともと粒子的な立場から出発したものであった行列力学との統一を可能にするであろう．しかしそのためには，電子の位置の値というようなものを問題にできるように行列力学を一般化する必要があり，他方波動力学においても位置とエネルギー以外の粒子的諸量（運動量，角運動量など）をも問題にできるように，この確率的解釈を拡張すべきであろう．

さてここで述べた方式で波動関数から確率を導くことは実験事実と合致するものであるが，確率的解釈そのものは十分なものではない．確率的解釈は，電子が各瞬間に位置やエネルギーなどの粒子的諸量の確定した値を持つことを暗黙のうちに認めたうえで，ただそれが個々の場合については偶然的であり，同じ波動関数で表わされる状態をたくさん準備したものについて統計的な法則性が出てくるとしている．このような考え方ではしかし電子の状態とか確率とかいう考えそのものがあいまいになる．これについては後に（6節「確率の干渉」）で考えることにするが，さらにこの解釈では，確定した粒子的諸量を担うものとして結局粒子の像を暗黙のうちに持ちこんでいる以上，物質波の場合とはまた別の矛盾をもたらさざるをえないことも当然である．

前に弱い電子線による干渉縞の観察について確率的解釈を説明したが，確率的解釈が粒子的な像に基づいている以上は，干渉というような，本来波に特有な現象を実は矛盾なく説明しえないものなのである．それは，2節「光量子」で二つの孔による光の回折の実験が，単なる光量子説の立場で理解しえないことを述べたが，これと全く同様の困難がそのままこの場合にも存在することになるからである[1)]．

この立場ではまた波動力学に特徴的な多くの効果において，個々の場合においてはエネルギーや運動量の保存則は破れることになろう．たとえば波がポテンシャルの山をぬけ出るというトンネル効果において，粒子が確率的にもせ

1)　二つの孔による干渉縞は実験されてはいないが［補注 M］，普通の結晶格子による回折縞でも事情は同じである．幾何学的な装置といってもよいので，回折縞をつくらせることも実現できることは4節「電子の波動性の実証」参照．二つの孔の干渉縞の強度分布がおのおのの孔の回折縞の強度分布の和にならないことを，電子を本質的に粒子と考える立場でなんとか説明するために，電子に複雑な運動を想定してみることも考えられるかもしれない．たとえば電子が上の孔を通りぬけてから下の孔を通りぬけて帰り，再び上の孔をぬけてゆくとか，あるいは下の孔を閉じることが上の孔の近所での運動になんらか影響を与えるとか．しかしこれらの考えもいずれもうまくゆかない．

よ自分の運動エネルギーよりも高いポテンシャルの山を越えうるからである.

しかしこのような困難を持つにもかかわらず, この確率的解釈は,「結果としては」正しいというようなものであろう. なぜならこの解釈によって理論の与えるところが事実と合致するからである.

行列力学の変形　古典力学では電子についてエネルギーのほかに, 位置・運動量・角運動量などの観測可能な力学量があった. 最初のハイゼンベルクの理論では, もっぱらエネルギーについてのみ, はっきりした回答が与えられたのだったが, 他の量についても, これを観測するとき, どんな値が得られるかに答えうるように, 行列力学を拡張してゆく必要があることはすでに注意したとおりである.

ところがもともと粒子の力学の対応論的な変革として形成された行列力学では, エネルギー以外の諸量も, 行列としては初めから理論の中に登場していた. 量の観測値は, この行列表現とのあいだになんらかの関係を持つであろう. その関係を知る手掛りは最初の理論の構成を変形してゆくうちに得られる. それでまずボルンらによる理論の変形をちょっと見ておこう.

行列力学の最初の形は3節 (A) 式のようにまとめられた. ところがこれは, 波動力学の構成が (A′) 式から (B′) 式のようにいい直されるのに対応して次のように変形できる. ——まずⅡとⅣをみたす, 時間を含まない行列 $\boldsymbol{P}$, $\boldsymbol{X}$

を見いだしたとすると，Ⅳの対角要素はエネルギー固有値を意味する．この固有値を用いてⅤ，Ⅰによって作った $e^{i\omega_{nn'}t}$ なる振動因子を $\boldsymbol{P}, \boldsymbol{X}$ の nn' 因子にくっつけて $\boldsymbol{p}, \boldsymbol{x}$ なる行列をつくると，これはⅢをみたす．すなわち

$$\left.\begin{matrix}\text{Ⅱ}\\ \text{Ⅳ}\end{matrix}\right\}\longrightarrow\left\{\begin{matrix}\boldsymbol{P}, \boldsymbol{X}\\ E_n\rightarrow\hbar\omega_{nn'}\\ (\text{Ⅴ})\quad(\text{Ⅰ})\end{matrix}\right\}\longrightarrow\boldsymbol{p}, \boldsymbol{x}\text{——Ⅲ}\qquad(\text{B})$$

こうしてエネルギーの固有値を求めるという問題が分離してとりだされ，運動方程式を解くということを先にやらなくても，単にⅡなる条件のもとで $\boldsymbol{H}$ を対角型にすることによってエネルギー固有値が得られることになる．ところがこの問題は次のようにして解ける．

まずⅡをみたす任意の行列 $\boldsymbol{X}, \boldsymbol{P}$ を採ると，これは一般に $\boldsymbol{H}$ を対角型にはしない．そこで $\boldsymbol{S}$ なるユニタリ行列[1]をつかって $\boldsymbol{X}, \boldsymbol{P}$ を

$$\boldsymbol{X}' = \boldsymbol{S}^{\dagger}\boldsymbol{X}\boldsymbol{S}, \quad \boldsymbol{P}' = \boldsymbol{S}^{\dagger}\boldsymbol{P}\boldsymbol{S} \qquad (1)$$

に変換したとき $\boldsymbol{X}', \boldsymbol{P}'$ が $\boldsymbol{H}$ を対角型にするとする，すなわち

$$\boldsymbol{H}(\boldsymbol{X}'\boldsymbol{P}') = \boldsymbol{S}^{-1}\boldsymbol{H}(\boldsymbol{X}\boldsymbol{P})\boldsymbol{S} = \text{対角行列} \equiv \boldsymbol{E} \qquad (2)$$

とすると，Ⅱ，Ⅳをみたす行列 $\boldsymbol{X}'\boldsymbol{P}'$ が得られたことにな

---

1)　行列 $\boldsymbol{A}$ の行と列を入れ替えて複素共軛をとった行列を $\boldsymbol{A}^{\dagger}$ と書く．物理量を表わす行列はエルミート的であった（3節「行列力学の構成と性格」）が，このことは $\boldsymbol{A}^{\dagger}=\boldsymbol{A}$ で表わされる．$\boldsymbol{S}^{\dagger}\boldsymbol{S}=\boldsymbol{S}\boldsymbol{S}^{\dagger}=\boldsymbol{1}$ をみたす行列 $\boldsymbol{S}$ をユニタリ行列という．（(1) 式のような）ユニタリ変換では行列のエルミート性と，行列間の関数関係が保存される．したがってたとえば交換関係も保存される．

る．(2) 式は左から $\boldsymbol{S}$ をかけて

$$\boldsymbol{H}(\boldsymbol{XP})\boldsymbol{S}=\boldsymbol{SE} \tag{2'}$$

とも書ける．

これを行列の要素を使って書くと

$$\sum_{l'}H_{ll'}S_{l'n}=S_{ln}E_n \tag{3}$$

(3) 式は各 n ごとの連立方程式に分離し，これをといて各 E_n ごとに S_{ln}, $(l=1,2,\cdots)$ が，したがって $\boldsymbol{S}$ そのものが，決まることになる．

問題のこのような数学的変形を通じて $\boldsymbol{S}$ のような新しい量が導入された．それは物理量を表わすものではないが，理論の数学形式において重要な地位を占めることからして，なんらか重要な物理的意味を担うべきことが期待されるものである．

またこうしてエネルギーの固有値を求める問題が分離して定式化されると，この方式を他の量にも拡張してみることが示唆される（「変換理論」参照）．

行列力学と波動力学の同等性　行列力学と波動力学が，非常に異なった外観を持つにかかわらず，実際問題に適用されて一致する結果を与えたということはきわめて著しい事実であって，そのことが両理論の抽象的な骨格の等価なことに基づくことを[1] 分析することは，理論のいっそうの発展のかぎとなる．

---

1)　このことはシュレーディンガーやパウリによって直ちに認識された．

シュレーディンガーの理論では，エネルギーの固有値と固有状態は4節（24）式の置き換えをして演算子 $\boldsymbol{H}$ を用いて

$$\boldsymbol{H}\psi_n = E_n\psi_n \qquad \text{〔4節（25）式〕} \qquad (4)$$

で決まった．ところでいまある他の完全直交系 $\varphi_1, \varphi_2, \cdots$ をとり，ψ_n をこれで

$$\psi_n = \sum_l S_{ln}\varphi_l \qquad \left(\because \quad S_{ln} = \int \varphi_l{}^* \psi_n d\tau\right) \qquad (5)$$

と展開し，同様に $\boldsymbol{H}\varphi_{l'}$ を

$$\boldsymbol{H}\varphi_{l'} = \sum_l H_{ll'}\varphi_l \qquad \left(\because \quad H_{ll'} = \int \varphi_l{}^* \boldsymbol{H}\varphi_{l'} d\tau\right) \qquad (6)$$

と展開する．すると展開の係数 S_{ln}（l が変わる）が決まれば ψ_n が決まるのだから，ψ_n なる状態は S_{ln}（l が変わる）の集まりで指定することもでき，同様に $H_{ll'}$（l, l' が変わる）の集まりを与えれば演算子 $\boldsymbol{H}$ の作用は完全に決まるから，$\boldsymbol{H}$ の代わりに $H_{ll'}$ なる集まりを用いることもできる．したがって（4）式の関係も S_{ln} と $H_{ll'}$ で書き表わすこともできるはずであるが，それは

$$\sum_{l'} H_{ll'}S_{l'n} = S_{ln}E_n \qquad (7)$$

となる．これは行列力学でエネルギー固有値を求めるための方程式（3）式と全く同じ形である[2]．

さて一般に $A(x, p)$ なる力学量に対して（6）と同じ方式でつくった $A_{ll'}$ の集まりは，この量の行列力学における行

2）（7）式で S_{ln} の集まりがユニタリ行列をつくることも（5）式からわかる．

列表現とみなすことができる．なぜなら第1に (6) 式の方式でつくった $A_{ll'}$ の集まりは（他の量 B に対する $B_{ll'}$ とのあいだに）明らかに行列としての計算規則（とくに積のそれ）をみたしている．第2に行列力学における A の行列というのは，交換関係（3節 (15) 式）をみたす行列 $\boldsymbol{x}, \boldsymbol{p}$ を用いて $A(x, p)$ なる関数関係から導かれるものであったが，演算子としての $\boldsymbol{p}=-i\hbar\dfrac{\partial}{\partial x}$ と $\boldsymbol{x}$ とが[1]

$$(\boldsymbol{px}-\boldsymbol{xp})\psi = -i\hbar\frac{\partial}{\partial x}(x\psi)+xi\hbar\frac{\partial\psi}{\partial x} = -i\hbar\psi$$

$$\therefore \quad \boldsymbol{px}-\boldsymbol{xp} = -i\hbar \tag{8}$$

なる交換関係を持つことに対応して，演算子 $\boldsymbol{x}, \boldsymbol{p}$ から (6) 式の方式でつくった行列についてのものとしても (8) 式に相当する交換関係が満たされるからである．

こうしてシュレーディンガーの理論は，少なくともエネルギー固有値に関する限り[2] 行列力学と等価なものといってよいことがわかったが，以上の解析を通じて，さらに次の諸点が明らかになってきた．

第1に行列力学では任意の物理量 $A(x, p)$ は行列で表わされるが，これは $A\left(x, -i\hbar\dfrac{\partial}{\partial x}\right)$ なる演算子から，なんらかの完全直交系を用いて (6) 式の方式でつくられたものとみなすことができる．したがってわれわれは力学量が行列力学では行列 $\boldsymbol{A}(\boldsymbol{x}, \boldsymbol{p})$（ただし，$\boldsymbol{px}-\boldsymbol{xp}=-i\hbar$）で表わさ

---

1)　本節では再び簡単のために1自由度として論じることにする．

2)　運動方程式の部分についても両理論は等価であることがいえるが省略する．

れるということに対応して波動力学では同じ量が $A\left(x, -i\hbar\dfrac{\partial}{\partial x}\right)$ なる演算子で代表されるといってよいことになる．こうして波動力学においても，古典論で用いられた力学量を一般的に考えることが可能になる．ただしこうして力学量が行列なり演算子なりで表わされるということが，どのような事実との対応を持つかは，さらに追究されねばならぬ問題である．

次に前に行列力学において任意の力学量の行列 $\boldsymbol{A}$ を $\boldsymbol{S}^{\dagger}\boldsymbol{A}\boldsymbol{S}$ に変換するようなユニタリ行列 $\boldsymbol{S}$ というものを考えたがこれの物理的な意味も明らかになる．すなわちユニタリ変換とは，最初の A の行列表現を（6）式の方式によってつくり出す基礎に役立っていた直交関数系 $\varphi_1, \varphi_2, \cdots$ を別の直交関数系 $\psi_1, \psi_2, \cdots$ にとりかえることであり，$\boldsymbol{S}$ の行列要素というのはこの二つの関数系の間の展開の関係（5）式に現われる係数にほかならない．そして A なる量が $A_{ll'}$ なる行列で表わされるのと同じ意味において，（5）式からわかるように S_{ln}（l が変わる）は波動関数 ψ_n で表わされる状態の行列力学における表示とみなすことができる．とくに $\boldsymbol{H}$ を対角型にする表示へのユニタリ変換である（7）式の変換行列 S_{ln} の第 n 列は，n 番目の定常状態の表示である．

固有値問題の一般化　行列力学では初めから直観的な描像の否定が意識され，波動力学では最初の物質波の描像が流産した．このような状況においては，理論形式と実験事実との翻訳関係というものは重要な問題として登場する．それには対応原理的な考察が役にたったが，それだけでは十分ではない．問題は，ある状態である物理量がどんな値をとるかということである．古典論ではこれは初めから自明のことであった．古典論では状態は物理量の組がいかなる値をとるかということで指定され，状態と物理量と物理量の値（測定値）とは，いわば密着した関係にあった．ところが量子力学では，物理量は行列とか演算子とかで表わされ，状態は量子数で番号づけられたり，もっと具体的一般的には波動関数というもので表わされたりする．とにかく量子力学では，物理量と状態と物理量の値との三者は明確に区別されねばならず，その上で三者の関係をはっきり定式化せねばならないのである．この関係が，エネルギーについてはどのようなものであるかをすでに知っている．そしてこの関係を他の一般の量に拡張する仕方はもはやほとんど明らかである．

4節「物質場の立場」で述べたように，波動力学の形式でいって，エネルギーのとりうる値は，固有値方程式（4）式の固有値 E_n であり，一般の状態 ψ においてエネルギーは——4節（26）式の展開の係数 C_n を用いて—— E_n なる値を $|C_n|^2$ の確率でとった．そこで仮に同様の方式[1]を他の

1）一般に（11）式によって物理量の固有値と固有状態が得られるということは，水素原子に対する定常状態のシュレーディンガー方程式を極座標でといて固有関数を求め，これを古い量子論におけるゾンマーフェルトの量子状態と比較することにより，自然に

量に適用してみる．

まず運動量に適用してみるならば，運動量 $\boldsymbol{p}$ の固有値の固有状態は，$\boldsymbol{p}$ が $-i\hbar\dfrac{\partial}{\partial x}$ なる演算子なのだから

$$-i\hbar\frac{\partial}{\partial x}\psi = p'\psi \quad (p'\ \text{は常数}) \tag{9}$$

なる方程式の解として決まるということになる．ところがこれは任意の p'（運動量の固有値）に対して解を持ち，その解は平面波

$$\psi_{p'} = f(t)e^{ikx} \quad (k=p'/\hbar) \tag{10}$$

で，これはド・ブロイの波と同じである．ただエネルギーの場合と違って，運動量には系の力学的構造が反映せず，その固有値・固有状態は電子に働いている力の形などに無関係に決まってしまうのである．自由な粒子の場合には(10) 式は同時にエネルギーの固有状態にもなっており，これが運動方程式をもみたすためには，ド・ブロイが最初に考えた自由空間の単色平面波と完全に同じものになる．こうして p' なる運動量の状態に，$k=p'/\hbar$（ド・ブロイの第2関係）なる波数の波がともなうというド・ブロイの最初の考えは，この理論では p が $-i\hbar\dfrac{\partial}{\partial x}$ なる演算子で表わされるということに，したがってより一般的には $\boldsymbol{x}$ と $\boldsymbol{p}$ の交換関係の中に，取り入れられていることがわかる．

あるいは同様の方式を角運動量の成分 l_z に適用してみるならば，それは

思いつくことである．

$$l_z = yp_z - zp_y = -i\hbar\left(y\frac{\partial}{\partial z} - z\frac{\partial}{\partial y}\right) = -i\hbar\frac{\partial}{\partial\phi}$$

なる演算子で表わされ[1)]，その固有値・固有状態は

$$-i\hbar\frac{\partial}{\partial\phi}\psi = l_z'\psi$$

の解として決まるはずである．これは l_z' の

$$l_z' = m\hbar \ (m：整数)$$

なる値（固有値）に対してのみ1価連続な解 $\psi = f(r, \theta)e^{im\phi}$ を持つ．角運動量の成分が $\hbar$ の整数倍の値しかとりえないということは，すでにゾンマーフェルトの理論において空間量子化として知られていたこと（2節「ゾンマーフェルトの理論」参照）と一致する．

このように最初エネルギーの固有値・固有状態について考えられた方式をそのままの形で運動量や角運動量に適用して，従来の知識とよく調和する結果が得られることがわかったから，同じ方式を任意の量にあてはめてよいと考えられる．すなわち，古典的に $A(x, p)$ で表わされる量は，波動力学では $\boldsymbol{A} = A\left(x, -i\hbar\frac{\partial}{\partial x}\right)$ なる演算子で表わされるといったが，これを用いてこの量の固有値と固有状態が

$$\boldsymbol{A}\psi = a'\psi \tag{11}$$

の解 $a', \psi_{a'}$ として決まること[2)]，一般の ψ なる状態では，A なる量は，ψ を $\psi_{a'}$ で展開したときの係数の絶対値の2乗

1) r, θ, ϕ は極座標を意味する．

2) 固有値を $'$（ダッシュ）で区別する記法を用いる．$\boldsymbol{A}$ の固有値は $a', a'', a''', \cdots$ である．

の確率で各 a' なる値をとること[3]——となる.

こうして初めに出した問題に，波動力学の形式を用いて，一般的な回答を与えることができた．そして実測値が演算子と波動関数とから引き出されてくるこの関係を頭におくことによって，物理量が演算子で表わされ，状態が波動関数で表わされるということがいっそう具体的な意味を持ってくるようになった．波動関数はその状態におけるいろいろの物理量のとる値の確率分布のあいだの関連を与えるものであることがわかった.

さてこのような一般化は実は数学的困難を含んでいる．それはこの一般論に従えば，電子の位置 x の固有値と固有状態は

$$x\psi(x) = x'\psi(x) \quad \left(\int|\psi|^2 dx=1\right) \tag{12}$$

の解として得られるはずであるが，この方程式は普通の関数をもってしてはみたされない．しかしディラックは δ 関数というものを発明してこの困難を避けた．$\delta(x)$ というのは $x=0$ 以外のところでは 0 であるが，$x=0$ のところで無限大になってちょうど

$$\int\delta(x)dx = 1$$

となるようなものである．これを使うと（12）式は任意の x' に対して解

3)　ψ なる状態で A なる量の平均値が $\int\psi^* \boldsymbol{A}\psi d\tau$ で与えられるといってもよい.

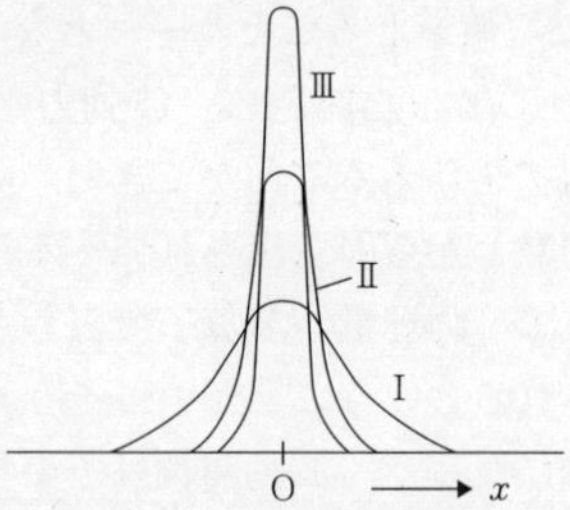

図 22　ディラックのδ函数．Ⅰ,Ⅱ,Ⅲ,…というふうに，下の面積が1になるという性質をもたせて，限りなくシャープにしていった曲線が$\delta(x)$である．

$$\psi_{x'}(x) = \delta(x-x') \tag{13}$$

を持つ（これも系の力学的構造を反映しない）．ψなる状態で位置がx'なる確率は，一般論によって，ψを（13）式の集まりで展開したときの係数で決まるはずであるが，この係数は

$$\int \delta(x-x')\,\psi(x)dx = \psi(x')$$

となるから，確率は$|\psi(x')|^2$となる．こうして電子の位置について「確率的解釈」に考えた解釈もこの一般論の特別な場合として含まれることがわかった．

変換理論　「固有値問題の一般化」で明らかにした物理量とその値とのあいだの一般的な関係は，「行列力学の同等性」と波動力学とのあいだの対応関係によって（「行列力学と波動力学の同等性」参照），直ちに行列力学の方にもどすこ

ともできる.

エネルギーの固有値問題について，波動力学の (4) 式に対応して，行列力学の形式では (3) 式すなわち (7) 式があったように，一般の量 A の固有値問題として波動力学の (11) 式に対応して (7) 式と同形のものが得られる．それを—— (7) 式の基礎になる完全直交系 $\varphi_1, \varphi_2, \cdots$ としてある量 B の固有関数系 $\psi_{b'}$ をとった場合（すなわち最初 B が対角型にされている場合）について——書くと

$$\sum_{b''} A_{b'b''} S_{b''a'} = a' S_{b'a'} \qquad \text{ただし} \quad S_{b'a'} = \int \psi^*{}_{b'} \psi_{a'} d\tau \quad (14)$$

である．このことは A の固有値は A の行列にユニタリ変換を施してこれを対角行列にしたときの対角要素であることを意味する．とくに今の場合はこのユニタリ変換は，B を対角型にする表示から A を対角型にする表示に移すようなもので，その行列要素 $S_{b'a'}$ は，(5) 式からわかるように，$\psi_{a'}$ を $\psi_{b'}$ の組で展開したときの係数に相当している．すなわち

$$\psi_{a'} = \sum_{b'} S_{b'a'} \psi_{b'} \qquad (5')$$

ゆえに「固有値問題の一般化」で述べたところからして $|S_{b'a'}|^2$ は A が a' なる固有値をとる状態で B が b' なる値をとる確率を意味する.

行列力学において得られた一般化された固有値方程式 (14) は，波動力学におけるそれ（(11) 式）と似た形を持っていることが見られる．ディラックは δ 関数を用いることによって (11) 式を (14) 式の一つの特別な場合とし

て含みこみうることを示した. ―― (14) 式で最初の B なる量として位置 x をとったとすると, これは連続固有値 x' を持つから, (14) 式は和の代わりに積分となり

$$\int A_{x'x''}S_{x''a'}dx'' = a'S_{x'a'} \tag{15}$$

x を対角型にする表示がとられているのだから $\boldsymbol{x}$ の行列は

$$x_{x'x''} = x'\delta(x'-x'') \tag{16}$$

であり, またこの行列と正準交換関係をみたすべき $\boldsymbol{p}$ の行列は

$$p_{x'x''} = -i\hbar\delta'(x'-x'') \tag{17}$$ [1]

このように $\boldsymbol{A}(\boldsymbol{x}, \boldsymbol{p})$ の (引数) $\boldsymbol{x}, \boldsymbol{p}$ が (16), (17) 式のような特別な行列であることを用いると (15) 式なる積分方程式は微分方程式

$$A\left(x', -i\hbar\frac{\partial}{\partial x'}\right)S_{x'a'} = a'S_{x'a'} \tag{15$'$}$$

に還元することがわかる.

さらに (5′) 式と (13) 式とから

$$S_{x'a'} \equiv \psi_{a'}(x') \tag{18}$$

なることがわかるから (15) 式はまさに (11) 式にほかならない. こうしてシュレーディンガー型の固有値方程式は, 行列力学における固有値方程式を, $\boldsymbol{x}$ を対角型にする特別な表示で書いたものにほかならず, 固有関数 $\psi_{a'}$ は, $\boldsymbol{x}$ を対角型にする直交系を $\boldsymbol{A}$ を対角型にする直交系へ移す

1) このことはこの表示の基礎関数が (13) 式なることからも直ちにわかる.

ユニタリ変換の変換関数にほかならないことがわかった．またシュレーディンガーの波動方程式というものは1電子系の場合，現実空間における波を表わしたが，この $\psi(x)$ の変数 x は実は電子の位置の固有値の一つ一つの値を意味するものであったことがわかり，この点にも粒子性を含んでいるわけである．

われわれの進み方では任意の直交関数系，たとえば $\psi_{b'}(x)$ というものから出発して物理量 A の行列要素 $A_{b'b''}$ をつくりだしたのであったが，その結果，最初の $\psi_{b'}(x)$ というものの行列力学的な意味（それが $S_{xb'}$ なること，すなわち（18）式）に達することができた．したがって理論は拡張された行列力学的な立場で一貫したといってよい．このさい重要なことは，B が対角型になる表示から A が対角型になる表示への変換の行列の一つの列―― $S_{b'a'}$ で b' を変えたもの，これを変換関数という，その特別な場合が (18) 式である――は前に（「行列力学と波動力学の同等性」参照）注意したように A の a' なる値をとる固有状態の―― B の固有状態を基礎にとった――表示という意味を持つことである．ところがさらに別の量 C が対角型になる表示への変換を考えると，変換行列のあいだには，行列の積の規則に相当して

$$S_{c'a'} = \sum_{b'} S_{c'b'} S_{b'a'} = \sum_{b'} S^*{}_{b'c'} S_{b'a'} \tag{19}$$

なる関係がある［補注 N］．これは A の a' なる固有状態の，B の固有状態を基礎にする表示（$S_{b'a'}$）と C の固有状態を基礎にする表示 ($S_{c'a'}$) とのあいだの関係が，広い意味での

ベクトルの変換に相当するものであることを示す．したがって$S_{b'a'}, S_{c'a'}$等は$S_{\bullet a'}$なるベクトル——それはAのa'なる固有状態を表わす——の別々の表示にすぎないものと見ることができる．B（あるいはC）の固有値b'（あるいはc'）の個数は無限個あるから，このベクトルは無限次元複素空間のベクトルである．ところで，$S_{\bullet a'}$がベクトルであるならば，これらを任意に重ね合わせたものもまた，ベクトルである．

そして前に波動力学において，固有状態を表わす波動関数$\psi_{a'}$を任意に重ね合わせたものも，もとの固有状態と同等の資格で，系の状態を表わすものと考えたのに対応して，$S_{\bullet a'}$（一つの表示でいえば$S_{b'a'}$）を任意に重ねたものも系の状態を表わすものと考えねばならぬ．

次にユニタリ行列$\boldsymbol{S}$による変換において一般に物理量を表わす行列$\boldsymbol{C}$が$\boldsymbol{C} \to \boldsymbol{S}^{\dagger}\boldsymbol{C}\boldsymbol{S}$に移るということは，行列要素で書いてみるとわかるように，$\boldsymbol{C}$の行列要素の集まりが，広い意味でのテンソルのように変換することを示す．

こうして状態はベクトルで表わされ，物理量はテンソルで表わされるということになった．こうして見直すと，Aの固有値と固有状態を定める（14）式あるいは（15）式（したがってまた（11）式）は，無限次元複素空間のベクトルとテンソルのあいだの関係として

$$AS_{\bullet a'} = a'S_{\bullet a'} \tag{14'}$$

として表わされる．こうして行列力学と波動力学は一つに融合した．このような一般理論の立場からすれば，ハイゼ

ンベルクの最初の理論はエネルギーの固有状態を基礎にとった表示であり，シュレーディンガーの理論は連続固有値を持つ位置の固有状態を基礎にとった表示だったことがわかった．シュレーディンガーの理論はこのような特定の表示のゆえに状態が実在空間の波のように現われたわけであるが，これは実在的な波を意味するものではなく，むしろ状態を表示する一つの手段というべきものであることが明らかになった．

6 不確定性と量子力学の解釈

確率の干渉　前節に概観したような変換理論によって量子力学の数学的な構造が見通しよい形に把握され，同時に理論形式を実験事実につなげる方式が体系化された．すなわちある状態における諸量の確率が，状態ベクトルあるいは波動関数から統一的に引き出されることになった．

この処方は実験事実と合致するものであって「結果としては」正しいものに違いない．しかし確率の解釈は，前節「確率的解釈」で述べたボルンの無批判な考え方の一般化にとどまっている限りは，概念的な困難を含むものといわねばならない．この立場では，因果的に決定されるのは確率を導く波だけであって，個々の場合における物理量の値は確率的にしか決まらないとするが，電子は各瞬間に位置や運動量などの粒子的諸量の確定したある値を持つことを暗黙のうちに認めたうえで，ただそれが個々の場合については偶然的で理論的に予測できず，実際測ってみない限り未知である，——しかし同じ波動関数で表わされる状態をたくさん準備したものについて，値の確率が予知できるとしている．

しかし同じ波動関数で表わされる状態について，場合場合によって粒子的な量がいろいろな違った値をとるというのは，波動関数というものが状態を可能な窮極まで指定していないからだという考えに導く．こうして再び波と確率との背後に，粒子と隠れたパラメーターの考えを想定せしめる．

ところが変換理論によって理論の数学的構造が明らかになり，確率の考えが一般化されると，確率の干渉という著しい効果が暴露され，理論の数学的構造は，粒子的諸量を同時に担った実体をゆるさず，隠れたパラメーターをいれる余地をもたない（これについてはなお「思考実験と不確定関係」参照）ことが明らかになってくる．

いま A なる量が確実に a' なる値をとる状態で，B なる量が b' なる値をとる確率は

$$P_{a'b'} = |S_{b'a'}|^2 \tag{1}$$

であった（5節「変換理論」参照）．同様に B が確実に b' なる状態で C が c' なる確率は［補注0］

$$P_{b'c'} = |S_{c'b'}|^2 \tag{2}$$

ところで A が a' なる状態で，B はその固有値が $b', b'',$ $\cdots$ のいずれかの値を（1）式の確率で持つのだから，A が a' なる状態で C が c' なる値を持つ確率は

$$P_{a'c'}=\sum_{b'}P_{a'b'}P_{b'c'}=\sum_{b'}|S_{b'a'}|^2\cdot|S_{c'b'}|^2 \qquad (3)$$

と考えられる．しかるにこの確率は実は (1), (2) 式そのものと同様の方式で与えられ

$$P_{a'c'}=|S_{c'a'}|^2=\Big|\sum_{b'}S_{c'b'}S_{b'a'}\Big|^2 \qquad (4)$$

である (5 節 (19) 式)．これは一般に (3) 式と一致しない．

このような矛盾は，ある状態において各物理量がとにかく確定したある値を持つ——その値が個々の場合に偶然的で未知であるにせよ——とする限り避けられない．しかしこのことは，この矛盾から脱する道が，この前提を捨てることにあることを示唆する．すなわちある状態において各物理量は必ずしも確定した値を持つものではないという考え方に改めることを．

だがその状態においてわれわれがある物理量を測れば，確かになんらかある値が得られるであろう．しかしそれは測れば得られるのであって，だからといって測らないでもその値を持っていたはずだとは必ずしもいえないという考え方もありうることに注意せねばならぬ．状態がその量を測るさいに，まさにその量の見いだされた値を確定的に持つような状態へと変えられたのだと考えてもよいからである．しかし確率的解釈は結果からいって正しいはずだった．実際，「A が a' なる状態で B が b' なる値をとる確率が $|S_{b'a'}|^2$」ということは，「B なる量を観測したとき」というただし書きをつけ加えれば正しい解釈となることが次第に説明されよう．

分散関係と不確定関係　変換理論の結果をさらに具体的な問題について考えよう．それは位置 x と運動量 p の確率分布のあいだの関係である（なお確率的解釈の立場で出発する）．波動関数 $\psi(x)$ で表わされる一般の状態――すなわち x が x' なる値をとる確率振幅が $\psi(x')$ なる状態――で p が p' なる値をとる確率振幅 $c(p')$ は，確率の干渉をもたらした5節（19）式に従って

$$c(p') = \int S_{p'x'}\psi(x')dx' \tag{5}$$

ここで $S_{p'x'} \equiv \psi_{p'}(x')^*$（5節（18）式）は p が p' なる固有値をとる波動関数であってド・ブロイの平面波（5節（10）式）にほかならないこと，（そしてこのことが交換関係

$$\boldsymbol{px} - \boldsymbol{xp} = -i\hbar \tag{6}$$

の直接の結果であること）は前に説明した．このことを用いると確率振幅のあいだの関係（5）式から確率のあいだの関係として次のことが出てくる．ある状態において p のとる値の分散の度合[1)]（偏差）$\overline{\Delta p}$ と x のそれ $\overline{\Delta x}$ は

$$\overline{\Delta p} \cdot \overline{\Delta x} \geqq \hbar/2 \tag{7}$$

をみたす．

この関係は次のように考えても簡単に得られる．大体 Δx の範囲にあるような粒子の状態というものは，この範囲でのみ目立って0でないような波動関数，いわゆる波束で表わされるが，このような波は波数 k を異にするたくさ

---

1)　p の平均値からのずれの2乗の平均値が $(\overline{\Delta p})^2$ を意味する．$\overline{\Delta x}$ も同様．

んの平面波 e^{ikx} の重なり――その干渉によって Δx の中では強め合い，外では打ち消し合うような――で作られると見ることができるが，そのために必要な成分平面波の波数 k は $\Delta k \gtrsim 1/\Delta x$ の範囲にわたるということが波――その波動方程式がいかなるものにもせよ――の数学的な性質である．ところが波数 k の平面波は $p=\hbar k$ の運動量の粒子の状態に相当する（ド・ブロイの関係）から

$$\Delta p \Delta x \gtrsim \hbar \tag{8}$$

が得られる．こうして (8) 式を粒子・波動のド・ブロイ的な二重性の結果としてだしたが，この導き方は前の (7) 式の導き方と本質的に同じことである．というのはド・ブロイ的な二重性（$p=\hbar k$）というのは交換関係 (6) 式の表現にほかならなかったからである．

われわれは交換関係の結果として (7) 式ないし (8) 式を得た．これは確率的解釈の立場では分散関係というべきものにとどまる．しかしすでに述べたように確率的解釈は十分なものでない．逆にわれわれは (8) 式の中に新しい解

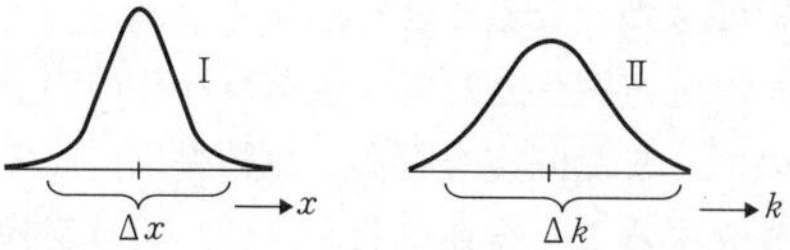

図 23　Ⅰのような波束は波数 k の平面波 e^{ikx} のいろいろのものをⅡのような割合で重ね合わせたものに相当している．ⅠがシャープになるほどⅡはなだらかになり $\Delta x \Delta k \sim 1$ の関係にある．

釈——不確定の考えの具体的な形を見るのである．

(8) 式が分散関係を与えるということは，確率的解釈について (1) 式に注意したように，結果としては——すなわちある状態で位置を測って得られる値の偏差と，同じ状態について運動量を測って得られる値の偏差とのあいだの関係を与えるものとしては——正しい．しかし測らないときはどうか？　確率的解釈では，電子の位置や運動量は測る前にも測った後と同じ確定した値を持っているが，ただ未知なだけだと考えている．しかし新しい解釈では，測る前には電子の位置と運動量は確定した値を持っておらず，位置と運動量の確定した値を同時に持ちえぬ程度がまさに (8) 式で示されると考えるのである．こうして (8) 式は結果に対する分散関係を意味するのみならず，このような不確定関係を意味する．

こうして不確定関係は電子に対する古典的な粒子概念の適用限界を示すものであり，電子の「粒子性」なるものが古典的な粒子性そのままのものではなく，いわば，電子の「波動性」につながるところの不確定関係によって制約された限りでのものとなることを示す．

(8) 式が不確定関係として測定を行なう前の一つのある状態について，また測定を行なった結果については分散関係として成立することを述べたが，(8) 式は交換関係の必然的な結果として全く一般的なものであり，いかなる状態についても，したがって位置なり運動量なりの測定を行なった後の個々の状態についても不確定関係として当然成立する．ただ，たとえば位置を測れば，とにかくどこか1点 x' に見出されるということは，測定の結果，初めの不確定の状態から位置の x' に確定した状態へと変化したと考えねばならぬ．このことは，その直後にもう一度位置を測ると，今度は確実に x' 点に見出されるということから確かめられる．このような状態は5節（13）式で表わされるが

$$\psi_{x'}(x) = \delta(x-x') = \frac{1}{2\pi}\int_{-\infty}^{\infty} e^{ik(x-x')}dk, \qquad (k=p'/\hbar) \quad (9)$$

からわかるように，あらゆる運動量の固有状態が同じ重みで重なったものと見られ，$\Delta x=0, \Delta p=\infty$ に相当し，やはり（8）式をみたす．状態が測定に際して

$$\psi(x) \rightarrow \delta(x-x')$$

のように非因果的・不連続的に縮むということは，前に物質場の解釈の困難としてあげたことであった．われわれは物質場の実在的な波の解釈はすてるけれども，このような波を非古典的な粒子の状態の表示として受け入れ，その測定のさいの非因果的飛躍を認めるのである．

電子を波に還元してしまおうとするシュレーディンガーの物質場の解釈も，電子の本体を結局において粒子的なものとみなすボルン流の解釈もいずれも結局失敗した．われわれはこのような一元的な立場でなく，古典的なものとしての粒子性，古典的なものとしての波動性を否定することによって両者を統一する立場に進むのである．ボーアは相補性という言葉を使ってこのように進んだのであった（「思考実験に関する注意と相補性」参照）．波動性との統一の

ために古典的な粒子性がいかに制約されるかを示すものが不確定関係であるが，ハイゼンベルクはこのような方向から進んだ．それは結局同じことであった．

思考実験と不確定関係　さて「分散関係と不確定関係」に述べた不確定関係の把握，測定による状態の不連続的変化の考え，それに基づく理論の新しい解釈に実際導く動機ともなり，またこのような解釈が矛盾を含まないことを保証することにもなったものは，実証論的な見地からするハイゼンベルクの思考実験による概念批判であった（1927年）．

彼は初め原子について測りうるものは，その発する光の振動数や強度の値であって，原子内における電子の位置や運動量の値というものは原理的に測れないものであり，したがって無意味なものだと考えたことを前に述べた（3節「行列力学の発見」参照）．このような批判的な立場はしかしもっと前進せしめねばならないことも前に注意した．われわれは，原子内にせよ原子外にせよ，電子の位置というものを測るような実験を原理的に考えることはできる（これは確率的解釈では暗黙のうちに仮定していたことであるが）．実証論的な立場が要求することは，むしろ，電子の「位置」という概念を「位置」を測るための一定の実験方式というものと離れて，かってに考えてはいけないということにある．こうしてハイゼンベルクは位置を測る思考実験を注意深く吟味することに進んだ．

彼は電子の位置を測る一つの方法として，これに光をあて，電子による散乱光を顕微鏡でとらえる場合を考え，そのさい，対象（電子）と観測手段（光）との相互作用の量子論的な性質，すなわち観測手段となっている光の二重性の事実に関連して，観測手段が対象にある程度不明の攪乱を不可避的に与えることを明らかにした[1]．

まず用いる光の波動性のために，その波長の程度までしか電子の位置を分離して認めることができず，位置測定の精度 Δx は，波長を λ，対物レンズの開口角を 2ε として

$$\Delta x \sim \lambda / \sin \varepsilon \qquad (10)$$

である[2]．他方光が粒子性を持つことを考慮すると，この

---

1)　量子力学の解釈を確立することは困難な問題であり，ハイゼンベルク，シュレーディンガー，ド・ブロイ，ボルンらによる，いろいろの考えが戦わされた．ハイゼンベルクは 1926 年夏からボーアのもとに来てふたりでこの問題の討論を重ねていたが，そこから次第に不確定性・相補性の解釈が成長した．ハイゼンベルクは，彼の学友であったドルーデの息子が投げかけた思考実験——X 線を使った分解能の大きな顕微鏡で，原子中の電子の軌道を観測することができはしないかということ——を考察し不確定関係に達した．この間にボーアは波動像と粒子像の関係を理解しようとする努力から相補性の考えに達した．この両方の考え方は結局同じであることがわかった．この新しい解釈は，1927 年コモ（イタリア）で開かれたヴォルタ百年祭の国際物理会議で論議され，さらにこれに続くブリュッセルの第 5 回ソルヴェー会議においてアインシュタインとの白熱的な討論にさらされた．この解釈問題をめぐる対立は今日まで尾をひいている．

2)　(10) 式は光の波動性に由来する関係であるが，これを光量子の言葉を使っていいたければ次のようになる．——多数の光量子がレンズを通る場合には普通の回折理論の示す回折縞（濃い中央の斑点のまわりに環が並ぶ）がプレート上に生じるはずである．ところがただ 1 個の光量子がレンズを通る場合には，それはこの縞

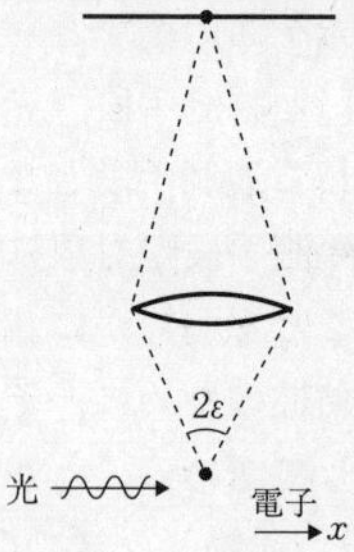

図 24

測定には少なくとも 1 個の光量子が電子で散乱され対物レンズにはいらねばならない．しかしこのとき電子はコンプトン効果で光量子の運動量 h/λ の程度の衝撃を受ける．散乱光量子の方向は光束の開口角 2ε の範囲で不明であるから結局光量子の──したがって電子自身の── x 方向の運動量成分は

$$\Delta p \sim \frac{h}{\lambda}\sin\varepsilon \tag{11}$$

の程度不明である．ゆえに（10)，(11）式から

$$\Delta x \Delta p \sim h \tag{12}$$

なる関係があることになる．

上のどこかにくるはずである．したがってこの点が斑点の中心位置を数える精度は，第 1 の回折環の半径 $\Delta x \sim \lambda/\sin\varepsilon$ の程度ということになる．──しかしこれは単に光量子の言葉を使って，本来これに矛盾する光の波動性に由来する結果をいいかえたにすぎない（2 節「光量子」参照)．

これは，電子の位置と運動量を同時にこの関係以上に精密に測りえないという観測の精度に対する関係であって，やはり実験的に確かめられるところの「分散関係」としての (8) 式とは，さしあたり意味を異にする．(12) 式はまた観測による攪乱の程度を規定するものといってもよい．すなわち運動量がわかっているような状態について位置を観測すると，そのさいに運動量に不明の原理的に制御不可能な攪乱が——そのために，その結果の状態についての知識をまさに (12) 式で制約されるものにするような攪乱が——働くということ，そしてその大きさ $\Delta p \sim h/\Delta x$ は h の有限性のゆえに0であることはできないということである．

(12) 式の関係は他の思考実験を考えても成り立つ一般的なものであり，このように電子の位置と運動量が原理的に (12) 式以上の精度で知りえないということは，実証論的な立場からすれば[1)]，電子の位置と運動量について，同時に (12) 式の関係以上の確定さで語ることが無意味だということ，すなわち電子が本来 (12) 式の関係以上に確定した位置と運動量を合わせ持つようなものではないということと同じである．

---

1) 量子力学の形成において，実証論的立場が正しい結果を与えたもう一つの例として，電子の個別性の問題がある．電子がたがいに同一で原理的に見わけえないということは，実証論的立場からすれば電子は個別性を持たないということ，すなわち電子をたがいに入れ替えた二つの状態は，一つの状態と数えねばならぬということと同じである．このことも正しい．しかしこのことは結局電子が電子場の量子であるという立場から基礎づけられる．

確かに (12) 式なる精度の関係の一般的な存在は，このような不確定の解釈が矛盾をもたらさないことを保証するものである．しかし位置と運動量が同時に (12) 式以上の精度で測りえないにせよ，電子は，未知であるが確定した位置と運動量を，古典的な粒子と同様に持っていると考えることも――実証論的立場を離れれば――一応は可能である．しかしこれは前のボルン流の解釈に逆もどりすることである (この解釈の困難については「確率の干渉」参照)．そしてこの立場では実験的な精度関係としての (12) 式は不確定関係ではなくて「不可知関係」というべきものとなる．

これに反して (12) 式を不確定関係としてとらえることは，変換理論のもたらした (8) 式に対する不確定関係の解釈 (「分散関係と不確定関係」参照) と符合することになり，量子力学の矛盾のない解釈の基礎になることを保証することになる．そして「分散関係と不確定関係」でも述べたように，これが不確定関係としてとらえられるということは，古典粒子概念が変革されるべきことを示すと同時に，古典粒子概念の適用限界を与え，したがってまた，電子の変革された新しい実体概念と古典粒子概念との移行関係を示すものとして役だつことになる[1]．

---

1)　不確定関係を $\Delta x \Delta v \sim \hbar/m$ と書くとわかるように，$\hbar \to 0$ (考えの上で) と考えるか，$m \to \infty$ (重い物体) の場合を考えると，この右辺の $\hbar/m$ は無視できる．ただし $\Delta x \Delta v \sim \hbar/m$ となるのは都合のいい場合であって，一般に波束は時間とともに広がってゆく．しかしその広がる速さも $\hbar/m$ が小さければおそい．したがって $\hbar/m$ が小さい場合は，いつもこのような波束の状態のみを矛盾

古典粒子概念が変革されるということは，ことに電子の状態概念が変革されることである．すなわち状態は x, p をシャープに与えることによって指定することのできないもので，$\Delta x, \Delta p$ なる不確定さの幅を許さねばならぬことになる．状態が一般にこのようなものであるからには，上述の思考実験で位置を測る前の状態についても，やはりこのような不確定関係が成り立っているはずである．われわれは測定の前には電子は一定の運動量を持つとしたのであったから，そのような状態で位置は単に不明であったのではなくて，全く不確定であったのだと考えねばならぬ．そして位置を測るということはその未知な値を知るということではなく，その不確定な状態をより確定した状態に変える——同時にこれと共軛《きようやく》な運動量はより不確定になる——ことを意味することになる[2]．もし位置をシャープに測るならば，位置が確定すると同時に運動量は，たとえば激しいコンプトン効果を受けて，その大きさも方向も完全に（かつ不確定に——「思考実験に関する注意と相補性」参照）乱され[3]，運動量については完全に不確定な状態が得られる．

なくとることができ，不確定関係は無視できるようになり，古典的粒子概念が成立することになる．

2)　前に思考実験の際に，運動量に不明の原理的に制御不可能の攪乱が働くといった言葉も，量子力学の立場からいえば不確定の攪乱が働くというべきことになる．

3)　不確定関係から逆にわかるように，電子の「位置を測る」という実験であるためには，これにできるだけ大きな運動量の攪乱をもたらすような強い相互作用を考える必要がある．できるだけ大きな（短波長）光量子をあてて散乱させるというわれわれの考え

思考実験に関する注意と相補性　前述の思考実験について二，三の点を注意しておこう．

「分散関係と不確定関係」で不確定関係が電子自身の粒子波動二重性（あるいは交換関係）と密接な関係にあることを説明した．ところが「思考実験と不確定関係」の思考実験では，仲介として働く光の二重性の事実から出発して，物質粒子[1]についての不確定性を導いている．そして粒子について不確定関係が成り立つということが，逆に，粒子が光と同様に $\vec{p}=\hbar\vec{k}$ なる共通の公式で規定される粒子——波動二重性を持つことを意味するとして理解されることになる．前にド・ブロイが光との類推で電子の二重性を思いついたことを述べたが，それは光と電子の交互作用を問題にするときの，このような事情を根拠としていたと考え直すことができるわけである．

逆に光を用いないで直接電子自身の二重性の事実から(12)式を導くような思考実験を考えることもできる（ボーア）．それは「分散関係と不確定関係」で電子の波動性の結果として(8)式をだしてきた推論を実験的な言葉でいい直

た思考実験は，ちょうどこの目的にかなったものである．もっと重い粒子をあてて散乱させたのでは位置測定としてそれほど都合がよくない．同じ理由によって，今の実験を逆に使って（光量子に電子をあてて散乱させる），光量子の位置を測ろうとすると，後者の波長（λ）の程度の精度しか達せられないこと（$\Delta x\sim\lambda$）になる．それはこの場合の運動量の攪乱（$\sim h/\lambda$）を——今度は λ が決まっているので，限りなく大きくする自由がないからである．

1)　粒子という言葉を今後も用いるが，これはもはや古典的な粒子ではないことに注意せよ．

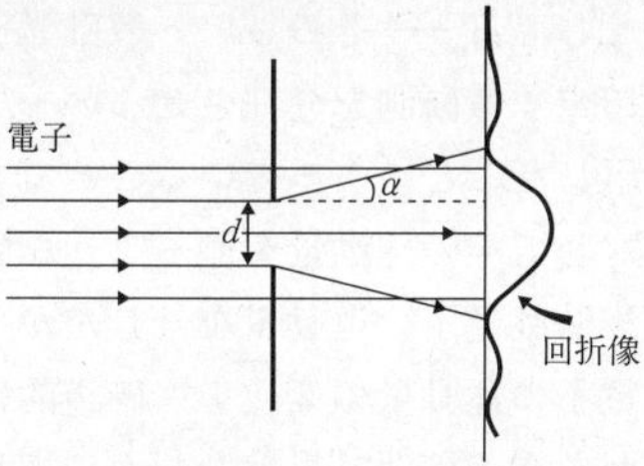

図 25

すことにすぎない．——電子の来る方向に面して垂直に d なる幅の穴を持つ衝立《ついたて》をおくと，これを通り抜けるときの電子の位置（衝立方向への位置座標 x を考える）は $\Delta x \sim d$ の精度できまる．このことは電子の位置の測定とみなすことができる．ところが穴をくぐるとき電子は，波として回折され，波の波長を λ とすると，だいたい $\sin\alpha \sim \lambda/d$ をみたす α なる角に広がることを知っている．このことはド・ブロイの関係により x 方向の運動量が

$$\Delta p = p \sin\alpha \sim (h/\lambda)(\lambda/d) = h/d$$

だけ不確定になることを意味する．ゆえに再び

$$\Delta p \Delta x \sim h$$

が得られる．最初の顕微鏡の思考実験については，なお次の点を注意せねばならぬ．それは電子の位置を測るということ，したがって電子の運動量に攪乱が加わるがそれが不確定なものであるということは，光をあててコンプトン散乱を起こさせたこと自体によるのではなく，その散乱光に対して顕微鏡を用いてその像面においた（たとえば）写真

乾板上に結像せしめる――そのさい，散乱光子が顕微鏡にはいる方向を確定する観測を介在させない――というふうな観測[1]を適用したことによっていることである．もし同じ散乱光子に対してその運動量を測るような観測手段を適用するならば，散乱光子の運動量を，したがって運動量保存則を通じて電子の運動量の変化を，確定的に知ることになり――すなわち電子の運動量はたしかに攪乱をこうむるが，それは確定したものであり，――運動量の確定した状態が得られる[2]．

このように光子なり電子なりに対して，その位置を測定するか運動量を測定するかは，たがいに排他的な実験方式を意味することがここで本質的である．これらの思考実験で Δp は，粒子のうけとる運動量の攪乱であると同時に，測定装置が粒子から反作用として受け取る運動量であり，つまり粒子と装置とのあいだに交換されるものである．これが「不明」なのは，測定が一般に位置の測定という意味を持つためには，まぬがれえないことである．位置座標という概念そのものが座標系というものを予想しており，これは大きな剛体である．前の例では乾板や衝立がこの役割

1) あるいは反跳電子の方向を定める観測．

2) 前に霧箱の中でコンプトン散乱をやらせるウィルソンやコンプトン－シモンの実験を述べたが，この場合は電子の反跳が観測され，電子が運動量のほぼ確定した状態（同時に位置も不確定関係の範囲で確定している波束の状態）にとらえられる．したがってこの場合は散乱光子も球面波として出るのでなく，反跳電子とのあいだに運動量保存則をみたすような方向に出る．

をつとめる．位置を測るには，系を最終的にこの座標系を定義する物体となんらか作用させねばならぬ．そのさい粒子の位置がこれにマークされると同時に，その上へ不明の（不確定の）運動量が移される．もしさらにこの量を知ろうと思えば，この座標系に反跳をゆるし，この反跳の運動量を測らねばならないが，それは第二の座標系に関して測られるのであって，最初座標系としてつかったものはもはや座標系としての意味を失う．初めから系の運動量を直接測ろうとする場合にも，やはり可動的な装置の部分が働き，系の位置は不可制御の変位をこうむる．こうして，結局どうしても両方の測定は同時に厳密に適用できない排他的な測定方法を要求するものであって，しかも測定が対象に攪乱を与えるので，相次いで測定を行なってみても，同じ状態についての位置と運動量をあわせ知ることにはならないのである．こうして不確定関係は，粒子自身の本性に基づくものであると同時に，位置と運動量の測定の排他的関係によって，それが矛盾をもたらさないことを保証されているものである．ただし，いま粒子自身の本性といったが，そういうものは測定装置との相互作用を予想して考えられるようなものである．不確定関係はxとpのように一定の非交換関係を持つ二つの物理量について一般に成り立つものである．さらに演算子で表わされる物理量の測定ではないような場合についても，同じような不確定関係が成り立つ場合がある．たとえば粒子のエネルギーの測定値Eとそれが測られる時刻tは

$$\Delta E\Delta t \gtrsim \hbar \qquad (13)$$

なる関係に従う．これは適当な思考実験から E と t の観測の精度のあいだの関係として，すなわち「エネルギーを ΔE の精度で測るには (13) 式をみたす Δt の時間を必要とする」こととして得られる．このことから，系がある状態にある時間が Δt であれば，その状態のエネルギーは——せいぜいこれだけの時間しか観測に利用できないのだから——(13) 式をみたす ΔE の精度でしかわからないことになるが，これはエネルギーが ΔE だけ不明なばかりでなく不確定だと解すべきである．こうして (13) 式は (E について) 不確定関係ともみなされる．このことは (8) 式を導いたやり方と同様にして導くことができる．すなわち——波束について $\Delta k\cdot\Delta x \sim 1$ であったが，同様に $\Delta\omega\cdot\Delta t \sim 1$ だから[1]，これにド・ブロイの第1関係をつかえば，直ちに (13) 式になる．

以上のような分析はボーアやハイゼンベルクによってなされたものであるが，このような内容をもう少し敷衍《ふえん》し一般化して，ボーアは「相補性」という言葉で量子力学の一般的な物理的内容の特徴をうまくいい表わそうとした．それはミクロの現象では，古典論の場合に現象を完全にとらえるのに必要であったような二つの面が，相互に排他的なものとなるということである．それはミクロの系の行動

1)　Δt 時間続く波連の振動数が $\Delta\omega \sim 1/\Delta t$ 程度の幅を持つことは，光の場合スペクトル線の自然幅としてよく知られていることである（オルガンでスタッカートをうてないのと同様である）．

が，それを観測する手段に独立に決まっているという意味の客観性が制限され，その一方の面を現出するような観測条件のもとでは，その他方の面は消失しているということ，そのような意味で両方の面は排他的であると同時に矛盾なく統一されうるということ，そして違った観測条件のもとにおける系の行動を記述するのにともに必要であるということである．ここではもっぱら粒子の位置と運動量のあいだのそのような関係について見たわけであった．他の例をいえば——2節「光量子」，6節「確率の干渉」に述べたヤングの実験における，回折縞の観察とどちらの穴を電子が通ったかを決めることとのあいだに，すなわち干渉の現出と軌道をたどることとのあいだに（「状態の概念と確率」参照），あるいはコンプトン散乱で，光子が散乱されるさいの電子の反跳と各方向に散乱される光の可干渉性《コヒーレンス》とのあいだに，このような相補性がある．

この二つの例は粒子性と波動性の相補性といわれるものの二つの例といってもよいが，「粒子」と「波」の相補性という表現は，それが具体的にどういうことをいっているかをのみこんだうえで使わないと混乱するおそれがなくもない．われわれがこれまで考えてきた電子の波は1個の電子に対する確率振幅であった．これに対して電磁場の場合の波は可観測量である．電磁場を量子化する[2]と一つのフーリエ成分について光量子の数と波の位相とが相補的な量に

2)　電磁場を量子力学的に扱うことについては説明は略する（ただしこの節の最後を参照）．

なる．

ここで最初に述べた思考実験の推論の仕方について次の点を注意しよう．この場合われわれは，光の古典的な波動論に基づく関係と，単純な粒子論（アインシュタイン的光量子論）に基づく関係――この二つの立場はたがいに矛盾するものである――を別々に適用したうえで，両方の結果を同時に用いて精度関係を見いだし，これを実証論的な立場から解することによって不確定関係としてとらえ直した．このような推論の中には，光に対する最初の単純な波動論および単純な粒子論に対する否定的契機が隠伏的に含まれているわけである．こうしてこのような思考実験は発見法的に働いた．できあがった量子力学の立場でこの実験を記述するときには，このような二つの面は統一された形で含まれ，不確定関係は初めから不確定関係として含まれていねばならぬ．実際電磁場を量子化し，これと電子との全体を量子力学的に扱うさいにはこうなっている．

そしてこの立場では，光については次のような形で不確定関係が成り立っているべきである．――もし光束が粒子の位置を Δx の精度で測るのに適した形と振動数とを持つならば，その運動量は $\Delta G_x \Delta x \sim \hbar$ なる ΔG_x の程度に不確定である[1]．もし光についてのこのような不確定関係が成

1)　ここでは1個の光量子に対する不確定関係というものを問題にしなかった．例の思考実験では，散乱された直後の光量子の位置と運動量が電子と同じ不確定関係で得られるように見えるが，この測定自体によって光量子は乾板の所で吸収されてしまわねばな

立しなければ，電子の不確定性も直ちに破られてしまうことになる．

実際，電磁場の量子力学は光の二重性を統一的に含むと同時に，そのことによってこのような不確定関係に合致するようになっている．すなわち前につかったと同じ単色の収斂光束では，古典光学の場合と同様，回折効果により焦点は（10）式なる広がりを持つ．ところでこのような収斂光束は，波長を同じくし方向を異にする多くの平面波の重ね合わせでつくられる．そのさいこれらの平面波は，決まった位相差で重ね合わせるのでないと光束は決まった焦点を持たない．ところが位相を決めるとその平面波に属する光量子の数が不確定になり，したがって光束の運動量も不確定になる．それを調べてみると，（11）式と同様 $\varDelta G_x \sim \dfrac{h\nu}{c}\sin\varepsilon$ で，ちょうど $\varDelta x \varDelta G_x \sim h$ となる．

状態の概念と確率　さてわれわれはここで，不確定と測定による攪乱の概念で，波動関数，より一般には変換理論の諸形式に対する前の解釈を読み直すこと——それはすでに「確率の干渉」「分散関係と不確定関係」で述べた——によって，量子力学の合理的な，ほぼまとまった解釈を得るこ

らぬので，このような測定は光量子について次の現象の予見に用い得るような本来の測定ではない（これに反して，この実験は電子については本来の測定としての意義を持っている）．光量子の位置についての本来の測定を考えて調べてみると $\varDelta x \sim \lambda$（λ は光量子に属する波長）なる制限があることがわかる（「思考実験と不確定関係」の最後の注を参照）．

とができるわけである．すなわち波動関数は，まさにこのような，物理量が同時には不確定なような状態という概念の精密な数学的表現であることがわかる．こうして電子というようなものの状態は，位置と運動量とが同時には不確定にしか定義されないようなものであり，重畳の関係に従うようなものであり，そしてこれについて位置とか運動量などを測定するといかなる値が得られるかについて，あらかじめ確率的にしかいえないようなものである．こうして電子の状態は，波動関数によって最も精密に可能な限度まで規定されるような——その奥に隠れたパラメーターを考ええない——ものであり，放置しておけば因果的に変化してゆくものであるけれども，にもかかわらずこのような状態についてある量を観測すると，その結果は一般には決定論的に決まっておらず，同じ状態について同じ測定を繰り返す[1]とそのたびにいろいろな値が得られ，その分布についての統計的な関係が定まっているだけである．この意味で古典的な形の因果律は破れる．しかしこの場合も統計的な形で因果律は成立しているわけであるし，また測定装置をも含めた全体系については，その波動関数は因果的に経過する．波動関数は状態を表現するが，しかしそれは測定

1) したがって観測のさいの状態の変化は，測定を行なった量の確定した状態に変わるという意味で不連続的であるのみならず，そのような確定状態のうちのどれに変わるかについて，非因果的である．前に述べた測定による攪乱ということは，このような性格をも含んでいたのである．

装置との相互作用というものから独立した対象の，それ自身の行動といったものを対象におしつけるものではない．

波動関数の与える統計的な答というのは，もう一度いうと，波動関数 ψ で表わされる状態で A なる量を測定したとき，ψ を A の固有関数 $\psi_{a'}$ の集まりで展開したときの係数を $C_{a'}$ として，A の各固有値 a' が $|C_{a'}|^2$ の確率で得られるということである（5節「固有値問題の一般化」参照）．この命題については，それが——系と観測手段を合わせたものを改めて観測対象と考え，これを第2の観測手段で観測するという立場で扱っても，同じ結果を与えるという意味で——矛盾を含まないものであることを確かめておく必要がある．しかもこのような立場で問題を見直すことは，観測による攪乱，観測による不連続的・非因果的変化の意味をもっと明らかにするのに役だつのである．

また観測についてはその最後の段階は古典的に記述される出来事であることが重要な意味を持っている．実際一つの実験に対して結局われわれがある結果を得るというのは古典的なレベルにおいてである．したがって量子力学は，結局古典的なレベルに訴えて初めて現実的な意味を持ちうることになる．

このような問題の分析，いわゆる観測の理論には，しかし立ち入らないことにする．さてここでわれわれは，逆に，思考実験から得られたものとしての不確定関係——そのさいの推論自身はアインシュタイン－ド・ブロイの関係のようなものを基礎にしている——を出発点として，量子力学の体系をつくり上げてゆけるかどうかをちょっと見直しておこう．

まず不確定関係の存在は，古典的な意味での因果律が量子力学では成立しなくなるということをおのずから含んでいるといっていい．不確定関係の存在によって，粒子の状態を指定するのにある $\Delta x, \Delta p$ の幅を許さねばならず，こうして位置と運動量との少なくともいずれかが広がりを持っているのだから，そのような量をシャープに測るような測定を行なえば，その広がりに属するどれかの値が得られると考えるべきであろう．そしてこのさいに，状態は測定を行なった量の確定した状態へと不連続的・非因果的に変えられると考えられる．

しかし不確定関係だけではこれ以上のことを詳細に規定してゆくことはできない．それは $\Delta x\Delta p \sim h$ をいうだけで，x, p の値自身について，またその広がりのもっとくわしいあり方について限定しておらず，さらにこの場合の非因果的な変化が全く無法則的なものではなくて，確率の法則に従うものであることまで主張してはいないからである．

このような状態の概念を，概念的にもっとはっきりととらえさせ，かつ定量的にとらえさせるものは，状態に対する重畳の原理である．それは相互のあいだに重ね合わせの関係が成り立つものとして状態を考えるもので，それによれば，たとえばある量について不確定な状態は，その量について，確定した状態（固有状態）の適当な重なりと見ることができることになる．もちろん状態の重畳性というこ

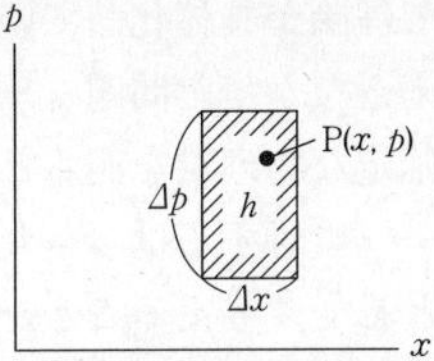

図26　x-p 図（位相空間という）において古典論では状態は1点P――すなわち，x, p の値の組によって指定されるが，量子力学における状態には不確定の幅のために h なる面積の細胞が対応することになる．しかしこの細胞は実はシャープな境界を持っておらず，この細胞の形だけで状態を正確に指定することはできない．なおボーアの理論における量子状態を示す187ページの図を参照.

とは不確定関係と密接な関係にある．古典論では，x と p のように同時に確定しえない量の関係というものは存在せず，ある状態においてはすべての量が確定しているのだから，したがって状態の重畳ということは考える必要がなかったのである．

不確定関係に，これと密接な関係にある重畳の原理を組み合わせ，さらに古典論との極限的一致という対応原理的な考えを入れ，これらを基にして量子力学の体系を作り上げてゆくことができよう[1]．それをもう一度たどることは

1)　前に電子についての二重性の関係を展開することによって，ド・ブロイ－シュレーディンガーによる波動力学の形式がつくり上げられたことを見たが，そのさい二重性の関係は不確定関係に相当する要素を含んでおり，さらにその波動性の意識に関連して

やめるが，こうして理論が具体化してゆくと，不確定関係だけでは詳しく答ええなかった問題——すなわちある状態において，その不確定な物理量を測るときどんな値が得られるかという問題——に対するはっきりした答を，量子力学の根本的な命題として，与えることが可能となるわけである．それは結果において5節「固有値問題の一般化」で定式化したものにほかならない．

とにかくわれわれは量子力学の大体満足な解釈に達することができたが，念のためにこのような立場で古い量子論における概念的な困難がどのように解消するかの，一，二の例を述べよう．何度も引き合いに出した，例の1個の電子（ないし光子）の二つの孔による回折の実験は，電子が二つの孔を同時に通り抜けると考えることによって，困難があっけなく解消する．電子は上の孔にある状態と下の孔にある状態との重なった状態（位置の不確定な状態）にあることができる．このことは，電子がどちらの孔を通ったかは，それを確かめる観測を行なっていない以上，無意味だといっても同じことである．しかしながらわれわれの考え方はさらに，実際もし孔のところで電子がどちらの孔を通ったかを確かめるような観測を行なったとすれば，電子の状態はその観測によって非因果的に変化し，どちらかの孔のところに——実験を繰り返せば同じ確率で——見いだされるということを主張するものである．そしてこのよう

重畳する状態の概念がとらえられた（4節「波動力学の形成」参照）ので，行列力学よりもより平明な進路を与えたと考えられる．

な観測は最初の干渉縞の実験と両立しないものであって，この観測の結果，最初見られたような干渉縞はもはや見られなくなることを証明することができる．そして事実はまさにこのようなものだったのである．

次にわれわれは古い量子論でその最も非古典的な部分として，発光や衝突やコンプトン散乱などにおいて，いつも不連続的な遷移を考えた．それは対象の自然的経過として起こるところの不連続的・非因果的な変化で，確率の法則に従うものとみなされたのであったが，この見方は改められねばならない．たとえばコンプトン散乱において，光と電子との交互作用による状態の変化は，自然的経過としては連続的・因果的なものとして起こり，不連続的変化はこれを一定の仕方で観測するとき（たとえば霧箱の中で電子の反跳を見る）生じるのである[1]．こうして遷移は，全く不連続的なものなのではなく，シュレーディンガー方程式に従う連続的な部分と，観測に際する不連続的な部分とからなる．

あるいは前にあげた方向量子化についてのパラドックスも，状態の重畳の概念によって容易に解消する．角運動量の任意の方向の成分 l_z の固有値はすべて $m\hbar$ であるから，

1) すなわち相互作用によって系は，電子がある方向に反跳され，同時に光子がこれと運動量を保存する方向に散乱された状態の，あらゆる可能なものを適当に重ね合わせた状態に連続的に移ってゆく．そこで反跳電子の方向を観測すると，そのさいに状態が，重畳されている状態のどれか一つに「収縮」するわけである．

l_z を測れば $m\hbar$ のどれかの値をとる．しかし角運動量のいろいろな方向の成分は，特別な場合（すべての成分が０の場合）を除いて明らかに交換可能ではないから，ある方向の成分が確定した状態では他の方向の成分は不確定であり，そのいろいろな $m\hbar$ の状態の重畳した状態にある．したがって電子は，なにもわれわれが勝手に選んだ座標軸に関して，いつも方向量子化せねばならぬ必要はない．

なお前に不確定性という概念をボーアが相補性という言葉でやや敷《ふ》衍《えん》したことを述べたが，「思考実験に関する注意と相補性」で述べた相補性の考えだけでは，量子力学における因果的な面と非因果的な面との関係にまで立ち入っていないので，ボーアは相補性の見方をさらに延長して，量子力学を，波動関数に対する因果的記述と実在空間における不確定関係に制約された記述との相補的な関係[1]として特徴づけようとした．これはもちろん意味のあることであり，３節「古い量子論の発展と行きづまり」で述べた広い意味での相補性の考え方の一つの適用ともいえる．しかし

---

1)　粒子という対象について，時空における観測の世界で問題にするならば，その位置と運動量のいずれか一方のみがシャープな値を持ちえ，これらの量の後の時刻での値は精確に予言できない．他方，粒子について——直接観測にかかるものではないが，理論的にとらえられるような量である——波動関数を考察すると，この世界では発展は因果的に行なわれる．そしてそれはその影を時空における出来事の世界に投げかけ，われわれが選ぶ任意の測定の結果に対して確率的な予言を与える．この両方の面は相互に分離できないものであり，両者が合して対象の完全な記述を与える．

今この言葉をこのようにおしひろげて用いることは，かえって混乱をもたらすおそれがなくもないので，「相補性」は「思考実験に関する注意と相補性」で述べた狭い意味に限って用いることにする．

そしてボーアのこのような特徴づけは，量子力学の立体的な論理構成を必ずしも十分に表現しているとはいえない．量子力学においては，状態相互の関係，物理量相互の関係，状態と物理量と測定値との関係が，すべて古典論の場合と全く異なること，そのことに相当して状態の概念も物理量の概念も，したがってまたこのような概念によって規定される電子というような実体の性格も，全く変革されるということが本質的であった．それは形式的にいえば，状態の重畳性と物理量の非交換性，そして状態と物理量から測定結果が媒介される関係（固有値方程式と確率の式あるいは平均値の式）にあった．その他に，状態と物理量とがはっきり区別されることに応じて，そのいずれについてでも表現することのできるところの運動方程式がある[2]．理論のこのような形式が，粒子波動の二重性，不確定関係，観測による攪乱と非因果的変化，連続と不連続，定常状態

2)　量子力学では，系の運動や物理量の平均値というような物理的な事態をとらえるのに，状態ベクトルと物理量演算子という二つの道具立てを用いる．それでどこまでを状態とし，どこからを物理量とするかの切れ目のとり方にユニタリ変換だけの任意性がある．このとり方により，状態ベクトルのみが運動するシュレーディンガー表示，物理量のみが運動するハイゼンベルク表示，あるいはその中間の朝永の表示，などがありうることになる．

と遷移，統計的法則性，部分系の状態と全体系の状態との非古典的な関係，古典論との極限的一致，などの量子的世界に特徴的ないろいろの面を，いかに包括し緊密に統一し得ているかを把握するならば，量子力学は理解されたといってよく，そして，古い量子論の時代からの，たとえば，光量子とか，エネルギー準位・遷移・縮退・方向量子化・振動子強度・*LS* カップリングなどといった言葉に加えて，仮想状態（あるいは中間状態）とか量子的揺動とか，共鳴・交換相互作用・零点エネルギー・分子軌道・スピン波・フォノン・孔などといった奇妙な言葉で語ることもできるようになるだろう．

われわれは作用量子 h というただ1個の自然常数の存在が，いかに深く全面的に古典論の基本概念をつくりかえ，法則の見方を改めることを要求したかをたどってきた．h を受け入れるには，非可換的代数あるいは無限次元複素空間の幾何学というような，むずかしい量子運動学の道具立てを準備せねばならなかった．それでも量子力学は，相補的な量の認識に基づく古典論の自然な変革という意味をも持っていることを理解することもできたのである．

われわれは量子力学の成立過程をできるだけ簡単に述べてきた．それは電子のスピンを無視した，非相対論的な一体問題にすぎなかった．量子力学の展開のためには，なおいろいろ本質的な問題がある．それはスピンを取り入れることであり，相対性理論の要求に合致させることであり，多体問題に拡張することであり，そのさいパウリの排他律を取り入れることであり，さらに電磁場の量子力学を建設することである．これらは相互に密接な関係を持っている．スピンはスピン演算子と2成分波動関数によって，多体問題は配位空間の波動関数によって，パウリの原理はその反対称性として，定式化された．これらを基礎にする非相対論的量子力学は，種々の近似法や群論的方法を用いることにより，原子の問題も分子の問題も固体の問題も，さらに一部原子核の問題も，すべて一貫した方法で解いてゆき，またたくまに巨大な収穫をあげた．スペクトルの詳細も，荷電粒子の衝突散乱の諸過程も，化学結合その他の凝集力も，物質の比熱や磁性・伝導の諸問題も，ことごとく量子力学的な基礎で解明されていった．

二つの等しい核を持つ水素分子は，核のスピン波動関数の対称性によって二つの種類に分かれることがハイゼンベルクによって注意され，みごとに実証された．ガモフはトンネル効果によって放射性核のα崩壊を説明した．ただ核の構造にもっと立ち入った理論は，中性子が発見されて初めて正しい軌道にのることになる（次章参照）．

1928年ごろから相対論的な理論，場の理論が建設され始めた．電磁場を量子力学的に扱うことはディラックによって遂行された．今度は古典力学と古典電磁気学との形式的な類推すなわち正準形式を利用して，無限の自由度の力学系として電磁場が量子化される．そして場と電子系とをいっしょに考えて両者の相互作用を正当に扱うことも可能になり，ボーアの振動数条件やスペクトル線の強度（遷移確率）の式などの古い量子論以来用いられてきた関係を，量子力学の中から導きだすことがやっと可能になった．ディラックはさらに光子のようにボース統計に従う粒子の集団が，一般に現実空間における量子化された場で記述されることを明らかにした．

こうして光の場の量子力学ができると，今度は逆にこれが電子の理論に反射し，電子系の量子力学を新しい場の形にもたらすことが試みられた．前に1個の電子の波動方程式を見いだすのにシュレーディンガーは光の理論との対比を用いたが，このような対比がより高次の段階で再び追求される．ヨルダンとウィグナーは，排他律に従う個別性を持たない電子の集団は（一体問題の），シュレーディンガーの方程式を古典的な場（シュレーディンガーの物質場の解釈に相当するような電子場）の方程式とみなして（ラプラスの交換関係を用いて）量子化を施したものと同等であることを明らかにした．こうして（ボース粒子に対するディラックの理論と合して）量子力学的な粒子の集団と量子化された場とは一つのものになり，粒子系と場の同一がこのような段階で達せられることになった．

ディラックはまた電子に対するシュレーディンガー（ないしパウリ）の方程式を相対論的な波動方程式で置き換えた．これによってスピンの本質が明らかになり，また先の輻射場の理論と合わせて，コンプトン散乱の角度分布なども正しく算出できるようになった．

以上のような基礎の上に，一般的な場の量子力学の定式化がハイゼンベルクとパウリによってなされた（1929年）．このような場の量子力学は．一方において，核内の問題に関するより本質的な追究——フェルミの β 崩壊の理論，湯川の核力の中間子論——の基礎を与えた．

非相対論的な量子力学は一応閉じた体系を構成するが，相対論的な量子力学からいえば近似的な性格のものといわねばならない．他方，後者は内面的，本質的な困難をはらみ，なお発展の途上にある．このような領域で量子力学の本来の基本的な考え方そのものがなんらか拡張を必要とすることになるであろうが，まだその形をはっきり予測することは困難である．また量子力学の解釈については，ボーア流のものがコンシステントなものとして一般に一応認められたが，問題がなくなったわけではなく，たとえば，他にこれと別のコンシステントな解釈がありえないかということも問題になりうるだろう．解釈問題はその後もしばしばむしかえされているが，その割にはあまり有効な分析が進まなかった．しかし解釈問題はいつまでも解釈として切り離されていることはできず，実際問題に物理的にきいてくる形で進められることになろう．

量子論の発展史に関しては
天野清『量子力学史』
朝永振一郎『量子力学 I』
がある．この章の叙述はこの後者から大いに恩恵を受けた．

さらに量子論の初期に関連するものとして

天野清『熱輻射論と量子論の起源』

武谷三男『量子力学の形成と論理，I 原子模型の形成』

がある．以上いずれもすぐれた本である．他に

高林「量子力学史 (1) 電子の発見，(2) スペクトルの解読，(3) 荷電雲原子」(「自然」連載)，「熱輻射論の構造」(「科学史研究」)

等がある．外国の文献には触れないでおく．量子力学一般についてはたくさんいい本があって，それらをことごとくあげることも，その中から一，二を選んであげることも困難であるが，まず古典としてハイゼンベルク，ディラック，パウリのそれぞれすぐれた本をあげよう．その後，戦時までにはポーリング－ウィルソン，仁科・富山・朝永・有山・玉木，湯川らのものが出た．戦後にはわが国では小林・朝永・山内・小谷らのもの，外国ではシッフ，ボームらのものが出ている．またむしろ量子力学に関係した文章を欲する人には，わが国で出たものをいま思いつくままにあげることにして，

湯川秀樹『存在の理法』その他

伏見康治『驢馬電子』

武谷三男『弁証法の諸問題』

坂田昌一『物理学と方法』

朝永振一郎『量子力学的世界像』

等のそれぞれオリジナルな味のあるものをあげておこう．翻訳ものとしてはド・ブロイ，ヨルダン，ガモフらのものがある．

第5章　原子核と素粒子

1　原子核の探究と原子力

放射能と原子の構造　原子力の理論的基礎は今世紀の初めから発達した放射能や，物質原子の構造についての研究に源を発している．その最初の偉大な業績はイギリスのラザフォードによる．ラザフォードは1871年にニュージーランドに生まれ，ケンブリッジ大学でジョセフ・ジョン・トムソンから新物理学を学び，1898年カナダのモントリオールのマギル大学教授となって放射能の研究を始めた．1903年化学のソディと協力して放射能について最初の法則を発見した．キュリー夫妻がラジウムを発見して以来，その放射能は非常な神秘とみなされていた．原子の奥底からどんな条件を変えても強い力で飛び出してくる放射能はエネルギー保存則を破り，19世紀の物理学が危機に陥ったとまでいわれた．ラザフォードとソディはこの放射能を系統的に区別して，ついに放射能はエネルギー保存則を破るものではなく，原子そのものがこわれて出てくるものであり，その崩壊は確率算的に行なわれると仮定し，放射性元素にはそれぞれ特定の寿命があることを示した．ラザフォードた

図1　ラザフォード

ちは，この寿命が数分のものから，数10億年のものまであることにやや当惑した．原子は不変であるという古来の思想はここに初めて打破された．ラザフォードは1907年マンチェスター大学，1919年キャヴェンディッシュ研究所の教授となり，その組織的な才能によって多くの協力者とともに，放射能と原子の構造の研究に没頭した．

当時，原子の構造が電気的であることは，疑いのないところであったが，その構造については二つの説があった．1903年日本の長岡は原子の中央に重い陽電気を帯びた核があり，そのまわりを木星の月のように一定の間隔で数個の電子が回っているという模型を提唱した．この模型によると，原子は電気的構造を持つにもかかわらず安定性を保つことが証明された．他方トムソンはベータ放射線が物質原子群を貫通するときの理論から，原子は電気が全部に広がり，そのなかにこれを打ち消すだけの個数の電子がはめこまれているという模型をたてた．ラザフォードはこの二つの原子模型を判定しようと思いたち，アルファ放射線が高速度で原子群を貫いてゆくときの運動を研究した．ナガオカ模型ならばアルファ粒子は中心電荷のクーロン法則に従う斥力によって大きな方向変化を起こす場合もあるが，大部分は原子内を貫通する．トムソン模型では，原子の周辺での小角の散乱しか起こらない．ラザフォードの弟子ガイガーは金箔にアルファ線をあてて大きな角の散乱を実証した．こうして原子の質量の大部分と陽電荷がまとまっている中心，すなわち原子核と，その陽電子をちょうど打ち消すだけの個数の外側の電子と，そのあいだに広いすき間からなるという原子構造が確認された．

同位元素　ソディは放射能を出して次々と変脱してゆく元素を化学的に調べて，放射能変脱の規則を発見した．これによると元素の原子番号はアルファ線を出すと二つ減少し，ベータ線を出すと一つ増し，ガンマ線を出しても変わらない．この法則によると次々に放射能を出して変脱してゆくウラニウム系列とトリウム系列との終点は同じく鉛になる．ところがウラニウム鉱石から分析した鉛の原子量は 206.05，トリウムの化合物から分析した鉛の原子量は 207.67 であることがわかった．ソディは原子核はその陽電荷が同じでさえあれば，質量が違っても同じ化学元素に属

図2　キュリー夫妻

するという説を出した．これによって化学元素は全く同一の究極の単位でなくて質量の違う，したがって構造も違う核原子の混合物であることが明らかとなった．そのおのおのを同位元素という．鉛の場合には，上記の二つの相違は同位元素の混合の比が違うことに基づく．放射性同位元素は化学的には区別できないが，それぞれ特有の寿命の放射性となる原子量を持つ．同位元素の考えは，原子量の種々雑多な放射能系列の，周期律中の位置を分類するのに役だった．

同位元素の発見については一つの挿話がある．キュリー夫妻が初めてラジウムを分離したのは，ヨアヒムスタールのピッチブレンドという鉱石であった．その鉱山の持ち主であるウィーンのオーストリアの政府はマンチェスター大学のラザフォードにラジウムだけでなく，その副産物を含めて提供した．その放射性鉛の量は数百 kg もあった．その鉛はラジウムＤの発するせっかくの放射線を吸収してしまうので放射性源としては大部分役にたたなかった．そこでラザフォードはその若い弟子ヘヴェシにこの大量の鉛からラジウムＤを分離してみないかと提案した．若いヘヴェシは夢中になってこの問題に熱中したが，2年たっても成功しなかった．ラジウムＤは化学的には鉛と同じ化学元素で質量数が少し違うにすぎない．したがって化学的方法で両者を分離することは原理的に不可能なことであった．さらにトリウムＢもまたラジウムＤと同じく鉛の同位元素であることがわかった．

ヘヴェシは1912年，その友パネスとともにウィーンの研究所でこの失敗を逆に利用しておもしろい実験を始めた．鉛のなかにごく微量のトリウムＢを加えておく．鉛のいろいろな化学反応を通じてトリウムＢはこれと離れないから，その放出する放射線を外から測れば，鉛の元素の行く末を知ることができる．このようにして，彼らは鉛の塩化物の溶解度を測定した．

ヘヴェシは放射性同位元素を化学元素の複雑な刻々の変化を調べるスパイのように利用する，いわゆるトレーサーの方法の創案者とされている．トレーサーの方法は化学だけでなく生物体内の新陳代謝の研究に広く応用された．

1918年ソディはこの結論について次のように評している．「われわれはギリシア哲学者や錬金術師のように，元素は性質を表わすもので均質の構成単位を表わすものではないという見解に立ちいたった．化学元素は，原子核の陽電荷の総計が同じで，質量の異なる同位元素の原子がいくつか混じってできている．これは化学や分光学では区別しがたい．表面上同一性をもつ化学元素の中にも，このように重要な相違が含まれている．物質界を結成する均質の窮極要素というものに到達するには，まだ無限に見える長いみちのりがあると思われる」．

同位元素は自然放射性元素だけでなく，普通の化学元素中にも発見された．1913年トムソンはネオンガスの陽極線に電場または磁場をかけて，その進路をそれさせ，その曲率からその質量を測定した．普通のネオンは原子量20.20であるが，彼はその他に約22のものが存在することを発見したのである．

1919年にアストンはこのトムソンの方法を改良して同位元素の質量を非常に正確に測定した．それまで原子の質量は化学の方法で測定されていた．アストンは原子の電気的構造を利用し，物理学の電磁気の方法で質量の違う同位元素分離法を確立した．アストンはその測定によって，すべての同位元素の原子核の質量は大体陽子の質量の整数倍であることを示した（この整数はその同位元素の原子核質量数といわれる）．この事実は原子核自身がさらに整然とした内部構造をもつことを暗示する．

それでは原子核は陽子が集まってできているのか．陽子とは質量数と原子核の最小単位となる水素核である．ラザフォードは数年来アルファ線の散乱に対する原子核の正電気の反発力の大きさを調べている．それによると，原子核の正電荷は，ファン・デル・ブロッホが考えたように，原子の原子番号倍に等しくて，決して原子量の半分というようなあいまいな値でない．もし原子核は陽子が質量数だけ集まってできているとすれば，原子番号より大きい正電気を帯びることになる．そこでベータ線（電子）が原子核から出ることから考え合わせて，原子核のなかに負電気をもつ電子も含まれるのであると考えるにいたった．ラザフォードはアルファ粒子は原子量 4.0011，原子番号 2 のヘリウムの原子核であり，4 個の陽子と 2 個の電子から成ると考えた．この考えが誤りであることは後に中性子が発見されるまで，はっきり気がつかなかった．原子核の陽電荷は真空管の陽極から発する物質固有の X 線と関係があるのではないか．ラザフォードの提案の下にモーズリは，元素の固有 X 線の振動数の平方根がその原子番号に比例することを発見した．これは原子量の順だけでは不確かな原子番号を系統的に決定させる．原子核の質量と陽電荷を元素の原子量と原子番号から推定できる．この結果は原子構造の理解を深めた．

原子核反応　原子核探究の次の問題は原子核とアルファ線の相互作用である．

ラザフォードは，箱の中にラジウムを入れてなかの空気をぬき銀箔でおおいをする．硫化亜鉛のスクリーンを外側に置く．この箱のなかに窒素のガスを入れておく．この実験はラザフォードが先年原子に核ありと結論するもとになったアルファ線の窒素原子による散乱について，さらにその後のアルファ線の速さと原子核の反跳を調べるためであった．彼の予想によれば，スクリーンに映る蛍光は，箱のなかに空気が満ちると，アルファ線がそれにとめられて減少するはずであった．ところが予想されない結果が起こった．かわいた空気を箱のなかに入れると水素原子によるとおぼしき蛍光がスクリーン上に現われたのである．この粒子線が実際水素であることは，これに磁場と電場をかけてその方向の変わりぐあいから確かめられた．この実験は現われた蛍光の数が非常に少ないので，きわめてむずかしいものであった．ラザフォードはアルファ線が空気中の窒素にあたって水素原子ができたと考えた．そしてこの水素原子は窒素原子核の構成要素であったに違いない．かつ窒素原子核はこのために変わってしまったと想像した．これこそ原子核反応の最初の発見である．アストンの測定によると，陽子とアルファ粒子の質量はそれぞれ 1.0072 および 4.0011（単位は酸素 16 核の質量を 16 とする質量単位）である．もし後者が陽子 4 個と電子 2 個より成るとすると質量が 0.0027 だけ失われている．アインシュタインの相対性理論によると質量 m はエネルギー E の一形式であり，一定の換算率 $E=mc^2$（c は光速）でたがいに転化できる．そこでこの質量の減少額は構成要素が結合されるとき外へエネルギーとして放出されたと考えられた．原子核の質量

図3　ラザフォードの使ったウィルソンの霧箱

の一部分はエネルギーに転化する．この考えはさらに原子核反応の前後の各成分の質量と運動エネルギーを精密に測定することによって確証された．リチウムを70万電子ボルト（電子ボルトは電子を1ボルトの電圧で加速して得るエネルギー）の陽子で衝撃すると800万電子ボルトのアルファ粒子が2個飛び出す．この場合総質量の減少額と運動エネルギーの増加額とはちょうどアインシュタインの式を満足することがわかった．原子核反応はエネルギー保存則の成り立つ基本過程であり，この場合総質量の約10^{-3}倍というかなりの部分（化学反応では10^{-6}倍）がエネルギーに転化するという結論は大切である．

ガモフの理論　ソ連のガモフはドイツのゲッティンゲン大学を訪れ，そこでアルファ線の力学を考えついた．彼はボーアやハイゼンベルクたちによってつくられた量子力学を，アルファ粒子の崩壊の説明に応用しようと試みる．アルファ崩壊の理論に大切な手掛りを与えた実験はラザフォードとチャドウィックのアルファ線のウラニウムによる散乱である．ウラニウムにアルファ線は 3×10^{-12} cm まで近づいてそこで散乱される．が，このアルファ粒子はトリウム C″ から出るので，そのエネルギーは880万電子ボルトであることがわかっている．これはウラニウム核のアルファ粒子に対するポテンシャルが斥力で 3×10^{-12} cm のところで880万電子ボルト以上であることを示す．ところがウラニウムは自分でアルファ崩壊をするが，その時に出るアルファ粒子のエネルギーはさきに散乱に使ったアルファ粒子の約半分にすぎない．それでは一体どうしてそのアルファ粒子は自分の運動エネルギーの約2倍も高い斥力のポテンシャル壁をつきぬけて外へ出ることができたのであろうか．古典力学ではこれは解くことのできない問題である．

ガモフはこの問題を，光の全反射のときにもいくらか光がもれ出る現象になぞらえて，量子力学によってみごとに説明した．この新しい力学は原子の問題については成功をおさめたが，原子核の謎を解くことができるかどうかは，はなはだあやぶまれていたのである．量子力学によると，アルファ粒子の運動についてもド・ブロイ波が考えられ，この波が全反射のときと同じように高いポテンシャルの壁を少しはもれ出ることができる．そして，この波の強さ（振幅の2乗）は観測したときの粒子の確率に等しいことから，実際アルファ粒子が外にもれ出ている可能性もあることを裏づけた．

全く彼と独立に，アメリカでガーネイとコンドンもこの考えに到達した．そしてくわしい計算の結果，多くのアルファ崩壊の半減期と放出されるアルファ粒子のエネルギーのあいだにある，ガイガーとナトールの発見した実験法則を説明した．また原子核の半径をアルファ崩壊の半減期とアルファ線のエネルギーから推測する方法をも見つけた．それによると，アルファ放射性原子核の半径は大体その質量数Ａの３乗根に比例することがわかった．

中性微子　アルファ崩壊では一つの原子核から出るアルファ粒子はある一定エネルギーを持っている．これは崩壊前後の原子核の質量差に等しい．またアルファ崩壊やベータ崩壊のあと，あるいは核反応のあとに放出されるガンマ線も一定のエネルギーを持っている．ところがチャドウィックが1914年初めて発見したとおり，ベータ線は連続エネルギーを持っている．その後サージェントはこの連続分布にはっきりした上限のあることを確かめた．1932年キュリー夫妻が人工でベータ放射性元素をつくることに成功したが，その場合のベータ線は正電気を持っていた．そのエネルギー分布はやはり連続で，だいたいの型は中央から少し低いエネルギーのほうに頂のある山型であった．この連続分布の原因が２次的なものでないということはエリスとウースターが確かめた．彼らは熱量計のなかにラジウムＥ

の一定量を入れて放射線のつくる全熱量を計った．こうすれば2次的なものを見失うことがないので，全エネルギーは初めが一定なら連続分布の最大値に等しいはずである．ところが測定された熱量はベータ線エネルギーの分布の平均の値であった．

　これによってベータ線は原子核から出るときから連続的なエネルギーを持っていたと結論される．またサージェントは自然のベータ放射性元素の半減期と，みずから確かめたそのベータ線の最大エネルギーのあいだに簡単な規則性があることを見つけた．ボーアはベータ崩壊ではエネルギー保存則が破られると主張した．量子論はベータ崩壊には適用できない．これを説明するには全く新しい理論が必要であろう．将来の正しい理論では，エネルギー保存則が成り立たなくともよい．このようなボーアの説に対して，ソ連のランダウは重力論と矛盾することを証明した．スイスのパウリはベータ崩壊ではエネルギーの一部が，まだ観測できないような新しい種類の粒子によって奪われているという仮説をたてた．この粒子を電気的中性で質量は非常に小さいと仮定すれば，イオンをつくったり，原子核をはねとばしたりしないであろうから，これまで観測されなくとも不思議ではない．この新粒子は中性微子（ニュートリノ）と名づけられた．

人工放射能　1934年ジョリオ＝キュリー夫妻は，このアルファ線による中性子放出の核反応を硼《ほう》素《そ》やアルミニウムについて実験中，中性子以外に陽電子が放出されることを発見した．この陽電子はアルファ線をあてるのをやめてもとまらない．これは新しい陽電子放射性の元素がつくられているに違いないと考えて，化学分析の方法を使って確かめた．これが人工放射能の発見である．これによって軽い元素も放射性を持つことがわかり，原子核についての大切な知識が築かれた．

中性子の発見 1932年ジョリオ＝キュリー夫妻はポロニウムを非常にたくさん集めて，従来にない強いアルファ線の源を用意した．前年ドイツのボーテとベッカーはベリリウムにアルファ線をあてると，非常に強力なガンマ線が得られると報告していた．彼らはこのガンマ線は普通の放射性元素から出るものより透過力が強いので，とくにベリリウム線という名をつけた．キュリー夫妻は強力なアルファ線源を利用してこの現象を確かめようと思い立った．そしてこのベリリウム線は水素原子核を非常に強くけりとばす．その能力は普通のガンマ線の性質をはるかに越えているということを発見した．

イギリスのラザフォードの弟子チャドウィックはこのベリリウム線はガンマ線とは全く異なるもので，質量が陽子と同程度の新しい中性粒子であるという説をたてた．これによって明快に上記の実験が説明された．この種の粒子が存在しうるという考えは，すでに1925年ラザフォードが陽子と電子の結合した物としていだいていた．この粒子を中性子と名づける．

中性子仮説によると，アルファ線をベリリウムにあてて生ずるのは，炭素と中性子とガンマ線となる．これは同位元素の現象について長く謎となっていた点を簡単に説明することができた．ソビエトのガポンとイヴァネンコおよびドイツのハイゼンベルクは原子核は陽子と電子からできているのでなく，中性子と陽子からできているという説をたてた．原子核の構造をこのように考えると，同位元素は中性子の数が違い，陽子の数が等しい原子核の一群であることになる．同年アメリカのユーリーが発見した重水素は水素の同位元素で中性子と陽子が一個ずつよりなることが明らかとなった．さらに中性子説の有力な点は，核内電子にまつわるいろいろな矛盾を簡単に解消させることであった．1934年フェルミは中性子（陽子）が陽子（中性子）に転化する瞬間電子（陽電子）と中性微子の1対が創生されるというベータ崩壊の理論をたて，スペクトルの連続性や半減期の多様性を説明した．この理論は素粒子が質的に不変でなく，相互作用によっておたがいに転化する可能性をもつことを明らかにした．

おそい中性子と超ウラン元素　新しく発見された中性子は核反応をさらに起こすのにも有利である．アルファ線やその他荷電を持った粒子は，原子核の原子番号が大きくなるにつれて，その斥力のため近づけなくなり核反応を起こせなくなる．中性子は電気を持たないので，原子核に近よりやすい．しかし中性子は，一度アルファ線がベリリウムなどの軽い元素に起こした核反応の 2 次的な産物であるから，その強さは著しく弱いものである．イタリアのフェルミは中性子の行く道に水素をおくと，中性子による核反応が急激に増すことを見いだした．これは水素と中性子が衝突して，中性子が非常に遅くなり，核につかまる機会が多くなるからである．フェルミはこの理を利用してラジウムにベリリウムを混ぜたものを中性子源として，たらいの中に水を入れて，中性子をその中で遅くし，あらゆる元素に次から次へと核反応を起こさせた．そして今まで荷電粒子では核反応を起こしえなかった重い原子核に手を出し，最後に当時の最高の原子番号 92 のウランの中性子をあてて生ずる放射線を測定して，超ウラン元素をつくったと主張した．それはウランが中性子を吸収してベータ線を出す以上は，ウランより原子番号の高い原子核ができていると想像したからである．

加速装置　これまでに述べた核反応は，もとをただせば，天然の放射性元素から生まれるアルファ粒子を使っていた．しかし 1930 年代に発達した高圧の発電技術によって人工で核反応の衝撃粒子をつくる試みもくわだてられるにいたった．まずラザフォードの研究室ではコッククロフトとウォールトンが 50 万ボルトの高圧発生装置で，毎秒 1 万 km の速さの陽子の流れをつくることに成功した．陽子は電荷がアルファ粒子の半分のため，多少遅くとも核反応を起こす率は高い．彼らはリチウム・窒素・硼素などにこの陽子線をあてて新しい核反応を発見した．それに刺激されてアメリカ，ワシントンのカーネギー研究所ではヴァン・デ・グラーフが静電式原子核破壊装置をつくった．またカリフォルニアではローレンスがサイクロトロンという独創的な加速装置を1930年発明した．これは数百万ボルトの電位差のなかを荷電粒子に走らせるのではなくて，粒子に渦巻運動をさせながら次第に速くなるようにする装置である．そのエネルギーは最初は300万電子ボルトのアルファ粒子であったが，その後次第に改良を加えて高いエネルギーへとローレンスの野心は展開していった．そして核反応を任意につくるだけでなくその運動エネルギーから全く新しい素粒子を創造するところまで発展している．

核分裂　ドイツの化学者ハーンはマイトナー女史とともにフェルミの主張する超ウラン元素に深い疑いをいだいて，これを化学分析することにした．フェルミによるとウランに中性子をあてて生ずる13分の放射性元素は93番か94番という新しいものである．しかしこれは91番プロトアクチニウムにほかならないという説もあった．ハーンとマイトナーは指示薬の方法によってこのフェルミの13分のアイソトープを化学分析したが，これはプロトアクチニウムでもなかったし，またウランでもアクチニウムでもプロトニウムでもなかった．これでは，やはりフェルミのいうとおり，これは93番であろうか．その後シュトラスマンも参加してウランに中性子をあてて生ずる放射能を研究して，半減期23分のものを発見した．またキュリーらは同じく半減期3.5時間のアイソトープを発見した．ハーンらはさらに多様な放射能を発見し，ラジウムのアイソトープであろうと考えた．ところが，この人工ラジウムにはバリウムの結晶が検出された．そこで天然のラジウム塩に混じっているバリウムを分離する方法でこの人工ラジウム（56番元素）からバリウムを分離しようと試みたが，全然できなかった．そこでもしこれが本当にバリウムの放射性アイソトープであるならば，ベータ放射線を出した後，ランタ

図4 アメリカ，アプトン市のブルックヘブン国立研究所の原子反応炉．

ン（57番元素）になっているはずであると思いつき，キュリー夫人の化学分析のやりかたでやってみると，実際ランタンの存在が発見された．そこで初めて，ハーンたちのつくった人工ラジウムは実は人工の放射性バリウムであることが明らかになった．こうしてさらに放射性のストロンチウムや放射性のイットリウムの存在も発見された．簡単な算術によって，ウランは中性子を吸収するとバリウムとクリプトンあるいはストロンチウムとキセノンなどの二つの周期律中の中位の原子番号の放射性同位元素に分裂しているという解釈がくだされた［補注P］.

フリッシュとマイトナーはただちにボーアの液滴になぞらえた原子核の模型によって，ウランがほぼ中位の原子核に分裂するという理論をたてた．それによると，解放されるエネルギーは2億電子ボルトという大きい値になる．これはフリッシュや後にジョリオによって，そのウランの受ける大きな反跳によって確かめた．こうしてハーンたちが疑いをいだいていたとおり，フェルミの13分の超ウラン元素はやはり嘘であった．

彼らはまさに原子核分裂という全く新しい核反応を発見したのである．その後多くの物理学者，ことにジョリオの手で核分裂とともに，高速の中性子が数個放出されていることや，核分裂後できる原子核は120種を越える非常に多様なものであることや，おそい中性子で核分裂を行なうのはウラン235であり，ウラン238は非常に高速な中性子によってたたく場合を除けば，核分裂を行なわないことなどが明らかになった.

さてフェルミの最初の超ウランはどうなったであろうか. ウラン238が中性子を吸収したとき生ずる23分のアイソトープは, ウランのアイソトープにほかならないことが化学分析で確かめられた [補注Q]. これはベータ線を出す以上は, 必ず93番ができているに違いない. さらに93もベータ線を出す以上は94番の超ウラン元素ができているにちがいない. 93番をネプタニウム, 94番をプルトニウムと名づけるようにシーボルグによって提案された.

原子力 これらの発見とは別に, 原子エネルギーを実用に使うという夢が原子科学者のあいだに考えられていた. ジョリオはそのノーベル賞受賞講演で, 原子核のエネルギーを使うには星のなかの核反応のように一種の連鎖反応を利用すればよいということにふれている.

強力な核反応すなわち核分裂が発見された後, その実用の可能性について初めて論じたのは, ドイツのカイザー・ウィルヘルム化学研究所のフリウゲであった. それは石炭や石油あるいは爆弾のような化学反応によらないで, 核分裂によって新しいエネルギーの貯蔵を物質の中から取り出そうというのである.

核分裂の確率はウランに飛び込む中性子のエネルギーが特別の価のときにしか大きくない. 詳しくいえば, ウラン235は1電子ボルトの100分の3という低いエネルギーの中性子によって核分裂を起こすが, ウラン238は数電子ボルトの中性子を吸収して核分裂以外の核反応を起こす．この事実を利用して核分裂のとき原子核の破片といっしょに飛び出す数個の高速中性子（約百万電子ボルト）を急激に0.03電子ボルトまでおそくすれば再び近くのウラン235に核分裂を起こさせるであろう．これを連鎖反応式に続けさせることができれば，1回の核分裂で出るエネルギー約2億電子ボルトの約10^{23}倍のエネルギーが1gのウラン235から取り出せるはずである．このような趣旨の論文をドイツの学術雑誌にハーンとシュトラスマンが発表した．

ほとんど同時に世界じゅうの原子核研究所で核分裂の研究が流行し，洪水のような報告書が発表された．しかしその実現に具体的な実行を進めたのは，大戦のなかにあった米英両国とフランスのジョリオ＝キュリーたちだけであった．ボーアは1939年の1月から5月までアメリカを訪問したが，そのときコペンハーゲンのボーア研究室の核分裂の研究を伝えた．そしてプリンストン大学のホイーラーとともに核分裂の理論を発展させた．これまでしるした核分裂についての知識の大部分はこの理論によって予言され，あるいは説明されたものである．核分裂を起こすのはウラン以外にも，いくつかあるはずだという重要な意見も含まれていた．後にわかったようにウラン238もしくはトリウムが中性子を吸収した時，2回ベータ線を放出した後できる94番プルトニウム239もしくはウラニウム233などもおそい中性子によって核分裂を起こす．このボーアの報告をきいて，フェルミやカリフォルニア大学のアルバレたちも核分裂を実験で実際に確かめた．当時の敵国ナチス・ドイツがこの原子核エネルギーを利用した兵器をつくる可能性がある以上，連合国にもその製造をくわだてる必要があるという意見が起こった．

こうして全く秘密のうちに，米英共同の原子力兵器の研究製造計画が1940年の初めごろから進められたのである．またジョリオ＝キュリーは中性子の連鎖反応を統御するための物質として有望な重水をフランスが降服したとき（1940年6月）イギリス政府に送った．しかし実際につくられた連鎖反応の仕掛では，重水は使われず，量産の便宜上，石墨が利用された．1942年12月フェルミはシカゴ大学で初めてこの原子力を自動的に開放する仕掛をつくった．

これは石墨の積み重ねのなかに，ウラニウムの棒を一定の間隔をおいて規則正しくならべたものである．ウラン235はウランのなかにわずかに遊んでいる中性子を吸収して核分裂を起こし，高速中性子を2，3個放出する．この高速中性子はそのウランの棒のなかではあまり速いため，ほとんど作用せず石墨のなかに飛び込む．そこで石墨の原子核と衝突して0.03電子ボルトという遅い速さになってちょうど次のウランの棒にたどりつく．ここでウラン235に第2の核分裂を起こさせる．こうして次々と中性子の数が増して核分裂が連鎖反応式に進む．この反応をとめたいときにはカドミウムの棒をなかに入れる．

カドミウムは中性子を単に吸収してしまうからである．この仕掛を原子炉という．原子炉の成功に役立ったのは原子核反応の理論である．これは中性子の起こすいろいろな反応の確率を量子論にそって算出させ，連鎖反応のさまたげになるいろいろな条件をはっきりさせた．

この原子炉の完成に続いて原子爆弾の製造計画が大規模に行なわれた．原子爆弾では原子炉と違って高速中性子の核分裂を連鎖反応式にやらせねばならない．それには二つの道が考えられた．一つはウランのなかから238を分離して235だけとりだす．もう一つの方法はウラン238からできるプルトニウム239を分離して取り出すことである．この二つの道が同時に行なわれた．ウラン235の分離は化学的にはできないので，238との質量の差を利用した物理的方法によった．しかしこの分離は，ウランの気体化合物6フッ化ウランを多孔質の壁を通して，拡散させ質量の違いによって分離していく方法や，電磁場で曲げて質量分析器の理屈で行なう方法などがある．

ローレンスは人工中間子をつくろうと思って用意していた大きな電磁石をこれに利用した．いずれにせよこういう大量の同位元素分離は全く初めての大事業で，膨大な電力と複雑な技術と広い面積を必要とした．アメリカのニュー・ディール事業の一つとしてTVAが開拓していたテネシー峡谷の大電力工場がこれに大きな貢献をした．またプルトニウムは天然には生産されない元素であるから，まずウラン238からこれを生産することから始めねばならない．

そのためにシカゴの原子炉の数倍大きな原子炉がつくら

れた．そのなかで発生する強力な中性子によってプルトニウムが生産され，これを親のウランから化学分析によって分離する．このように第1の方法はアイソトープの物理的な大量分離，第2の方法は新アイソトープの大量生産という全く経験のない大事業を展開させた．こうして1945年7月ニュー・メキシコの砂漠で最初の原子爆発の実験が行なわれた．

当時，原子兵器をつくる最初の目的であったナチス・ドイツは1945年5月すでに降服し，原子爆弾を用いる理由はなくなっていた．しかし日本に対して，これが投下される気配があったので，原子力計画に参加した学者64名はジェームズ・フランク報告とともに署名してその投下に対して警告を発した．

それはもしアメリカが秘密にこのような兵器を準備して突然利用した場合，アメリカの安全が将来原子兵器によって脅かされるような事態が起こりかねないという理由によるものであった．彼らは原子力のアメリカによる独占は，いつか必ず破れることを予想していた．科学の発達が世界的な協力によってなしとげられてきて，突然4-5年間孤立させられた場合，どこかで原子力ができたというしらせを聞いただけで追いつけるものである．彼らは原子兵器には有効な防御策がないので無制限の原子兵器製造競争が起これば，世界の文明が破滅するかもしれない．ジェームズ・フランク報告はこうした在米の科学者の責任感の表現であった．原爆が同年8月，広島と長崎に投下された後，原子力についての世論をそだてるために，アメリカのスマイス報告とイギリスの公式報告書が発表された．

そして原子兵器の国際管理は国際連合安全保障委員会で，1946年より1949年まで討議された．

しかしアメリカ案は強力な世界政府権力（ADA）の設立を主張し，ソ連は拒否権を許す国連安全保障委員会の仕事とすることを主張し，たがいに妥協がつかないので，一時休むことになった．その後ソ連で原子爆発が1949年7月に行なわれ，翌年1月にはトルーマン米大統領が水素爆弾の製造計画を発表した．しかし世論はこれに対して深い関心を示した．その一つの傾向はアインシュタインやベーテなどの在米科学者の水爆反対の声明である．1950年2月，ベーテはアメリカは水素爆弾で攻撃を受けた場合でなければ最初にこれを使用しないと発表するように政府に呼びかけた．アインシュタインは原子兵器は世界の人類を全滅させることも可能であるから，世界政府をつくって強力に管理せよと主張した．

これに対してジョリオ＝キュリーやパウエルなど欧州の科学者は世界平和擁護委員会をつくって原子兵器の無条件禁止を主張した．また原子力を平和的に利用する発電や動力用の熱源の研究を要望する声が石炭石油の乏しい国々で盛んである．1948年には放射性アイソトープの生産用の原子炉がイギリスのハーウェルおよびフランスのパリに建設された．その後ノルウェーやベルギーにも原子炉ができ，医療や科学研究用に役立っている．しかし，こうした平和的な原子力の利用は原子兵器の生産によって著しく停滞している.

2　宇宙線・陽電子と中間子の発見

陽電子　宇宙の外から日夜をわかたず絶大なエネルギーの放射線が地球にふり注いでいる. これを宇宙線という. 宇宙線が存在するということを最初に発見したのは空気中の電離の実験の副産物であった. 1900 年にガイテルやウィルソンは電離箱の電極に与えた電荷は絶縁を完全にしても放電することを知った. これは空気の電離によるものと考えられた. ラザフォードはこれをガンマ線よりも強い貫通力の放射線によるものだろうと考えた. ゴッケルは電離箱を高い空にあげてもこの電離が減らないことから, これは地上の放射性物質によるものではないと考えた. 彼は電離箱を気球にのせて 4500 m まであげて測ったのである. ヘスも気球によっていろいろな高さのところでこの電離の強さを測って, ついにこの電離はどうしても地球外からくる放射線からくるという結論を得た. ヘスによると空中の電離は 1400 m の高さで地上より強くなり 4000 m では地上の 6 倍, 5000 m では 9 倍になった. 地球の外から地上 5000 m まで貫通してくるには, この放射線は水に換算して 5.5 m ぐらいの厚さの空気を貫通しており, 地上につくには 10 m ぐらいの水に相当する空気を貫通する. ところがこれまでに知られている X 線やガンマ線は水 1 m もあればほとんど吸収されてしまう．したがってこの放射線の透過力はすばらしいものであることがわかる．これが宇宙線の発見である．

その後第一次世界大戦の後になって，計数管やウィルソンの霧箱によって宇宙線の強さやその生体を研究するようになった．1929年にスコベルツィンは，ウィルソンの霧箱と大きな電磁石を用いて，宇宙線の飛跡がどのくらい曲るかを調べた．ところがこの飛跡はほとんどまっすぐであって，非常に速い荷電粒子であることが明らかになった．

この方法から宇宙線のエネルギーや荷電や質量についての知識を得ることができる．アンダーソンはこの進歩した方法によって，電子と同じ型の飛跡で反対の曲率をもつ飛跡の写真をとった．これが反対方向から通った電子でないことは，一方の側に鉛の板を入れることによって確かめられた．そこでこれは陽電気を持った電子，すなわち陽電子であると考えられた．

陽電子の存在は1928年にディラックがすでに予言していたものである．ブラケットとオキャリーニは霧箱の壁からシャワーのように電子と陽電子が発射している写真をとった．こうして陽電子の発見が確かなものとなった．

陽電子の発見は理論的に非常に重要なものであった．ディラックがスピンをうまく説明できる電子の方程式を相対論的につくりあげたが，負のエネルギーの電子という常識に反する結果に困っていた．そして真空が負エネルギーの電子によって満たされていて，正エネルギーの電子は排他律によって負エネルギーの状態におちこまない．負エネルギーのどこかに穴ができると正の電子ができる．また正エネルギーの電子が穴に飛び込むと，電子と陽電子が消えて光が出る．最初はこの陽電子を陽子とみな考えまちがえたので，ディラックの理論は水素原子が存在することに矛盾するという非難があった．霧箱の実験ではこのように電子と陽電子が対になってできたり，対になって消えて光子ができたりすることが確かめられた．ディラックの電子論が正しいということは，相対論を考慮した量子論の進歩の基礎となった．1929 年クラインと仁科は高速のガンマ線が電子に散乱される公式をこの理論と輻射場の量子論によって計算した．またベーテとハイトラーは電子が加速度をうけたときに光を出す現象（制動輻射）を求めた．これらの式はいずれも非常に高速の電子やガンマ線の物質中の透過力を調べるもとになるものであった．

しかしこの結果を宇宙線に直ちに当てはめてよいかは一つの問題があった．ブラケットの発見したシャワーの現象では，1 個の電子が霧箱のなかの鉛にあたるとシャワーのようにたくさんの正負の電子が発生している．この考えでは，これはちょっと簡単にはクライン－仁科の公式や制動輻射の考えだけで説明できない．1 回に 1 個以上粒子が増える確率は小さいからである．そこで原理的に量子論は宇宙線のような高エネルギーの現象には当てはまらないという説もあった．

ところがバーバーとハイトラーおよびカールソンとオッ

図5　オッペンハイマー

ペンハイマーは，1937年にシャワーは電子対光子のねずみ算式の増殖によるという仮説をたてた．これをカスケード・シャワーの理論という．当時の考えでは，宇宙線は電子が大気の上空にはいってきて，そこで空気の原子核と衝突してカスケード・シャワーをつくると解釈して，大体実験事実を説明できた．

ロッシは1933年，宇宙線の鉛中の吸収率を測定して鉛10 cmで吸収されてしまう成分が30パーセント，鉛1 m以上貫通しうるものが約半分あることを発見した．これによって宇宙線には透過力の弱い成分（軟成分）と貫通力の強い成分（硬成分）があることが明らかとなった．オージェたちは軟成分は電子からなるという説をたてた．カスケード理論をつかえば，軟成分についてのいろいろな事実はよく説明できた．硬成分についてはこれを電子とすれば，ディラックの電子論が成り立たないという説があった．

しかし硬成分が電子でなくて，質量の大きい粒子であってもよいという考えもあった．それは陽子かもしれないと思われた．しかし，電離についての実験から，ブロートやブラケットは硬成分は陽子としては，電離が少なすぎるということを注意した．ついに中間子が発見されてこの問題は解決した．1937年アンダーソンとネッダマイヤーは，霧箱中の宇宙線の飛跡のなかで，電子と陽子の中間の質量を持った粒子を発見した．これは電子よりも貫通力が著しく強く硬成分の大部分を占めると考えられた．またその電離度は陽子と電子の中間であった．こうして量子論は，陽電子と中間子の発見とカスケード理論によってその困難が除かれ，原理的にはどんな高エネルギーまでも適用できると思われた．

オッペンハイマーは，中間子は1935年，湯川によって核力の場の粒子として予言されたものに相違ないと主張した．湯川理論は中間子の発見によって急激に発達した．しかしこれが誤りであったことは坂田・谷川の2中間子仮説によって指摘され，パウエルによって初めて湯川の予言した粒子が発見された．宇宙線の硬成分をなす中間子と核力の場の粒子は質量がよく似ているが少し違うのであった．

中間子　1935年に中間子の存在は湯川によって予言された．これは原子核をまとめている力の場の理論をもとにしたものであった．中性子と陽子よりなる核構造説がハイゼンベルクによって唱えられるや，中性子と陽子をひきつける力，すなわち核力の性質が大きい問題となった．原子核は非常に安定である以上，電気を帯びない中性子と陽電気を帯びた陽子のあいだにはなにか電気的でない力が働くであろう．1930 年代にはいるや，この核力について多くの実験上の知識が急激に蓄積されてきた．ハイゼンベルクは化学の価電子の考えになぞらえて中性子と陽子のあいだには交換力が働くという説をたてた．

そして中性子と陽子は同じ粒子の違った状態にすぎないとみなした．この交換力というのは中性子と陽子が 1 個の電子を交換する可能性を持つことによって生ずるという考えである．フェルミのベータ崩壊理論（1934 年）では，このハイゼンベルクの考えとパウリの中性微子仮説が取り入れられて，中性子が陽子に変わるとともに電子と中性微子が放出されると考えられている．ソ連のタムとイヴァネンコはただちに，この電子と中性微子の 1 対を，中性子と陽子が交換する可能性を持つと仮定して核力を導こうと試みた．しかしその結果は失敗であった．核力は，ベータ崩壊のようなゆるやかな作用ではとうてい説明できないほど強いものであった．核力をただ実験的知識を説明しうるような一つのポテンシャルとして扱う．このような準近接作用論の方針はその後も今日にいたるまで，アメリカを中心とする多くの研究者のなかで守られている．これに反して，湯川の核力論は本質的に核力を場と考える場の量子論であ

図6　湯川秀樹

る．これはフェルミのベータ崩壊の理論とともに一つの革命的な方針であった．

これによれば，核力は質量が電子の200倍くらいで，ボース統計に従う，正または負の素荷電を持つ粒子の場によって媒介される．この場，すなわち中間子または陽子とのあいだの相互作用は非常に強いと仮定する．その相互作用の強さは，電子と電磁場の相互作用より約1桁大きい．このように仮定して核力の知識を定性的には説明することができた．またこの粒子は電子と中性微子との1対に変化しうると仮定すると，強い核力とゆるやかなベータ崩壊が矛盾なく説明できた．それはこの粒子と電子・中性微子との相互作用を適当に弱く仮定すればよいからである．湯川はこの粒子を重量子と名づけた．これが質量の点で宇宙線の硬成分粒子と同じくらいのため，中間子という名をつけて最初同一視されたことは先に述べたとおりである．

この中間子論の必然的な結果として，中間子が自然の状態で現われるにはその質量に相当するエネルギー，1億電子ボルト以上のエネルギーがやりとりされる必要がある．当時成功している実験室の核反応ではこのような高エネルギーは扱えないから，中間子が実験室ではみつからなくても不思議ではない．おそらく宇宙線のなかには中間子は観測されると考えられた．

中間子論のもう一つ重要な結論は中間子の自然崩壊である．インド人のバーバーは，中間子が自然の状態では電子と中性微子に自然崩壊すると考えた．これによって計算すると中間子の平均寿命は 10^{-8} 秒になる．これは湯川理論の非常に新しい特色であった．他方，オージェたちの実験によると，宇宙線の吸収は空気中で斜め方向にはいってくるものが垂直方向のものより率が大きいということがわかっていた．またブラケットは，温度が高いときには地上の宇宙線強度がいくらか少ないことを，中間子の自然崩壊によるものであろうと注意した．直接中間子の平均寿命が実験室で計られるようになったのは1941年以後のことである．

ラセッチやロッシなどは物質中でとまった中間子が崩壊して出す電子または陽電子を計数管をつかって測り，その寿命として約 10^{-6} 秒という値を得た．またエーメルトは山の上の湖の底と地上とに計数管をおいて，ちょうど同じ

図7　朝永振一郎

厚さの物質層の下にもかかわらず，山の湖の方が宇宙線の強度が大きいことを見いだし，相対論の効果を考慮すれば中間子が空気中では自然崩壊する余裕が大きいため，この差が出ると説明した．

ドイツのオイラーとハイゼンベルクは1938年こうした気運のなかで，電子が宇宙線の1次線であるという仮定のもとに宇宙線の実験データの総括的な分析を行なった．これは中間子論の結果を取り入れた点でも，また見通しのよい分類の点でも非常に画期的なものであった．1940年になると中間子の寿命が実験では約10^{-6}秒，理論では10^{-8}秒という食い違いをベーテらが指摘した．そのほか世界各地，とくに日本，イギリス，ドイツ，アメリカの諸国において，中間子論の分析や一般的な理論の研究が盛んになっ

図8　坂田昌一

た．これは一方では素粒子論の形式や基本的な問題の追求を促し，他方では実験の比較によって中間子論の模型や近似の批判をより精密なものとした．

1942年，坂田と谷川は，中間子の寿命や原子核による散乱について理論と実験がいずれも2桁から合わない点を解決するために，宇宙線の中間子と湯川の重量子が別のものであるという仮説をたてた．そして核力の重量子は自然崩壊して宇宙線の中間子になると考えると，上記の困難は一応なくなった．その後第二次世界大戦が終わって最初に現われた注目すべき実験は，イタリアのコンヴェルシらのおそい中間子の吸収実験であった．彼らは正の中間子と負の中間子を分離して，そのそれぞれが種々の物質中，鉄や炭素などでとまった後に崩壊して出す電子を測った．ところが負の中間子は，炭素のような軽い元素中でとまった後，電子を出すことがわかった．さきに湯川理論によって朝永と荒木が計算した結果では，このような場合，負の中間子は崩壊するよりまえに核との相互作用によって核内に吸収されてしまうはずであった．フェルミの再検討によると，中間子はこの実験では中間子と核子間の相互作用が湯川理論より約 10^{-12} 倍も小さいと結論せざるをえない．続いてベーテとマルシャックは1947年，このイタリアの実験と宇宙線についての種々の分析をもとに2中間子論以外に考えようがないと結論した．宇宙線の1次線である陽子が上空で空気の分子と衝突して中間子をつくるときの中間子と原子核の作用は非常に強い．これは地上の中間子の親《おや》であり，地上の中間子はこの上空の中間子の崩壊産物であると仮定する．イタリアの実験を説明するためには，上空の親の中間子は 10^{-8} 秒ぐらいの寿命を持たねばならないと推定した．この2中間子論は直ちにイギリスの実験で確かめられた．

ブリストル大学のパウエルたちは約10年間，写真乾板による原子核や宇宙線の研究を続けてきたが，1947年になって非常に感光度のよい密度の大きい乳剤をくふうして，ついに中間子のような電離度の少ない粒子の飛跡も写すことに成功した．その粒子質量は，乾板にのこる飛跡の銀粒子の密度を勘定して定める．こうして南米のアンデス山脈や南欧のピレネー山脈あるいはアルプスのユングフラウヨッホなどの高地でこの原子核乾板を使って，中間子に2種

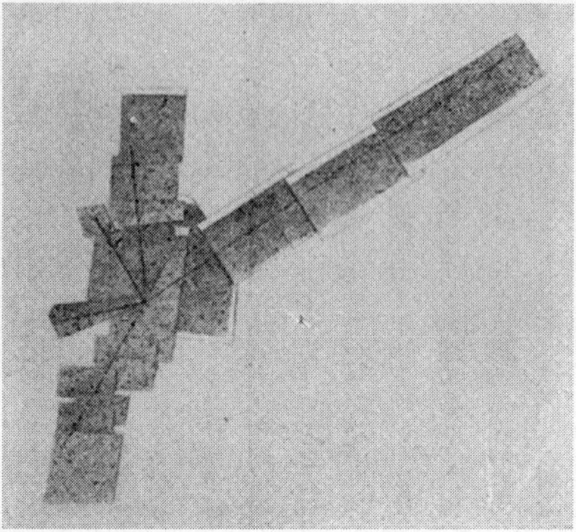

図9 乗鞍山頂（2800 m）観測所にて観測された宇宙線によってつくられたスター.

類質量の違うものがあり，重い方がとまると軽い方をだすこと，重い方が原子核にはいると星形にこれを分裂すること，したがってこれは核力場の湯川中間子であり，宇宙線の硬成分として従来同定されていた中間子は軽い方らしい，などの重要な事実を発見した．原子核と強い作用を持つ場の粒子はついに発見された．これはハイゼンベルク，パウリ，ディラックらの場の量子論と湯川理論の進歩を促す大きな原動力となった．

カリフォルニア大学のローレンスは戦争が終わるやウラニウムの同位元素分離に流用していた大電磁石を持ってかえり，さっそく人工中間子の創造にとりかかった．4億電子ボルトのアルファ線は出だして以来1年をへたが，中間子のできた気配は，はっきりしなかった．1948年の2月になって，パウエルの協力者やラッテスがカリフォルニア大学にやってきて，写真乾板の技術をうえつけた．わずか1週間でガードナとラッテスは写真乾板上に残る人工中間子を発見した．しかもそのようすは宇宙線の場合と同様であって，2種の中間子が明らかに認められた．また人工中間子は宇宙線の場合に比べて10^8倍も強力なために万事知識が正確となった．もはや天から降るのを待たずに実験室で中間子が自由にできるようになったのである．重い方の中間子をパイ，軽い方をミューと名づけることに決まった．パイ中間子は寿命が約10^{-8}秒，ミュー中間子は約10^{-6}秒，その質量は電子に比べて前者が275倍，後者215倍と測定された．

ブリストルのパウエルはイルフォード会社の協力を得て原子核乾板を改良し，ついに電子やその他，非常に速くてこれまで飛跡の写らなかったような粒子の飛跡を写すような乳剤を完成した．これによってブラウン嬢たちは電子の1000倍くらいの質量の中間子が三つのパイ中間子にこわれている写真をとった．またパイ → ミュー → 陽電子という2段の崩壊を一つの写真にとることに成功した．この電子感光性の核乾板はいろいろの応用に使われた．また原子核や宇宙線でも未知の事実の発見を促した．その一つは中性中間子の発見である．中間子に中性のものがあることは，坂田と谷川によって1940年すでに湯川理論の結果と

図10 ブルックヘブン国立研究所（アメリカ）30億電子ボルトのコスモトロン.

して，二つまたは三つのガンマ線に崩壊することまで予想されていた．カリフォルニアのジョクたちは4億電子ボルトの陽子線を銅や炭素などにあてると7000万電子ボルトのガンマ線がそこから出ることを発見し，これによって中性中間子の2個のガンマ線への崩壊を確認した．カプロンたちは気球をあげて，核乾板上に残る中性中間子のガンマ崩壊を確かに認めた．その後，中性中間子の質量は電子の約265倍，寿命は約10^{-14}秒と測定された．

1945年ごろから，ソ連のアリハノフ兄弟は高山中で宇宙線の軟成分の本性を研究した．その結果，軟成分の親は従来の考えのように一つの中間子としただけでは理解できなくて，数十種の中間子（バリトロンと命名）があると結論を出した．バリトロンは電子の質量の 300 倍，500 倍，700 倍，1100 倍あるいは 2000 倍から 3005 倍と広がっていて，これらは自然崩壊をしていると認められた．その後フランスのルプランスランゲは 1949 年，写真乾板を用いて質量が約 $800m$（m は電子の質量）くらいの中間子が，乳剤のなかで六つの枝のあるスターを生じている飛跡を発見した．彼はこれをタウ (τ) 中間子と名づけた．同年にパウエルは上述のように非常に銀粒子の密度の細かい写真乾板を考案して，普通では電離の能力が小さくて飛跡の残らないような高速の粒子の飛跡を写すことに成功した．その結果，質量が約 $1000m$ の中間子がとまって，そこから三つの荷電中間子とおぼしきものが出ているのを発見した．これがスターではないことは，三つの粒子の飛跡が一平面上にあることから推定できる．崩壊粒子の一つは乾板のなかでスターを起こしているのでパイ (π) 中間子と推定され，他の一つはパイまたはミュー（μ）中間子と思われた．その後なかなか重い中間子の飛跡が見つからないので，その存在には深い疑惑がもたれた．

他方イギリスのロチェスターとバトラーは宇宙線のシャワーのなかに二つの V 字形の飛跡を発見し，質量が約 $1000m$ の中性粒子または荷電粒子が自然崩壊していると解釈した．マンチェスター大学のブラケットとカリフォルニア工科大学のアンダーソンは，ウィルソン霧箱によってバリトロンやその他重い中間子の存在をつきとめようと大規模な実験を始めた．彼らは霧箱実験の大家であって，前者はラザフォードとともに多年原子核破壊の実験に功績をあげ，後者は宇宙線中の陽電子や中間子を発見している．アンダーソンたちはやはり霧箱によって海抜 3200 m の高地および海面上で，34 個の V 字形飛跡を発見し，イギリスの実験と同じ結論を導いた．アンダーソンとブラケットとは，この V 字形飛跡を残してゆく未知の粒子の正体がはっきりわかるまで，V 粒子と仮称することに決めた．その後アンデス山脈，ピレネー山脈，あるいはユングフラウヨッホの山頂の高地観測所で測定が続けられ，V 粒子の性質やその自然崩壊のようすがやや明らかになってきた．V 粒子には 2 種類ある．一つは質量が約 $2200m$ で陽子と負中間子に崩壊するもの，他は質量が $800m$ で正負のパイ中間子に崩壊する．後者は，あるいは質量はもっと大きくて，正のパイ中間子と陰子（陽子と質量が同じで荷電が負）に崩壊しているのかもしれない．これらはいずれも中性であり，荷電 V 粒子は数がはるかに中性のものより少ないらしい．1951 年パウエル研究室のオキャリーニは，ユングフラウヨッホ山上の高地観測所で質量約 $1200m$ の荷電粒子を二つ発見した．その飛跡のようすはいろいろに解釈できるが，1 個のミュー中間子と 2 個の中性粒子（たとえば中性微子）に自然崩壊しているというのがもっともらしい結論であった．これはカッパ（κ）中間子といわれる．

1952 年には，さらに新しい中間子が二つ発見された．一つは質量約 $1470m$ で，1 個のパイ中間子と 1 個の重い中性中間子（たとえばタウ）とに自然崩壊すると解釈された．

これはカイ（χ）中間子と名づけられた．もう一つはジータ（ξ）中間子と呼ばれる中性または荷電粒子で，2個のパイ中間子にこわれる．これらの中間子は，まずブリストルのパウエルのグループによって発見された．なおこれらの重い中間子の寿命は，10億分の1秒から100億分の1秒の程度と推定された．宇宙線現象を通観すると，まず10億ないし30兆電子ボルトの高エネルギーの陽子が上空に入射し，次々と空気の原子核を破壊して，多くの素粒子がシャワーのように一度にまたは数度にわたってつくられ，いろいろの素粒子反応を起こしつつ地上に達する．これらの素粒子反応はまだ全貌がつかめず，このさきどれだけ新しい素粒子が発見されるかわからない．

3　素粒子の性質・スピンと統計

原子核や宇宙線の現象では，核反応あるいは素粒子反応という化学反応とは違った新しい変化が中心である．これらの反応はエネルギーが授受される点で化学反応に似ており，また霧箱や写真乾板に残る飛跡から見て普通の粒子の衝突のようなところもある．しかし化学反応では質量のうち，エネルギーに転換するのはその約10^{-6}にすぎないが，核反応ではこの割合は約10^{-3}，また中間子の崩壊や生成などの素粒子反応ではほとんど1に近い．さらに素粒子は衝突の瞬間に消滅して他の素粒子が生まれ，また量子論で解明された波動性と粒子性をそなえている．そこで電子を電磁場の源と見て古典力学と電磁気学を駆使したローレンツ電子論は再検討を要する．ことに核力について，まだ準近接作用論的なポテンシャルの形も完全にわからないので，これを場の理論として建設する中間子論は動揺を重ねている．以下では素粒子の基本的な性質を中心に素粒子の理論の展開にふれる．

パウリの原理と電子のスピン　ボーア‐ゾンマーフェルトの原子構造論が現われたのちは，化学と分光学が原子内の電子の性質を通じて，おたがいに密接に関連して理解されるようになった．ボーアおよびその弟子ハイゼンベルク，パウリ，ディラックらはこれらの問題の研究から進んで，電子の性質やその運動方程式について根本的な発見を積み重ね，素粒子論の基礎を築いた．

ボーアの原子構造論の立場から見ると，化学元素の周期律は原子の安定状態，光学スペクトルは少し不安定な原子の表わす現象と解される．スウェーデンのリュードベリによると，周期律の長さは軽い方から順に 2, 8, 18, 32, …となっているが，これはちょうど $2n^2$（ただし n は正の整数）という形にまとまる．ゾンマーフェルトは，この数列の中の 8 という数が立方体の頂点の数に等しいことになにか意味があるのではないかと想像していた．これはかつてケプラーが惑星の数を正多面体で説明したような「数の内的調和」に引かれた傾向があり，なんらの結果も生まなかった．これに反してボーアは，周期律について大切な数は 8 ではなく，リュードベリの $2n^2$ 式中の2であると考えた．1922年ゲッティンゲンでの原子論の招待講演で，ボーアはとくに次の2点を強調した．

(1) なぜ安定な原子中のすべての電子が最も安定な軌道（K殻）に落ちてしまわないか．換言すれば，なぜ原子内の電子軌道はある数の電子で埋まると閉じてしまうのか．

(2) 電子軌道を埋める電子数について，なぜ2という数が大切な役割を演ずるのか．

ボーアはこれらの疑問の原因となる一般的の原理を探究することが緊要であると説いた．光学スペクトルの方にも，ボーアの原子構造論にとって不可解な問題が顕著になっていた．ランデ（1921年）の異常ゼーマン効果についての実験法則によると，弱い磁場内でナトリウムのD線が2本に分かれる事実は，スペクトル項を構成するさい原子の磁気量子数を半整数2分の1と仮定すれば説明できる．

ところがボーアの原子模型では，電子の軌道運動の角運動量からは整数の量子数しか導かれないのである．また古いローレンツの電子論によっても，磁場内のナトリウムのD線は3本に分かれるはずである．量子論でも古典論でも説明できないこの実験法則に対して，ゾンマーフェルトは原子の閉殻――価電子を除く原子の芯――がこの半整数の量子数の角運動量を持つのではないかと考えた．しかしこの半整数は，やはりボーアの量子論では理解しがたいことであった．この困難の原因は原子模型が不完全なためか，電子軌道を古典力学で扱ったためか，わからなかった．

そのころハンブルクのパウリはコペンハーゲンに留学し，ランデの法則を磁場の強い場合に拡張することに成功した．磁場が強いときには原子の各電子間の相互作用が破れて個々の電子が独立に磁場の影響を表わすので，スペクトル分析が簡単になる．パウリはその結果から見て，スペクトルの不可解な多重度——D線が2本に分かれる——の原因と，電子軌道の閉じる根本原因とはおたがいに深い関連を持つと考えた．

つまりこれら二つの現象は，ともに電子自身の固有の性質によるものである．電子は空間座標についての三つの自由度以外に，第4番目の自由度として，「古典論では記述できないという2という数の量子数」を持つというのである．

ちょうどそのころ，イギリスのストーナーは周期律の副群の電子の分類の改良について研究していたが，次のような非常に重要な実験法則を発見した．それは「磁場内のアルカリ金属スペクトルの1個の価電子のエネルギー準位の数は，これと同じ主量子数の稀ガスの閉殻内の電子数に等しい」．このストーナーの法則と先のランデの法則の研究からパウリは1925年，有名なパウリの原理に思いいたった．

「閉じた副閉殻内を占める電子の複雑な数は，第4番目の自由度を含めて，すべての自由度の量子数を区別し，その副閉殻を分割すると，そのおのおのを占める電子数は1

になる．完全に分割された原子のエネルギー準位は，1個の電子によって占有されると閉じてしまう．二つの電子が全く同じ量子数を持つような原子の量子状態は排除される」．

これはパウリの排他律ともいわれる．新しい量子力学（1925年）の前夜において，この排他律の化学や分光学に対する意義は絶大であった．上述のボーアの投げた二つの疑問はこれで見ると無関係ではなかった．もし排他律がなければ安定な原子内ではすべての電子が最低の状態におち，原子の化学的性質は原子番号とともに単調に変化してゆき，周期性というものは現われないであろう．パウリの原理は物質元素の，周期的な美しい秩序をささえる根本の原理であった．

パウリのいう電子の第4番目の量子数は，はなはだ抽象的なものである．これについてクローニッヒが電子の自転角運動量という考えを提案したが，古典力学的な模型であるとしてパウリは取り上げなかった．しかし，ウーレンベックとハウトシュミットは，(1) 電子が自転の固有角運動量――スピン――を持つ．(2) このスピンの量子数が2分の1である（ただし単位は$h/2\pi$）．(3) スピンによって生ずる電子の磁気能率は $\dfrac{eh}{4\pi mc}$ である，という三つの仮定から，異常ゼーマン効果を説明した．このとき以来，排他律とスピンは切り離して考えないようになった．もとよりスピンを自転と考えるのはパウリの批判にたえないが，後述するような原子のベクトル模型においては，軌道角運動量とスピンをベクトル的に合成するような幾何学的な考案が原子スペクトルの理解に補助的な役割を演じたことはいなめない．以上のようにして，最初に述べたボーアの二つの疑問は，排他律と電子のスピンという形に整理されて，新しい角度からさらに調べられることになった．

量子統計　量子力学ができたのち，ハイゼンベルクは1926年これを応用してヘリウム・スペクトルの難問（パラヘリウムとオルソヘリウムといわれる，二つのおたがいに遷移しないスペクトル項が存在する）をみごとに解決した．まずヘリウムの２個の電子を1,2と名づけよう．原子核の作用だけならば，これらの電子はそれぞれある状態（軌道）a,bにあると考えうる．さらにおたがいの電荷の作用のために，電気的反発力と，おたがいの状態の交換によるエネルギーとがつけ加わる．後者は二つの音叉《おんさ》の共鳴に似た現象である．この場合には電子１がａからｂに移るとともに電子２がｂからａに移り，この交換が規則正しく繰り返され一つの平衡の状態にあるが，この交換によるエネルギーの平均値は0にならない．さて電子には，普通の世界の粒子のように個性がないから，おたがいに区別できないと仮定する．そうして電子１がａに，電子２がｂにある場合とその反対の場合とで，ヘリウムのエネルギーには区別がないはずである．電子１が軌道ａに，電子２が軌道ｂにあるというように，状態を識別することは意味がなくなる．そのために可能な状態の数が減少する．これは交換縮退と

いわれる．このようなことがらを，量子力学で表わすと，一つのエネルギー状態を表わす波動関数ψは，二つの電子1, 2のすべての座標（空間座標とスピン）を交換しても，その絶対値が変わらないということになる．波動関数はその2乗$|\psi|^2$が物理的意味を持つから，その符号の正，負はエネルギーに関係しない．そこで二つの電子のすべての座標を交換したとき，

(1) ψの符号が変わる……反対称組，

(2) ψの符号が変わらない……対称組，

(3) 反対称組と対称組の混成，

この三つの場合が可能である．

他方，上述のように電子はパウリの排他律を満足する．したがって二つの電子はすべての座標について全く同じ状態をとりえない．この要求は，電子が反対称組（1）に属すると仮定しなければみたされない．なぜなれば，二つの電子がすべての座標について全く同じであれば（1）の場合にのみψが0となるからである．そのような対称性に対するきつい制限の物理的な意義はどこにあるのか．これについてはパウリがそのノーベル賞講演（1946年）の中でふれている．

「このような事情は大切な点で私を失望させた．排他律についての私の最初の論文で強調しておいたように，私は排他律をもっと一般的な仮定から導くことができなかった．またその論理的な理由を見つけることもできなかった．今日でも私は，この事情は排他律の一つの不完全さを

表わすものと思っている．もちろん最初のころは新量子力学が，他の多くの半実験的な法則を導きえたように，排他律をも厳密に導きうるという希望を持っていた．ところが電子についてだけは例外が残った．電子には，反対称性以外のすべての対称性を持つ状態が除外されるのである」．

電子の軌道運動とスピンのあいだの相互作用が無視しえるときには，近似的に空間座標とスピンとのおのおのについての対称性を分離して考えることができる．今パラヘリウムとオルソヘリウムは，空間座標だけについてそれぞれ対称および反対称な状態と解釈すれば，スピンについてはパラヘリウムは反対称すなわち0となり，オルソヘリウムは対称すなわち1となる．これらの対称性は外部からの影響によってはこわされないし，対称性の違う状態同士のあいだには，二つの電子を区別するような相互作用がない限り遷移が生じえない．またこの対称性は，時間が経過してもこわされない．このようにしてハイゼンベルクは，ヘリウム・スペクトルの説明について量子力学の多体問題に手をつけたのである．なお，オルソヘリウムとパラヘリウムの準位間のエネルギー差は，上述のように電子の電荷に基づく交換が原因であって，電子のスピン磁気能率に基づくものよりはるかに大きい．これは交換エネルギーといわれ，オルソヘリウムでは斥力，パラヘリウムでは引力となる．1926年，フェルミとディラックは独立に反対称の統計の理論を発表した．これは電子の金属中の伝導や金属の磁性その他の性質の説明に応用されて成功を収めた．

光子の統計　電子以外の粒子の対称性はどうなるか．その第1は光子である．光子は電子のように数個が束縛されているようなことはないが，その多体問題の一例は，熱輻射のスペクトル分布である．周囲の黒体とのあいだのエネルギー交換によって平衡状態に達した空洞輻射を光子の集団とみなし，これにボルツマンの統計を応用してもスペクトル分布式が導かれるはずである．ところが結果は赤外部で近似的に成り立つウィーンの実験式しか出ない．1924年，ボースとアインシュタインは光子の無差別性を仮定することによって正しいプランクの式を導いた．この場合，光子に対しては一つの状態にありうる数に電子の場合のような制限があってはならない．この要求は，光子がちょうど対称組 (2) に属すると仮定すれば満足される．のちにソ連のランダウとイギリスのパイエルスらが指摘したように，対応原理の要求を満たすためにも，光子が対称組 (2) に属することが必要である．対応原理によると一つの量子状態に多数，かつ不定数の光子の存在する極限で光に対して古典論の波動の考えが当てはまらねばならない．この統計をボース（アインシュタイン）の統計という．

なおプランクの式を導くさい，光子の数の和が一定でないという条件が必要である．これは後述するように，光子が電子対に転化する可能性を持つことを考えると納得されよう．

さらに気体の分子の性質のなかにも，上述のような新しい統計の必要が認められるようになった．熱の統計理論では，系のエントロピーはその量子状態の数の対数に比例する．ところがエントロピーが物理的に許されるような1次性を持つためには，気体の数をNとするときこの対数を$N!$で割らねばならない．その理由についてはギブズが非常に難解な証明をした．しかしここで，もし気体については対称組（ボース統計）と反対称組（フェルミ統計）のいずれか一方のみがゆるされると仮定すれば，量子状態の密度はそうでない場合に比べて$N!$だけ小さくなる．つまり自然に存在する気体には，(3) のような統計（ボルツマン統計）は厳密には現われないと考えざるをえない．

理想気体でも，その分子のあいだの平均間隔とそのド・ブロイ波長とが同程度になってくると，対称性の一方だけがゆるされるという統計の効果が現われる［補注R］．この条件は低温で密度の大きい気体に当てはまる．気体分子間に衝突などによるエネルギーの交換がひんぱんになると，このような統計の効果が現われるのである．

原子核のスピンと統計　原子核は磁気的な作用に関係する一つの軸を持つのではないか．このような考えを最初思いついたのはパウリ（1924年）である．この軸に関連して，原子核は一つの小磁石の働きをなし，外側電子との相互作用によって原子のエネルギー準位が微細な変化を受ける．このようにしてパウリは原子スペクトルの超微細構造の説明を試みた［補注T］．

しかしこの試みに対しては反説があった．一つの同位元

原子核 〔補注 S〕	強度の比の測定値	原子核のスピン（単位 $h/2\pi$）	原子核の統計
H^1（水素）	3：1	1/2	フェルミ
H^2（重水素）	2：1	1	ボース
He^4（ヘリウム）	0	0	ボース
Li^7（リチウム）	1.63：1	3/2	フェルミ
C^{12}（炭素）	0	0	ボース
N^{14}（窒素）	2：1	1	ボース
O^{16}（酸素）	0	0	ボース

表1　原子核のスピンと統計の測定（等核2原子分子のスペクトル線の強度交代より推定）.

素の線は単一であっても，原子には数個の同位元素が混合しているので，超微細構造が現われるというのである．各同位元素の質量差はいくらもないが，その電気分極の相異が線の位置を変えるであろう．この説は実際蒼鉛《そうえん》〔ビスマス〕などについて立証された．

その後パウリの説もゼーマンによって，磁場の中でのスペクトル線の変化から実証された．

原子に弱い磁場をかけ，次に磁場を強くしてゆくと，ついには原子核磁石と外側電子の作用が破れ，原子核磁石と外の磁場の作用があらわになる．その結果スペクトル線の超微細構造に変化が現われる．その様子から，そのような原子は実際原子核磁石が0でない値を持つということがわかるのである．

二つの等しい原子から成る分子（等核2原子分子）の帯スペクトルには特別な現象が認められる［補注U］．その線の強さが一つおきに強い組と弱い組とが交代で現われ，しかもおたがいは決して交わらないのである．ハイゼンベルク（1927年）は，これらの二つの組はそれぞれ二つの等しい原子核の座標の交換に対して，電子の波動関数が対称または反対称の性質を持つ場合に相当するのであろうと考えた．この説によると，二つの組が交わらないことは，ちょうどオルソとパラの二つのヘリウム・スペクトルの場合のように，量子力学によってうまく説明できる．同年フントは，原子核は一般にスピンを持つというパウリの説を取り入れて，上述の帯スペクトルの強さの比から，原子核のスピンの値を推定する理論を導いた．実験では，等核2原子分子の帯スペクトルは，等核でない場合に比べて線の一部が消えている．この点をくわしく分析して，原子核の統計とスピンとを同時に実験的に決定する方法を発見した．このような分析法に基づいて多くの原子核の統計とスピンが測定され，次のような規則性が実験的に発見された．

(1) 原子核のスピン量子数は0, 1/2, 1, 3/2, 2, 5/2, …というような整数または半整数の各種の値を持つ．
(2) ボース統計の原子核は必ずスピン量子数が0または整数であり，フェルミ統計の原子核はスピン量子数が半整数である．

とくに注目されたことは，第1に陽子のスピンは2分の1でフェルミ統計に従うことである．この結果，陽子はスピンと統計について電子と同じであることがわかった．第2に，原子核の構成要素が何であるかを決める重要な手がかりが得られた．量子力学によると，複合粒子の統計はその中に含まれるフェルミ粒子の数の和が奇数の時はフェルミ統計，偶数の時はボース統計に従うことが証明できる．なぜならば，このような複合粒子が2個あるとすると，その両方の中の同種粒子を順々にとりかえてゆくと，フェルミ粒子についてはそのたびに波動関数の符号が変わるからである．

さて当時，原子核は陽子と電子から成ると考えられていた．たとえばN^{14}核は陽子14個，電子7個より成る．その質量数は陽子数に等しく，その原子番号は陽子数から電子数を引いた数に等しい．ところがこの説によるとN^{14}核中のフェルミ粒子数は全部で21になる．したがって上述の理論によれば，フェルミ統計に従うはずである．この予想が実験に反することを初めて指摘したのはクローニッヒ（1928年）であった．その後カドミウムについても同様な困難が発見された．この困難は，のちに中性子が発見されるまでは原子核の深い謎の一つと考えられた．さて中性子と陽子より原子核が成るという説をとるとしても，もし中性子がボース統計に従うならばN^{14}核の困難はやはり解決できないであろう．上述の実験によれば，重陽子はスピンが1でボース統計に従う．したがってスピンの保存則から中性子のスピンは半整数であることがわかる．最も簡単な解答としては，中性子のスピン量子数を2分の1とすればよい．現在までのところ，この仮定に大きな矛盾は認められないが，確かではない．いずれにせよ，中性子と陽子より原子核が構成されるという説はスピンと統計についての困難をみごとに説明したのであった．

ハイゼンベルクによると，陽子と中性子はたがいに電気を交換して陽子は中性子に，中性子は陽子となり，これがたえず繰り返されて交換力が働く．陽子と中性子は一つの核子の異なる状態である．このように考えると，核子には位置座標とスピン以外に新たに電気の有無についての自由度が現われる．バートレット（1936年）は核子についてパウリの排他律を当てはめる場合，全体の波動関数は，二つの核子のこの3種の自由度の交換について反対称であらねばならないということを注意した．たとえば重水素核 H^2 はスピン1（対称）で安定であるが，ヘリウム2核 He^2（陽子2個）は同じ状態では安定で実在しない．この事実は上記のように核子の電気の自由度（これをアイソトピック・スピンという）を量子論的に考慮した上で，パウリの排他律を当てはめると説明できる．

ディラックの電子論と真空の再発見　電子のスピンを自転の角運動量とみなす．そしてこれと軌道の角運動量とを古典力学のベクトルのように扱う．これに古典量子論を考慮して原子スペクトルの構造を説明する．こうした立場は原子のベクトル模型といわれる．原子の運動についてこのような直観的なイメージを描くことは，対応原理に基づく前期量子論の方法である．この方法はその制限を念頭におく限り，理論の結果を演繹したり，実験を解釈したり，新しい実験を提案する場合に，簡明な幾何学的な推理を可能にする．事実，量子力学のスペクトル理論はベクトル模型の助けによって著しく促進された．しかしスピンが自転角運動量ならば，その量子数は整数になるはずである．前述のように，パウリは電子のスピンにまつわる半整数は「非古典的な2という数」に基づくものとして「自転」という古典的な思想を批判した．そしてスピンを単に二つの固有値を持つある行列（パウリのスピン行列）で表わす理論をたてた．この2成分量は，普通の角運動量のような3次元空間のベクトルではない新しい量である．同じころダーウィンが電子のスピンを表わすために，波動関数にベクトルのような成分を持たせる考えを出した．のちにこれは電子ではなく，ほかの素粒子（スピン1で質量を持つ）に当てはまることがわかった．

1928年になってディラックの相対論的な電子論が現われて，電子のスピンの問題がはじめて理論的に扱いうるようになった．かつてゾンマーフェルト（1916年）が重水素やヘリウムのスペクトルの微細構造の説明に，電子の質量の相対論的効果を考慮したことがある．先に述べたように特殊相対論の一般的な立場によると，運動法則はおたがいに等速運動をしている観測者から見て同じ形をとらねばならない，つまりローレンツ変換に対して共変性を持つことが要求される．電子波の波長と振動数と電子の運動量とエネルギーを結ぶド・ブロイの関係式はこの要求をみたすが，シュレーディンガー方程式は時間微分と空間微分が対称でなく，したがってこの要求をみたさない．ディラックはそれまでの量子力学の確率振幅の定義，ド・ブロイの電子波の関係，などの物理的な要求と，この特殊相対論の要求とを両立させうるような電子の波動方程式を建設した．これによると，電子の波動関数 ψ はスカラーでもベクトルでもない4成分を持つ必要があることが示された．この4成分の意味は，電子の運動量が与えられた場合，エネルギーの正・負とスピン軸の2つの向きとにそれぞれ対応しうるものである．このような成分はもちろんローレンツ変換に対して共変的で，スピンにちなんでスピノールといわれた新しい量である．パウリの「反古典的な2」という数，あるいは「半整数」スピンの真意は，まさに電子の波動関数の相対論的な新しい性質の現われの中に発見されたのである．

ディラックの電子論は水素原子スペクトルや電子の磁気能率について，首尾一貫した説明を与えた．1929年にはこれを応用してクラインと仁科は，電子によるX線の散乱公式を導いた．

これは宇宙線の分析に貢献した有名なクライン－仁科の公式である．

ディラックの電子論では上述のように負エネルギーが出てくる．負のエネルギーあるいは負の質量の粒子というものは元来実在しないので，ディラックは最初これを理論自身の欠陥と考えた．ところがのちにコンプトン効果のクライン－仁科の公式を出す場合に，負エネルギー状態が間接に重要な役割を果たしていることがわかった．

そこでディラックは（1930 年）真空では負エネルギーの状態がすべて「閉じている」という大胆な思想をたてた．電子にはパウリの排他律が当てはまるとすれば，この真空はこれ以上電子が負エネルギー状態におちてこないから安定で，最低エネルギーの状態となるであろう．もし外部から十分なエネルギーが補給されて，この負エネルギー状態を満たしている電子の海から $-E$ のエネルギーの電子が一つ正エネルギーの状態に飛び上がったとすると，真空の海には孔が一つできる．この孔は真空に比べて電荷 $+e$，エネルギーが $+E$ だけ余分になる．したがって電荷が $+e$ で正エネルギーの粒子と同じ働きをするであろう．ディラックは最初陽子がこれに相当すると推定したが，陽子の質量が電子と同じではないので矛盾が生じた．それでやはり陽電気を持ち，電子と同じ質量の未知の粒子が存在するのであろうという結論に達した．1932 年になってアンダーソンが宇宙線の霧箱撮影によって，電子と質量が同じで電荷が電子と反対符号 $+e$ を持つ粒子の飛跡を発見した．これまさに予想された粒子——陽電子——であった．

光と電気の力学　光と電気についての古典論は，空洞輻射や原子スペクトルの問題で破綻した．前述のように，これらの現象は光と電気の新しい性質——波動性と粒子性の二重性——を暴露するものであった．どのような機構によって原子の周囲にある電子が状態を突然変えるとともに光子が放出または吸収されるのか，いったん放出された光子はどのような法則に従って空間を伝播するのか．これらの疑問に対しては，もはやマクスウェル - ローレンツの電気力学は満足な解答を下すことはできないのである．1927 年ころから数年のあいだは，この新しい内容を盛るにふさわしい電気力学の一般的体系の建設が各国の若い理論物理学者の中心課題となった．

多くの光子のように，同種のボース統計に従う粒子の集団はどうして表わすか．これが光の力学の一つの課題である．ディラックは，これがごく簡単な 3 次元空間の量子化された波動場で表わされることを示した．多くの粒子の波動関数の積の代わりに，それぞれの状態にある粒子の数を変数とするような表わし方をとる．一体問題の波動関数を量子論的なマトリックスと考える．このマトリックスは 3 次元空間の座標をパラメーターとする．そしてこの量子化された波は，一体問題のシュレーディンガー方程式と同じ形の方程式をみたす．一つの状態にありうる粒子の数が 0, 1, 2, 3 ,…と制限がないことは，ボース統計から導かれる．またこのような表わしかたによると，粒子ができたり消えたりするときにも，きわめて簡単に記述することができる．

ヨルダンとウィグナー（1928 年）は，ディラックのこの第 2 量子化の考えを電子に応用した．電子はフェルミ統計に従うので，一つの状態にありうる粒子の数は1または0に限られる．

一体問題のディラックの電子方程式は，その波動関数を量子力学のマトリックスと考えることによって，電子の量子化された波動場の運動方程式と解釈される．「電子が状態を変える」という代わりに，「初めの状態の電子が一つ消えて，その代わりに終わりの状態の電子が一つふえる」と考える．

第2量子化の方法によって，シュレーディンガー方程式やディラック方程式は一体問題の形はしているが，本当はマクスウェル方程式と同じような水準の量子化を持つ波動場の方程式の一つにほかならないことがわかった．さらに第2量子化の理論によって，素粒子とは目に見える粒子と根本的に違って，できたり消えたりする可能性を持ち，その集団的行動は量子的な場の方程式によって表わされることが明らかとなった．

第2量子化の方法の最も大きい成果は，素粒子の統計の表現が直接的になったことである．上述のように，一つの状態にありうる粒子の数がボース統計では0, 1, 2, …と制限がなく，フェルミ統計では0または1に限られる．その結果は直接に，場の量のマトリックスの積の代数関係に表わされる．ボース統計の場では AB−BA というマイナスの形で，またフェルミ統計では AB+BA というプラスの形に場の量子力学の交換関係が定式化される．

上述のように，場の量子論はいくつかの具体的な問題の基礎として大きな役割を果たした．電子の理論から予想された陽電子，ベータ崩壊の理論から予想されたニュートリノおよび核力場の理論から予想された中間子などの新しい素粒子は，場の量子論に豊富な内容を与えた．そこで，場の量子論の数学的な一般論がディラック，パウリ，フィールツ，ヨルダン，ウィグナー，フォックなどの欧州の理論物理学者によって展開されたのである．

まず第1は素粒子のスピンについての一般論である．古典論で電磁場や重力場はベクトルあるいはテンソルで表わされた．他方，電子波はディラックによって発見されたように，スピノールという新しい量で表わされる．これらの場の数学的な性質は群論の助けによって十分調べられている．一つの自由な場は，他種の場との相互作用を無視しうる場合，2次の同次波動方程式をみたす．その一般解は平面波の重なりで表わされる．その平面波は振動数と波数と伝播方向が与えられたとき，さらにいくつの分値（偏光方向）を持つか．数学的な一般論によると，ベクトルやテンソルの場はこの分値の数が奇数であり，スピノールの場は偶数になる．この分値の数は，場の量をマトリックスと見なおしても変化しない．この分値の数を $2S+1$ とおき，この S をもって，その場の素粒子のスピンのとりうる値と定義しよう．そうすると奇数の分値の場は整数スピンの素粒子を表わし，偶数分値の場は半整数スピンの素粒子を表わすことが容易に導かれる．この法則はもちろん陰陽電子・中間子等について当てはまる．

ただし質量が0の素粒子の場は分値がこの法則の値より一つ減少することが証明できる．電磁場の素粒子である光子がこの例である．

ベクトルの場を量子化する場合，フェルミ統計に従うか，ボース統計に従うか．これを理論的に決定するにはなにか一般的な規準がなければならない．これに対してパウリ（1936年）は，ボーアとローゼンフェルト（1933年）が対応原理によって導いた場の量の測定についての次のような性質を利用した．

「おたがいに空間的な位置にある二つの点での場の量は，すべて同時に攪乱されずに測定されねばならない．おたがいの位置が無限小に小さくなったとき，初めて場の量の交換不可能が起こりうる．なぜなら，おたがいに空間的な位置では，測定による攪乱が伝わりえないからである」．

「もしベクトルの場（スピンが整数）をフェルミ統計によって量子化するならば，おたがいに空間的な位置にある場の量が常に交換可能でなくなる」．パウリのこの証明は量子化の性質と相対論的な不変性の要求によって導かれたもので，スピンと統計（対称性）との関連を理解する途上の一つの進歩であった．

スピノール場の場合のスピンと統計の場合はどうか．ディラックの相対論的な電子方程式は唯一の可能な形ではないかもしれない．しかしスピンが2分の1である素粒子の相対論的波動方程式といえば，おそらくディラック方程式の形になるであろう．さて，かようなスピノール場を古典的な場（すなわち電磁場）と同様にボース統計に従って量子化するとどうなるか．前述のようにディラック方程式は負のエネルギー状態を含んでいる．ところで負エネルギー状態を合理的に解釈するには，これを孔と考えるみちがあった．しかしこの粒子がボース統計に従うならば，この孔におちてくることを防ぐ理由が見つけえないであろう．

これに反して，フェルミ統計，したがって排他律によって量子化すれば，孔が一つ埋まれば，もうそれ以上はおちてこない．この場合，正および負の値をとりうる4元ベクトルを粒子の密度の代わりに荷電の密度と解釈し直すならば，系のエネルギーの方は常に正にとりうる．

これらの結論は，任意の半整数スピンの場について当てはまる．

(1) 系のエネルギーが負になってはいけないこと，(2) 1点における粒子の密度という概念を捨て，これを荷電密度で置き換えるべきこと，(3) 真空はすべて負エネルギー状態が埋まって閉じた状態である．

以上の三つの要求を規準として，スピンが半整数の場はボース統計によって量子化することが矛盾を生ずるゆえんが証明された．この結果は，素粒子のスピンと統計の関係を理解するうえの第2の歩みといえよう．

こうして多少，問題は残っていても経験的にわかっていた素粒子のスピンと統計の関係（スピンが半整数のときフェルミ統計，スピンが整数のときボース統計）が原理的に証明された．

自由な場の量子化の理論のこのようなみごとな成果は，対応論的な考えの正しさを裏書するように見える．しかし次の3点では対応論の適用が制限されねばならない．

(1)　場の量は3次元空間で定義されるが，これからつくられる粒子密度は局所的に定義できない．粒子の位置の測定の最小限度は，ガンマ線顕微鏡の思考実験で明らかなように，そのコンプトン波長以下になりえない，光子についていえば，光子の位置はその波長以下に局所化できない．これに反して対生滅の現象に実証されているように，3次元空間の1点における荷電密度は，場の量から定義できることは満足すべきことである．

(2)　ボース統計に従う素粒子は，総数が有限で不定でない特別な場合には，古典的な場に対応させうる．この古典場は時間空間の関数として定義され，その測定が古典的に成り立ちうる．ところがフェルミ統計の場では，その量子的な場の量が対応しうるような古典場は，どのような極限でも存在しえない．たとえば，電子は本質的に非古典的な概念によってのみ記述され得る（古典場の源としての電子は連続分布をなすものとして扱われるが，これは電子の正しい扱いではない）．

(3)　ディラック方程式から明らかなように，電子は最初から多体問題として扱わねばならない．また真空は負エネルギー状態に電子が埋まっているのが安定な，最低エネルギー状態である．このような事情に対応する古典論は存在しない.

パウリがかつて原子スペクトルと周期律の問題をまえにして予想したように，これらの現象は本質的に「非古典論的な」素粒子の本質スピンと統計につながるものであった.

原子線 オーストリア＝ハンガリー生まれの物理学者ラービはハンブルク（独）のシュテルンのところに分子線の磁気の共鳴の実験を学び，アメリカのコロンビア大学に帰って精密な実験にとりかかった．分子線というのは，物質を高温の気体にし小さな孔から取り出すと，その分子は分子運動の続きとして平行な光線のように孔からとび出してゆく．昔アンペールは，磁性は物質内の微小な粒子すなわち原子や分子の電気が回転運動することから生ずると考えた.

1920年にシュテルンとゲルラハはこの原子磁石の方向は外からの磁場に対して，いくつかの方向しかとれないということを発見した．その後アルカリ属原子の線スペクトルの分析から，電子は原子核のまわりの回転運動以外に，スピン（自転）による磁性をも持つことが発見された．スピンによる磁性の強さは，電子の質量に逆比例することが理論的に導かれる．このスピンのために，原子は磁場のなかでは電子の公転と結合した複雑な運動をする．その結果，原子エネルギー準位が微細な項に分岐する．これがスペクトル線の微細構造の一因となる.

蒼鉛などの重い原子核のスペクトル線には微細構造の幅の数パーセントのさらに狭い幅の分岐が測定され，超微細構造と名づけられた．その原因としては，いくつかの質量の違う同位元素が混合しているためであろうという説があり，のちにネオンや水銀についてこれが確かめられた．1925年パウリはこの超微細構造の存在は，原子核が磁性に関する一つの軸を持つと仮定しても説明できると指摘した．原子核がこの軸のまわりに回転して（スピン），磁性を現わす．陽子の質量は電子の質量の1836.6倍であるから，その原子核磁石はそれだけ値が小さい．したがってスペクトル線の超微細構造となって現われるこの原子核磁石の効果はきわめて小さく，スペクトル分析の実験では正確にはかれない．

1933年，シュテルンは分子線の方法でまず水素の磁気能率を測ったところ，理論の予想より約2倍半大きいことを発見した．これをいわゆる異常磁気能率という．他方ラービは磁場のなかに電線の回路をもちこみ，ラジオの受信機と同じ理屈で振動する回路に同調するようにしかけた．そのような磁場のなかに任意の原子線を通すと，原子はある一定の振動数の電波を吸収すると一つのエネルギー状態から他へと飛躍し，その結果方向がぶれてしまう．そこで電波の振動数を変えてゆくと，ところどころ著しい谷ができる．

普通のスペクトル線分析の方法では，原子を外からX線あるいは陰極線などで刺激して，一種の興奮状態（すなわちエネルギーの高い状態）に移させ，そこから放出される光を観測する．ところが磁場のなかで興奮した原子の寿命は短くて約１億分の１秒である．ところが原子線の方法では，原子は興奮しない状態のままで磁場のなかにはいって，ラジオの振動数程度の電波を吸収してのち興奮状態に達すると方向がずれる．興奮しないものはそのまま検出器につく．興奮しない原子は安定であり，実験装置内で原子線の走る距離１m，したがって実験時間は約１万分の１秒である．そこで１億分の１秒対１万分の１秒の割合で，原子線の実験の方がスペクトル分析より正確ということになる．この方法は音《おん》叉《さ》がある一定の振動数の音に共鳴するように，ある一定の振動数の光に共鳴して原子核が興奮することを利用するので，原子線の磁気共鳴法という．この方法は原子核を破壊しないで，原子核の性質を知る最もよい方法であり，また理論的に期待できる最高の正確さを持っている．1939年には，ラービたちはさらに重陽子の４重極能率が 2.73×10^{-27} cm^2 であることを発見した．これは陽子と中性子が重陽子をつくるときの力は双極子的なものであり，重陽子の電荷分布は二つの中心線に扁平であると解釈された．

ブロッホとパーセルたちは原子線の方法を改良し，普通の大きさの物質に２種のコイルをまくだけでその原子核の磁石が測れる方法を発見した．これは原子核磁気共鳴法といわれる．多くの研究者の手によって数多くの原子核の磁気能率が測定された．これによって，原子核は液滴のような模型では説明できない性質を持つことが明らかになった．後にシュミットは原子核も原子と同じような殻構造を持ち，殻はスピン磁気能率を持たないことを仮定すれば，スピンと磁気能率の測定値のあいだにある簡単な関係が説明できることを示した．

1948年マイヤーはこの考えをもとに，原子核にも中性子と陽子と別々に魔法の数があることを導いた．この原子線の方法はさらに豊かな成果を二つあげた．その一つはコロンビア大学のラムとレザフォードの水素スペクトルの微細構造の実験である．これは水素のバルマー線のスペクトル分析から，パスタナックが2S準位がいくらか理論より高いと主張していたのを原子線の方法によって，正確に0.33 cmと計り出したことである．

これをもとに，ベーテは原子核の関係する問題ではなく，水素の電子が自分のつくる，電磁場による反作用のために見かけ上，質量がふえているためであると考えた．朝永とシュレーディンガーは，独立にこの考えを場の理論の相対論的な形式を駆使して，うまく反作用の無限大を分離して残りの小さな補正から，この準位のずれをぴたりと導いた．この計算法は無限大を分離して，しかもその基準が相対論的であることが強みである．もう一つの成果はラービの弟子ナーフェ，ネルソン，クッシュ，フォレらの電子の固有磁気能率の実験である．これはやはり巧妙な原子線または分子線の方法によって水素，重水素，アルカリ属原子などの超微細構造を精密に測定した結果，ごくわずかであるが，すべてに共通な理論との隔たりがあることを見いだした．これは電子が，昔からの予想値よりわずかばかり磁気能率が大きいためであるとすればうまく説明できる．

この変化もまた電子と真空のあいだの反作用の結果，電子の荷電が見かけ上ふえていると考えられる．電子の質量の見かけ上の増加と荷電の見かけ上の増加は，一般に電子と電磁場の作用の問題で，電子または真空がみずからつくる場による反作用に基づくものである．この増加をうまく無限大の量から合理的に分離するという意味で，くりこみ理論といわれている．

4 素粒子の性質・電荷と質量

以上述べてきたように，原子核や宇宙線の現象では，素粒子の行動が問題の中心である．これは直接には，1929年に発見されたハイゼンベルクと，パウリの場の量子論がその考えの基礎になっている．場の量子論というのは，そのもとは電気や磁気の力が伝わる電磁場についての理論から出発している．宇宙間にある物質のあいだで働く力には，結局この電磁場と万有引力とが知られていた．これらの力の場は，相対性理論の法則に根拠を与えたものである．場の量子論では，この場がそれぞれの特徴を持った素粒子の集団であるという考えに進んでいる．そこでいう特徴とは，目に見える粒子の持っているようなものではなくて，質量・荷電・スピン・統計だけが指定でき，エネルギーやこれらの量が保存則に従うように変化する全く同一のものの集団である.

そこで電磁気的な力の働くところでは，電気を帯びた物体間に電磁場が働き，これは光子という素粒子のやりとりが行なわれていることになる．そしてこの光子は質量0・荷電0・スピン1であり，ボースの統計に従う．その存在は前に述べたように，光電効果や，コンプトン効果で実証されている．核子間に働く力についても場の量子論はこれを核力の場としてつかみ，同時に中間子という素粒子の存在を予想するようになった．また陽電子の発見にも場の量子論が役にたったことはすでに述べたとおりである．この場の量子論は考え方としては，このように古典理論との対比によって，すなわち対応論によりできあがっているので，形式的にもまたその論理的な構造も不完全であった．そのために実験に合わない結果が出ても，どこが悪いかよくわからなかったのである.

1943年に朝永振一郎は場の量子論を完全に相対論的な形式を持つようにつくりあげた．これは4次元的な空間の各点での場の満たす朝永方程式の発見を導いた．1945年に坂田昌一は電子の電気がはじけてしまわないで，安定に電子にくっついているのは，なにか新しい凝集力の場があるからであろうと考えた．これにともなう素粒子として，C中間子というものの存在を予想した．朝永はこのC中間子の役割をくわしく分析して，これが実は，電子に対する自分のつくる電磁場の反作用によって質量が増すことの現われにすぎないことを発見した.

先に述べた原子線による原子のスペクトルの微細構造や超微細構造のずれは，こうした電子と電磁場の反作用によるという考えをもとに，うまく説明できた．しかし実はこの反作用による値は無限に大きいので，これが質量あるいは荷電の中にくりこまれているという楽観的な見込みは，将来正しい理論が出るまでは確実なものではない．一般に場の量子論は，一つの場が単独であるときには，素粒子の粒子性や場としての性質を満足に表わすことができるが，二つの場の相互作用には，第1近似ではほぼ正しい値が得られても，高次の近似では，無限に大きい値が得られ，先に述べたくりこみの考えによって分離できない無限大も残っている．とくに中間子と核子や電磁場との相互作用では，著しい困難がすでに認められている．ことに中間子は，場の量子論によって予想された新粒子であるから，中間子についての完全な説明ができるかどうかは，場の理論の最も大きい試金石である.

ふりかえってみると，ギリシアの時代から19世紀の末まで，永久不変で，かつ窮極の単位と考えられていた原子が多様な同位元素から成り，内部構造を持ち，その原子の中心にある原子核がさらに内部構造を持つということが明らかとなった．素粒子についても，現在は物質の窮極の単位であると考えられているが，将来素粒子の多様性や内部構造が発見されないとは限らない．しかし，こうして無限に繰り返していくのではないということも想像される．その理由は電子にしても中間子にしても，全くおたがいに区別のない無数のものの集団である．またこれらは他の素粒子に転化したり，全質量すら生成消滅する．そこで，素粒子に内部構造があるとしても，再びなにとなにから，なにができているというようなものばかりでないかもしれない．われわれの知識は，素粒子にいたって，物質の窮極の単位にほど遠からぬところまで近づいているといってよいかもしれない．しかし新しく重い中間子やV粒子などが続々発見されている．したがって今日の知識よりも将来得られる知識の方が，素粒子についてはまだ多いのかもしれない．

異なった素粒子は異なった波動方程式に従う．前述のように，一つの波動方程式は素粒子の統計とスピンの価によってその性質が決まる．素粒子の質量は波動方程式のなかで偶然的な役割しか占めていない．陽子と電子とはスピンが同じであるから，質量は違うけれども同じ形の波動方程式に従う．こうしてみると現在の理論では，素粒子のスピンは統計と関連してよく理解されているが，質量は単なるパラメータとしか扱われていない．なぜ中性子が電子の質量の1840倍の質量を持つか．理論的にこれを説明することはできない．場の量子論は，素粒子のスピンがどういう値を持ちうるかということは正しく予言できるが，どのような質量の中間子がなん個あるかということは予言できない．これについては，現在はまだ自然から学ぶべき段階である．

素粒子の性質について*)

次に述べるところは本文の補遺として掲げたものである．場の量子論は本文155ページ以降で述べたように，自由な素粒子の性質——スピンと統計——については統一した見通しを与えた．ところが素粒子の電荷と質量については計算の結果が無限大になり物理的に矛盾を生ずる．電子と電磁場の相互作用の大きさ，すなわち電子の電荷を小さいとして摂動の近似を最初でやめると大体実験にあう結論が得られるが，高次の補正まで計算するとかえって無限大になる．素粒子の質量やいろいろな過程の確率が無限の補正をうける．この困難の原因にはエネルギーの高い素粒子の生滅とか空間的に小さい領域での現象が関係している．ハイゼンベルクは場の量子論には適用限界があり，ある最小の長さ以下ではだめになるとして，正しい彼岸の理論のわくについて考究した．他方，現在の理論形式を必然的な方向に拡張し，困難の原因を内容的に分析するというみちもある．朝永，シュヴィンガー，ファインマンの量子電気力学はこうした道に沿う発展と精密分光学との成果である．

まず朝永博士によって理論形式が相対論化された．その要点をあげると，

(1)　**相互作用表示**　ハイゼンベルク，パウリの場の量

---

*）〔編集部注〕 本節は，中村誠太郎によって執筆されたもので原本の付録「月報」に収められたものである．

子論は同じ時間の場の量の交換関係と，違った時間の確率振幅をつなぐ波動方程式とが基礎になる．これに対して適当な座標をとれば，自由な素粒子の運動学と相互作用による素粒子の力学とに分けて考えうる．この分離はローレンツ変換に対して不変性を保つので相対論的に普遍性をもち，また相互作用を直接取り出しているので実際の計算に適している．この座標は最初ディラック，フォック，ポドゥルスキイが考えついたもので相互作用表示という．

(2)　**共変形式**　相対論では時間と空間は物理現象に結びつけて対称的に扱う．ディラックと湯川博士らは，時空の対称性を最も一般的に考慮した場の理論として，4 次元世界の閉曲面全体での観測を論じた．この思想はのちに非局所場の理論（1 点だけで場がきまらぬという立場の場の理論）として展開された．しかし相対論の要求をみたすだけなら，時間のあとさきの区別がつかぬ範囲つまり空間的な曲面上で量子論の同時的観測を考えれば十分である．違う時間をつなぐ法則の代わりに，違う空間的曲面をつなぐ法則をみつけるのが時空の対称性にかなう．朝永博士はこの立場で 4 次元世界の 1 点で確率振幅のみたすべき波動方程式——朝永方程式——を発見した．これは多くの電子に固有の時間を考えるディラックの多時間理論をすべての場の量に拡張したもので，連続無限個の時間を含む連立の形をとるので超多時間理論と命名された．自由な素粒子のローレンツ不変な状態を標準とし，ローレンツ不変な相互作用のハミルトニアン密度によって時空の 1 点での，その局所的な変化が与えられる．これは従来空間の各点の場について積分したハミルトニアンを用いる対応論的な形式に対して，共変形式といわれる．共変形式は素粒子の相互作用の局所的構造を明らかにする点で単なる表現形式の改良ではなく，かつて電磁気の実験法則から電磁場の方程式が発見されたときのように本質的な飛躍を含む．

次は場の反作用の効果（無限大）を素粒子の質量と電荷にくりこむ方法の展開である．これは精密分光学によって発見されたディラックの電子論の結果からの微小なずれを，摂動の高次の補正から説明するものである．その要点は，上述の相対論的な場の量子論の形式によって摂動の高次の補正のうち，無限大になる部分をみずからのつくる場の反作用によるものとして分離し，電子の質量や電荷の観測量の中にあらかじめくりこむ立場である．従来，場の量子論では無限大がつきまとうためにできなかった高次の補正を新しく算出することによって，場の量子論が一段と精密化された．場の反作用の分析は古くはローレンツ電子論の電磁質量の思想や，スペクトル線の幅についての減衰作用（実際に光が出ることによって電子の運動が衰える作用）の理論などに始まる．その後ベータ崩壊や中間子について新しい型の素粒子の相互作用が，場の理論の内容を拡張することになった．これらの問題を中心に無限大の困難の分析が進められ，中間子の相互作用では場の慣性（電磁質量）の反作用や減衰の効果が無視できないということが次第に明らかとなってきた．こうした機運が手引となって，電子と電磁場について，まず問題が一つの解決を見ることになったのである．

しかし電子の電荷と質量にくりこまれた，みずからのつくる場の反作用による効果そのものは無限大の値を持つ．将来の正しい理論ではこれが小さい値におさまると予想しているわけであるが，この無限大の分離が相対論的に行なわれているか，それだけでは満足できない将来の理論のどういう近似において，現在見いだされたこの関係が成り立つか．このような対応論の立場から，坂田博士のグループではハイゼンベルクの最小の長さに関連してある種の相互作用の形のみ，くりこみができることを立証した．中間子やベータ崩壊の相互作用は実際くりこみ法が十分な結論を導いていない．これらの問題をめぐっては，なお電荷の凝集力を考える坂田博士らの混合場の理論や，湯川博士の非局所場の理論などが検討されているが，なお問題を今後に残している．

補　注

A　静電単位系 (91 頁)

2つの等量の点電荷 Q を真空中で 1 cm 離しておいたとき，互いにおよぼしあう力が 1 dyn ($=10^{-5}$ N) であるとき，この Q を電気量の単位として 1 静電クーロンと名づける．かつては c. g. s. e. s. u. とよんだ．これで分かるように，静電単位系では長さを cm，質量を g，時間を s を単位に測る．

国際単位系 S.I. におけるクーロンの法則の式は，やや複雑で，電荷 q, q' が距離 r だけ離れておよぼしあう力は

$$F = \frac{1}{4\pi\varepsilon_0}\frac{qq'}{r^2} \qquad \text{(A. 1)}$$

で与えられる．そこで，S.I. における電気量の単位 1 クーロンとは，それだけの電荷 $q=q'$ を真空中で 1 m 離しておいたときおよぼしあう力が 1 N になるというものである．1 クーロンを 1 C とも書く．S.I. では長さを m，質量を kg，時間を s を単位に測る．

ここで，ε_0 は真空の誘電率である．真空の透磁率は $\mu_0=4\pi\times10^{-7}$ kg m/C^2 であり，光速を c とすれば

$$c^2 = \frac{1}{\varepsilon_0\mu_0}$$

が成り立つから，$4\pi\varepsilon_0$ は

$$4\pi\varepsilon_0\cdot\frac{\text{kg m}}{\text{C}^2} = \varepsilon_0\mu_0\times10^7 = \frac{10^{-7}}{c^2} \qquad \text{(A. 2)}$$

とも書ける．

1静電クーロンが q' クーロンに当たるとすれば，静電クーロンの定義をS.I.におけるクーロンの法則の式（A.1）で書いて

$$\frac{1}{10^7 c^{-2} \mathrm{C}^2/(\mathrm{kg\,m})} \frac{(q'\mathrm{C})^2}{(10^{-2}\,\mathrm{m})^2} = 10^{-5}\,N \qquad \text{(A. 3)}$$

となる．いま $c=c'$ m/s として左辺を整理すれば

$$\frac{q'^2}{10^3 c'^{-2}} \mathrm{kg\,m/s^2} = 10^{-5}\,\mathrm{N}.$$

$\mathrm{kg\,m/s^2} = \mathrm{N}$ であるから

$$q' = \frac{1}{10c'}$$

が得られる．1静電クーロンは $1/(10c')$ クーロンにあたる．光速はよい近似で $c=3\times10^8$ m/s とみなせるから，

$$1\text{静電クーロンは大体}\ \frac{1}{3\times10^9}\ \text{クーロンにあたる．} \qquad \text{(A. 4)}$$

したがって，1gの水素を分離すると本文に書かれている電気量 29×10^{14} 静電クーロンは

$$(29\times10^{14}\ \text{静電クーロン})\times\frac{1}{3\times10^9}\frac{\text{クーロン}}{\text{静電クーロン}}$$

すなわち 9.6×10^5 クーロンに相当する．これは1価のイオン1モルのもつ電気量であって，ファラデー定数とよばれる．

B　ビオ－サヴァールの法則（94頁）

電流のつくる磁場に関するビオ・サヴァールの法則は，次のようである．電流の微小部分 $d\vec{s}$ が，そこから $\vec{n}$ の方向に距離 r だけ離れた点Pにつくる磁場は，電流 I を静電単位で測れば

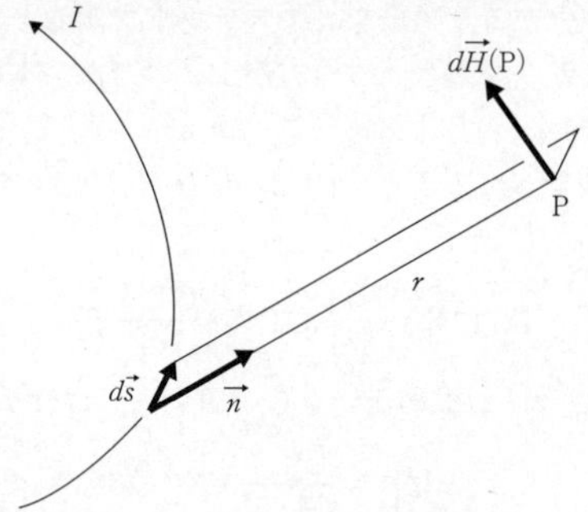

図1　電流素片 $Id\vec{r}$ が，そこから $\vec{n}$ 方向に距離 r だけ離れた点Pにつくる磁場が（B.1）で与えられる．これを電流に沿ってすべての電流素片にわたって加え合わせれば，電流全体がPにつくる磁場が得られる．

$$d\vec{H}(\mathrm{P}) = \frac{I}{c}\frac{d\vec{s}\times\vec{n}}{r^2}. \tag{B.1}$$

ここに現れた c が本文にいう“常数”で光の速さに等しい．磁場の単位はエルステッドである．電流の単位は，静電アンペアで，導線の断面を1sに1静電クーロンが通過するときの電流をいう．

磁場の強さは，次のようにして測る．一様な磁場 H に垂直な直線電流 I にはたらく力は，電流の単位長さあたり

$$f = \frac{1}{c}IH \tag{B.2}$$

である．電流を静電アンペア，磁場をエルステッド，長さをcm，力をdynを単位に測れば，ここでも c は光の速さに等しくなる．この式から電流 I とそれにはたらく力 f を測れば磁場

の強さ H が分かる．磁場をエルステッドで測るときには，単位系は c.g.s.ガウス系といった方がよいのだが，本書ではあいまいにしておく．

c の次元を調べてみよう．(B.2) の H に (B.1) を用いれば，次元式は

$$[\mathrm{MT}^{-2}] = \frac{1}{[c]}(\tilde{\mathrm{C}}\mathrm{T}^{-1})\cdot\frac{\tilde{\mathrm{C}}\mathrm{T}^{-1}}{[c]}\frac{\mathrm{L}}{\mathrm{L}^2}$$

となる．静電クーロンの次元を $\tilde{\mathrm{C}}$ と書いた．これから

$$[c]^2 = \frac{\tilde{\mathrm{C}}^2\mathrm{L}^{-1}}{\mathrm{MT}^{-2}}\cdot\mathrm{T}^{-2}$$

を得るが，右辺に少し細工をして

$$[c]^2 = \frac{\tilde{\mathrm{C}}^2\mathrm{L}^{-2}}{\mathrm{MLT}^{-2}}\cdot(\mathrm{LT}^{-1})^2 \tag{B.3}$$

と書くことができる．静電単位で書いたクーロンの法則（距離 r を隔てた点電荷 Q, Q' がおよぼしあう力の大きさは，静電単位系では $F=QQ'/r^2$）から

$$\tilde{\mathrm{C}}^2\mathrm{L}^{-2} = \mathrm{MLT}^{-2} \tag{B.4}$$

であるから，(B.3) は $[c]=\mathrm{LT}^{-1}$，つまり常数 c が速さの次元をもつことを示す．

なお，(B.4) によれば静電クーロンの次元は M，L，T で表わすことができる．国際単位系では電荷の次元 C を導入するが，静電単位系ではその必要がない．

C　静電単位系（95 頁）

静電単位系については補注 A を見よ．

D　電媒質の中でのクーロンの法則（97 頁）

電媒質（誘電体）の中に距離 r を隔てて点電荷 Q_1, Q_2 をおいたとき，2つがおよぼしあう力は，真空中においた場合と少しちがって

$$F = \frac{1}{k_\varepsilon}\frac{Q_1Q_2}{r^2} \tag{D. 1}$$

となる．これは静電単位系の式である．真空中では $k_\varepsilon=1$ であった．いくつかの例で電媒質の k_ε の値を示そう（気体は 1 気圧）．

NaCl	パラフィン	水 (0℃)	液体酸素 (80 K)	酸素ガス (20℃)	水蒸気 (100℃)
5.9	6.5–5.7	88.15	1.51	1.000494	1.006

クーロンの法則を国際単位系 S. I. で書くと，点電荷 q_1, q_2 の間の距離が r のとき，はたらく力は

$$F = \frac{1}{4\pi\varepsilon}\frac{q_1q_2}{r^2}$$

となる．ε は誘電率とよばれる．その値は，真空中では

$$\varepsilon_0 = \frac{c^2}{4\pi\times10^{-7}\,\mathrm{kg/m/C^2}} = 8.854\times10^{-12}\mathrm{C^2/Nm^2}$$

である．ただし，C はクーロン，c は真空中での光の速さ．誘電体の中では $\varepsilon=k_\varepsilon\varepsilon_0$ となる．

静電単位系だけで一貫する場合には k_ε の代わりに ε と書くことが多い．本書の本文では，そうしている．この補注では国際単位系との比較をするので，静電単位系における k_ε と S. I. における ε を使い分けることにする．

E　磁気変位流（102 頁）

磁場が時間変化すると電場が生ずるというのである．これは次のように言うと，いくらか分かりやすくなるだろうか？

図 3 右で E とあるのを H と置き換えれば，これは電流のまわりに磁場ができるというよく知られた事実を表わす．この電流 J を磁場の時間変化 $\partial H/\partial t$ で置き換えると磁場の代わりに電場ができるというのである．それを図 3 左が表わしている．

マクスウェル方程式を知っている読者は，これが静電単位系における

$$\mathrm{rot}\,\vec{H} = \frac{4\pi}{c}\vec{j} \quad と \quad \mathrm{rot}\,\vec{E} = -\frac{1}{c}\frac{\partial \vec{H}}{\partial t}$$

の対応をいっているのだなと察しがつくだろう（S.I. 単位系では係数 $4\pi/c$ や $1/c$ が落ちる）．$\vec{j}$ は電流密度（ベクトル $\vec{j}$ に垂直な単位面積を単位時間に通過する電気量）である．著者は $\partial\vec{H}/\partial t$ を磁気変位流とよんでいる．本当は，この H は透磁率をかけた B としなければならない．本文の p. 103 で説明される電気変位 $k_\varepsilon E$ に対応する（透磁率）・H は磁気変位とよんでよいであろう．真空中では（静電単位系では）透磁率は 1 だから B は H としてもよい．

磁気の磁気変位流には，電気の方では，本文の p. 104 で説明される変位電流 $\partial\vec{D}/\partial t$ が対応する．$\vec{D}$ は電気変位で $k_\varepsilon\vec{E}$ で与えられる．これらは静電単位系の式である．

F　電気変位（103 頁）

本文に述べられている電気変位に関する仮定は，電気変位が静電単位系で $k_\varepsilon\vec{E}$ である点では $\vec{E}$ に垂直な単位面積 S あたり

$k_\varepsilon E$ だけの電荷が S を通って $\vec{E}$ の向きに移動するということである．しかし，この電気変位によって任意の体積内の電荷は増えも減りもしない．そこで，点電荷 Q を中心に半径 r_1 と $r_2(r_1<r_2)$ の同心球面を考え，それらにはさまれた体積 V を考えると（図 4．ここでは $r_1=1,\ r_2=r$ としている），球面 r_1 を通して $4\pi r_1^2 k_\varepsilon E(r_1)$ の電荷が V 内に移り，球面 r_2 から $4\pi r_2^2 k_\varepsilon E(r_2)$ の電荷が V から外に移る．それによって V 内の電荷が増えも減りもしないのは

$$4\pi r_1^2 k_\varepsilon E(r_1) - 4\pi r_2^2 k_\varepsilon E(r_2) = 0$$

が成り立つときである．これから

$$E(r_1) : E(r_2) = \frac{1}{r_1^2} : \frac{1}{r_2^2}$$

が得られる．つまり，点電荷のまわりの電場の強さは電荷からの距離の 2 乗に反比例して弱くなるということが導かれた．点電荷 $4\pi Q$ を囲む半径 r の球面をとおって $4\pi Q$ だけの電荷が外に出るとすれば，上と同様の考えから，クーロンの法則

$$E(r) = \frac{1}{k_\varepsilon}\frac{Q}{r^2} \qquad \text{(F.1)}$$

が得られる．

普通これは，静電単位では，電荷 Q から“$4\pi Q$ 本”の電束線が出るとして言い表わす．

G　物質中の光速（108 頁）

本文には「物質中の光速は，真空中の光速を電媒常数の平方根で割ったものとなる」としてあるが，詳しくは「電媒常数と透磁率の積の平方根で割ったものになる」のである．ただ，磁

性体でない普通の物質では透磁率が（静電単位系では）1に近いので，本文に書いてあるとおりとなる．

H 電子の電荷（111頁）

電子の電荷の大きさの今日の値 4.803×10^{-10} 静電クーロンは，補注Aで見たように真空中の光速を c' m/s として

$$1\,\text{静電クーロンは}\quad \frac{1}{c'\times10}\,\text{クーロン}\quad\text{にあたる．}$$

のだから，$c=2.998\times10^{8}$ m/s を用いれば，S. I. 単位系では

$$e = 4.803\times10^{-10}\,\text{静電クーロン}\times\frac{1}{2.998\times10^{9}}\frac{\text{クーロン}}{\text{静電クーロン}}$$
$$= 1.602\times10^{-19}\,\text{クーロン} \qquad \text{(H. 1)}$$

となる．

電子の質量の今日の値は $m=9.109\times10^{-31}$ kg であるから

$$\frac{\text{電荷}}{\text{質量}} = 1.759\times10^{11}\frac{\text{クーロン}}{\text{kg}} \qquad \text{(H. 2)}$$

となる．

I 屈折の説明，波動説と粒子説（119頁）

波動説では，光の波面は2次球面波の波面の包絡面であるから，入射角を θ_1，屈折角を θ_2 とし，入射光の速さを c_1，屈折光の速さを c_2 とすれば，図2（a）から

$$\frac{\sin\theta_1}{\sin\theta_2} = \frac{c_1}{c_2} \qquad \text{(I. 1)}$$

となる．

他方，粒子説では，境界面方向の光の速さは変わらないとす

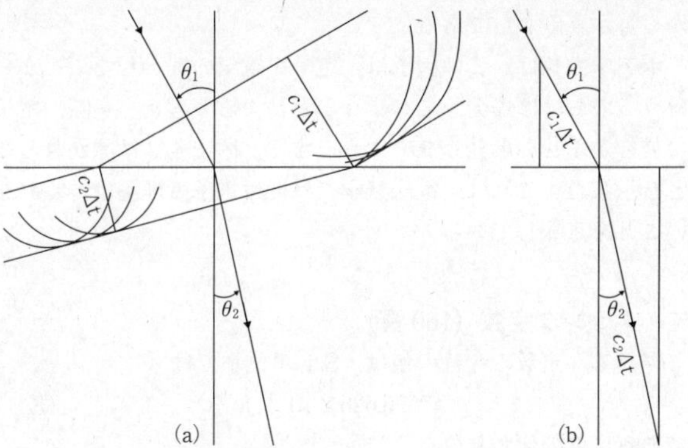

図2 (a) 波動説による屈折, (b) 粒子説による屈折

るから，図2 (b) から

$$\frac{\sin\theta_1}{\sin\theta_2} = \frac{c_2}{c_1} \tag{I.2}$$

となる．

屈折前の速さと屈折後の速さの大小が波動説と粒子説で逆になる．これが本文でいわれている“原理的な差”である．

J 電磁的質量の問題 (152 頁)

この式の右辺の因子 4/3 が電子論の深刻な問題として議論をよんだ．p. 153 に説明されているように，質量とエネルギーの間には

$$(\text{エネルギー}) = (\text{質量})c^2 \tag{J.1}$$

の関係が一般的に成り立つべきことが相対論的な共変性の要請

から導かれるからである.

ポアンカレは，この因子は，電子を電気の塊としたことからほうっておけば爆発してしまうことによると考え，実際，電子に袋をかぶせて爆発しないようにすると因子 4/3 は除かれることを示した．これは，電磁気学だけでは電子の理論はつくれないことを意味している.

K プランク定数（169 頁）

プランク定数の今日の値は，S.I. 単位系では

$$h = 6.626\times10^{-34}\ \mathrm{Js} \tag{K.1}$$

である．この代わりに

$$\hbar = \frac{h}{2\pi} = 1.0546\ \mathrm{Js} \tag{K.2}$$

もよく用いられる．これをディラック定数とよぶこともある.

L 水素原子のエネルギー準位（184 頁）

水素原子のエネルギー準位を $E_n = -R'/n^2$ と書くとき，R' は S.I. 単位系では

$$R' = \frac{m}{2\hbar^2}\left(\frac{e^2}{4\pi\varepsilon_0}\right)^2 \tag{L.1}$$

となる．電子の電荷の S.I. における値は補注に与えられている.

M 電子波の二重スリットによる干渉（273 頁）

二つの孔による電子波の干渉の実験は，ファインマンなどは不可能としていたが，1989 年に日立製作所・基礎研究所の外村

彰らによって実行され，見事な干渉縞が得られた．そればかりか，彼らは検出面で到着する電子1個1個を検出し，電子の点としての到着が積み重なって干渉縞が形成されてゆく過程をも捉えた．次を参照：

外村 彰『量子力学への招待』，岩波書店（2001）．

江沢 洋『量子力学（I）』，裳華房（2002），pp. 71-76.

これらには，電子が検出面に1個，2個と到着するところから到着が集積して干渉縞が形成されるまでの駒どりの写真が載っている．

N　変換行列（287 頁）

たとえば $S_{b'a'}$ は，本文に説明されているように「物理量 A が a' なる値をとる固有ベクトルを，物理量 B が b' なる値をとる固有ベクトルの方向に射影したときの影の長さを表わしている．したがって，(19) 式にでてくる3つの行列要素 $S_{b'a'}, S_{c'b'}, S_{c'a'}$ は互いに異なる行列の要素であって，丁寧に書けば，行列 $S^{\mathrm{B|A}}$ の要素 $S^{\mathrm{B|A}}_{b'a'}$，行列 $S^{\mathrm{C|B}}$ の要素 $S^{\mathrm{C|B}}_{c'b'}, \cdots$ とでも書くべきものである．

O　変換行列（290 頁）

287 頁の補注を参照．

P　仁科芳雄らによる対称核分裂の発見（340 頁）

ハーンとシュトラスマンが 1939 年に発見したのは，

$$^{235}_{92}\mathrm{U}+\mathrm{n} \longrightarrow {}^{141}_{56}\mathrm{Ba}+{}^{92}_{36}\mathrm{Kr}+3\mathrm{n}$$

という，生成核の大きさが著しく異なる“非対称核分裂”であ

った．続いて行なわれた追試でも

$$^{235}_{92}\mathrm{U}+\mathrm{n}\longrightarrow {}^{103}_{42}\mathrm{Mo}+{}^{131}_{50}\mathrm{Sn}+2\mathrm{n}$$

のような非対称な分裂ばかりであった．ここで，元素記号の左肩に書いたのは質量数（陽子と中性子の数の和）で，左下に書いたのは原子番号である．

核分裂の発見の報に接した理化学研究所の仁科芳雄らは，1940 年，いわゆる小サイクロトロンからの重水素をリチウムに当ててつくった速い中性子をウランに当てて崩壊生成物の中に ^{112}Ag, ^{115}Cd, ^{115}In を認めた．これは $^{235}_{92}$U がほぼ等しい大きさに割れたこと，すなわち対称核分裂をしたことを示している．

仁科らは，減速した遅い中性子では対称核分裂はおこらないことを確かめた．

たまたま訪米した矢崎らからこの報告を聞いたセグレらは，直ちに追試をした．参照：

中根良平・仁科雄一郎・仁科浩二郎・矢崎裕二・江沢洋編『仁科芳雄往復書簡集 III』，みすず書房（2007），書簡 1002．1003，1009．1021．

Q 仁科芳雄らによる ^{237}U の発見（341 頁）

^{238}U が中性子を吸収して半減期 23 分の放射性同位体を生ずるというセグレの発表の翌年，理化学研究所の仁科芳雄らは，いわゆる小サイクロトロンによる重水素ビームを Li にあててつくった速い中性子（3 MeV）をウランにあて

$$^{238}\mathrm{U}+\mathrm{n}\longrightarrow {}^{237}\mathrm{U}+2n$$

の反応で ^{237}U ができることを見出した．これは 6.5 日の半減期で β-崩壊するので，セグレの得た同位体とは明らかに違って

いた．これはフェルミらが ^{233}Th を発見し $4n+1$ 崩壊系列の探索を促していたのに応え，系列を n の大きい方に延ばすものであった（^{233}Th では $n=58$，仁科らの ^{237}U では $n=59$）．

仁科らも ^{237}U が β-崩壊をすることから未発見の 93 番元素ができているに違いないと考え，化学的に探索したが成功しなかった．周期律表で 93 番元素の上にある Re と化学的に同じだろうと考えたのが間違いで，89 番からアクチノイド系列が始まることを忘れていた．

仁科らの発見と独立にアメリカのマクミランも ^{237}U を発見し，半減期を 7 日とだしていた．次を参照．

中根良平ら編『仁科芳雄往復書簡集 III』，前掲，書簡 1002．

R　ボース統計の効果（372 頁）

統計の効果が現れる著しい例はボース－アインシュタイン凝縮である．たとえば ^{4}He は圧力 38.65 mm Hg で 1.75 K 以下の低温では凝縮をおこし，すべての原子が運動量最低の状態に落ち（ほとんど止まってしまい），超流動を示す．ルビジウムなど多くの希薄気体で凝縮が観測されている．

電子も，いわゆるクーパー対を組んでボース粒子のように振る舞い凝縮をおこすとして超伝導の理論がつくられた．

S　原子番号と質量数（373 頁）

この表で元素記号の右上に書かれているのは質量数（陽子の数と中性子の数の和）である．今日では，質量数を左肩に，原子番号を左下に書き，たとえば $^{4}_{2}$He，$^{16}_{8}$O のようにする習慣になっている．

T W・パウリと長岡半太郎（373 頁）

原子核を小磁石とするこの 1924 年の論文で，パウリは長岡半太郎・杉浦義勝・三島忠雄の論文（1923）を引用して「原子スペクトルの超微細構造の測定を紫外領域に系統的に広げ，特に水銀について価値ある豊富なデータをもたらした」と言い，「超微細構造の出現を原子核構造の特別な描像にもとづいて異なる同位核の存在に結びつけた彼らの考えは，十分に基礎づけられているとは思わないが，一般的な意味で捉えて試みに採用しよう」とした．

そうして「われわれは（核構造について唯一の特別な仮定として）核は（例外があったら別として）ゼロでない角運動量をもつと仮定しようと思う」という慎重な言い回しで原子核を小磁石と見る理論を展開したのであった．彼は，超微細構造に対する磁場の影響に関して，その理論の結果は長岡と高嶺俊夫の 1914 年の実験によく合うと言っている．次を参照：

板倉聖宣・木村東作・八木江里『長岡半太郎伝』，朝日新聞社（1973），p. 406，pp. 435–437.

U 等核 2 原子分子のスペクトル（374 頁）

参照：朝永振一郎『スピンはめぐる』，みすず書房（2008），第 4 話．

（江沢 洋）

あとがき

ここに『物理の歴史』を読者にお贈りする．中村・高林両氏の3年にわたる労作である．この本を編集してみて私の痛感したことは，この種の本を書くことがなみ大抵の仕事ではないということである．できあがったものはかなりむずかしく，数式などを含んでいて迷惑される読者もおられるかと思うが，数学というものは現在の物理学ではどうしても必要な表現の形式になってしまっているので，これの使用をさけることはどうしてもできなかった．

昔の物理学では数学は単にわれわれの物理的経験事実を精密に表わすために必要なだけのものであって，自然自体は本来通常のことばで記述されうるような構造のものであると考えられていたが，新しい物理では，物理学の対象そのものが通常のことばでは述べえないような性質のものであると考えなければならないようになってきた．

すなわち，物理学の対象が原子とか素粒子とか，日常世界から遠ざかってくると，これらのものは日常われわれが見知っているものとは全く異なったものであることがわかってきて，したがってこれらを日常のことばで表現することが不可能になってしまったのである．このようにして近ごろの物理学者のやりつつあることは，日常生活における概念をばらばらに分解して，次にそれを新しく合成して，それらの物理世界のものを記述するに適した新しい人造語を作るのである．それがすなわち物理学における数学である．この『物理の歴史』を読まれる読者は，物理学のこの新しい性格を十分心にもって読んでいただけたら幸いであると思う．

なお，本書の執筆分担および編者・執筆者の略歴は次のとおりである．

1953年7月

編　者

第1章　運　動　と　力 第4章　量　　子　　論	高林武彦
第2章　電　　磁　　気 第3章　光とはなにか 第5章　原子核と素粒子	中村誠太郎

朝永振一郎　明治39年東京生．京大理学部物理学科卒．現在，東京教育大教授．専攻，原子物理学．著書『量子力学的世界像』『物理学読本』『量子力学』．

高林武彦　大正8年兵庫県生．東大理学部物理学科卒．現在，名大助教授．専攻，量子力学・物理学史．著書『熱学史』．

中村誠太郎　大正2年滋賀県生．京大理学部物理学科卒．東大助教授．専攻，理論物理学．著書『原子力』『原子物理学』（編著）．

解説　『物理の歴史』が出た頃

江沢　洋

この『物理の歴史』は1953年に毎日新聞社から出た．この年は，1945年の敗戦から10年たらずであるが，物理学にとって記憶に残ることの多い年であった．

1953年

湯川秀樹先生のノーベル賞受賞（1949年）を機に1952年，京都大学に湯川記念館ができて基礎物理学の研究活動を活発にはじめた．それを受けて，ここで，この年，1953年に戦後最初の国際会議が理論物理学を主題に開かれ，大きな興奮は物理学界にとどまらず世間にひろがった．民間からの寄付も1千万円を越えたという．今はない科学雑誌「自然」は何カ月にもわたって会議の様子を詳細に報じた．湯川記念館は，日本で最初の共同利用研究所である．日本全国の大学が共同で運営・利用する．乗鞍岳の頂上に近く朝日新聞の寄付で1950年に建てられていた宇宙線の観測小屋は，1953年に東京大学付置の，しかし共同利用の宇宙線観測所になった．宇宙線の中に次々と発見されてきた新素粒子を系統だてる努力の中で，西島和彦先生は中野董夫先生とともに後にストレンジネス（奇妙さ）とよばれるようになる量子数を発見した．

学界の民主化のために1949年に創立されていた日本学術会議で，原子核特別委員会は，大きな加速器をもつ共同利用研究所の創設を1953年5月に提案，早くも10月には政府がゴー・サインを出した．これは1955年に東京大学・原子核研究所として実現，1958年には陽子なら7.5–16, 50.7–57.3MeVに加速できる可変エネルギーのサイクロトロンが完成，1962年には750MeVの電子シンクロトロンも完成し日本で初めて人工のπ中間子の創成に成功した．

この1953年という年に少年Eは大学の3年生，だから上に書いたことは，たいてい雑誌「自然」から仕入れたのである．理論物理学国際会議の興奮は大いに感じ，力学演習の大野公男先生にお願いしてスウェーデンから参加したP.-O. Löwdin先生を教室に呼んで講演してもらった．物理の話ではなく山登りの話だったが，climbingをクラインビングと発音されたのが今も耳に残っている．大野先生は分子構造の理論が専門だった．当時はマイクロ波の実験をしていた平川浩正先生と一緒に1年分の演習問題を冊子にして学年のはじめに配ってくださった．おもしろい問題がたくさんあって，ほかの講義はサボったが，この演習には精勤した．

『物理の歴史』

『物理の歴史』は発売されてすぐに買ったと思う．量子力学の解釈の詳しい吟味が印象的であった．Born の確率解釈は，「電子が各瞬間に位置やエネルギーなどの粒子的諸量の確定した値をもつことを暗黙のうちに認めた上で，ただそれが個々の場合については偶然的であるとしている」から出発して，その不徹底をあばいてゆく．この暗黙の前提を明言した本はなかったし，何よりもこのような執拗な議論は読んだことがなかった．普通の量子力学の教科書には Born の確率解釈を量子力学の到達点のように記述しているものが多いが，この本はそれを明確に否定している．量子力学の解釈の到達点の一つは，観測によって対象の状態が変わることを軸とし，これも 1953 年に出た朝永振一郎先生の『量子力学 II』（みすず書房）にていねいに説明されており，また同じ朝永先生が，これも今はない雑誌「基礎科学」に書いた「光子の裁判」に印象深い語り口で語られていたが，そこへの道程を『物理の歴史』は追っている．

著者の高林武彦先生，中村誠太郎先生には編者の朝永先生とともにお会いしたことはなかったが，ある親しみを感じていた．これも雑誌のおかげで，雑誌「自然」に高林先生は 1949 年の「電子の発見」にはじまる量子力学史の連載をしていたのだ．これを読んで E はすっかり高林ファンになった．先生は，後で知ったのだが，この頃は量子力学を古典的描像で捉える問題に凝っておられたようで，そういえば 1952 年の「基礎科学」に「統計的および流体力学的描像と量子力学」という興味をそそる論文があった．直接にお目にかかったのは，かなり後のことになる．

中村先生も「自然」には1954年の「ビキニの灰の基礎的事実」や1955年の「ウラニウム超爆弾」をはじめいろいろお書きになっていたし，そのほか多くの雑誌でお目にかかった．「ビキニ」というのは，1954年3月，太平洋のビキニ環礁でアメリカが水爆の実験をし，放射性の死の灰が日本のマグロ漁船・第五福竜丸に降りかかったという事件である．中村先生が雑誌「基礎科学」に書かれた「ベータ崩壊と中間子論」も思い出す．ベータ崩壊の理論が先生の専門であった．1954年といえばEは大学4年で，先生の素粒子論の講義を受けた．製本された論文誌を何冊もかかえて教室に現れ訥々と話された．

原子核・素粒子

1955年，Eは大学院に進んだ．この年，Eのクラスは大挙して駒場に民族移動した．

Eは野上茂吉郎先生について中間子論と原子核理論の勉強をはじめた．その傍ら，駒場の図書室に古いドイツの雑誌「ツァイトシュリフト」があるのが嬉しく，量子力学初期の論文を読み耽った．野上先生は風格のある方で，しかも寛大，Eが何をしてもだまって見ていて下さったが，先輩の岩本さんから今の問題に取り組めと注意された．

その頃，たくさんの粒子が足並みそろえて運動する集団運動の量子論が関心を集め，野上先生は動力学的なハートリー理論というアイデアを出された．ハートリー理論というのは，たくさんの粒子が互いに力をおよぼしあっている場合，ひとまずある共通の場 $V(\boldsymbol{r})$ のなかで各粒子が独立に運動するとし，そこで粒子がおよぼしあう力の集団平均が $V(\boldsymbol{r})$ に一致することを要求する理論だが，野上先生が出したのは，原子核が楕円体に変形する振動を考え，そのときは平均場も楕円形に変形する振動をするとして，その振動する場の中での個々の粒子の運動を扱うという理論であった．この魅力的なアイデアを不肖の弟子は発展させることができなかった．後にアメリカに移ったとき Ferrel 教授が同じ理論を立てていることを知り臍をかんだ．野上先生は日本と中国の物理学研究交流の発展のために力を尽くしておられ，われわれも多少のお手伝いをした．

1955 年には京都大学の湯川記念館こと基礎物理学研究所で物理学者と天文学者を集めた天体物理の研究会が開かれ，これがもとになって武谷三男・畑中武夫・小尾信彌の 3 先生による恒星進化の THO 理論ができ，トテモホントトオモエナイといわれた．この年の秋には同じく基礎物理学研究所で素粒子物理の大規模な研究会があり素粒子の坂田モデルを生み出す機縁となった．戸田盛和先生の非線形格子振動理論を導いた研究会がはじまったのは 1956 年である．物理学は活発に動いていた．

1956 年には坂田昌一先生が中国を訪問され，1957 年には日本物理学会から第 1 回訪華物理学代表団が派遣された．中国の物理学者を日本に招くことができたのは 1960 年くらいだったろうか．野上先生と御一緒に中国の物理学者と会う機会があった．通訳を介して話すのがもどかしく，英語で直接に話して野上先生に叱られたのを記憶している．

この頃だったろうか，「素粒子論・若手・夏の学校」を長野県の木崎湖畔で開くことになり，講師の一人として朝永振一郎先生をお招きした．名著『量子力学』を感激して読み，雑誌「基礎科学」で「量子力学的世界像」や「光子の裁判」を読んで感動した尊敬おくあたわざる先生である．「相対性理論では，光を使って時計合わせをすることになっていますが，実際の実験でそのようなことはしないようです．何故でしょうか」といった質問をした．先生のお答えは忘れてしまった．講師のお願いに当時の東京教育大学の学長室に伺ったとき，「まあ，どうぞ」とウィスキーのグラスを出されたことを思い出す．

1956 年，東大に梅沢博臣先生が着任され，E は野上先生にお願いして梅沢研究室に移った．先生は 1953 年に『素粒子論』という魅惑的な，しかし難解な本を出しておられた．その後イギリスに移られ 1956 年に帰国されたのである．先生から教えを受けたのは喫茶店であった．新しいアイデアが生まれると「コーヒーを飲みに行こう」と誘われる．じっくりと聞かされる．こちらは必死に考えて質問する．そういうことの繰り返しだった．話題の一つは超高エネルギー核子の衝突で中間子が多数，爆発的に発生する，いわゆる多重発生であった．もう一つは，くりこみ理論．しかし，それも先生のたび重なる外遊で途切れがちだった.

中間子の多重発生には，当時 Fermi の統計理論とそれを発展させた Landau の流体モデルがあった．統計理論というのは，核子が衝突すると，超高温の中間子ガスが，ちょうど熱輻射のように発生するとして，中間子ガスを統計力学で扱うのである．流体モデルというのは高温のガスが流体力学の方程式にしたがって膨張するという過程を付け加えたものだ．流体力学で扱うには，中間子ガスの状態方程式が必要で，そこから高エネルギーにおける中間子の相互作用が読みとれるだろうという考えから，中間子ガスの状態方程式を導くことが問題になった.

梅沢先生の外遊中だったが，京都大学の基礎物理学研究所の松原武生先生が 1955 年に出していた統計力学に対する Dyson 式の摂動論をこの問題に利用しようと，先輩の友沢幸男さんと考えた．ところが，この理論は 3 次元的な運動量を使って定式化されており相対論的でなかった．これを中間子の問題に応用しようとすると発散積分が出てくりこみが必要になるが，それには 4 次元運動量をつかって理論を相対論的に不変な形にしなければならない．松原理論が 3 次元運動量を用いていたのには理由があって，それは統計力学では Dyson 理論の時間にあたる変数の変域が有限で，運動量の第 4 成分の保存が成り立たないように見えたからである．友沢さんとだいぶ議論をした．夜遅くなると大学の門が閉まってしまい垣根を乗り越えて出ることになる．いや，遅くなる人が少なくなかったらしく，垣根の一定の場所がけもの道よろしく低くなっているのだった．そして，ある晩，用いるグリーン関数にある周期性があって，運動量の第4成分も保存されることを発見した．統計力学のDyson式の摂動論がこれで文字どおり完成し，Feynman式のダイアグラムで計算できることになったのである．

梅沢先生が外遊から帰ったとき，これを得意になって報告したら，当たり前だと言われ，がっかりした．当たり前だから詳しいことは書かなくてよいと言われ，ともかく論文にしたのが1957年である．素粒子論研究室では，中間子論に摂動論を使ったといってさんざんに批判された．当時，摂動論は使えないとして場の理論そのものが不評だった．1955年以来，分散公式がもてはやされていた．

しかし，1953年の日本における理論物理学国際会議のお返しとして1957年にシアトルで開かれた国際会議で梅沢先生が報告したことが契機になりフランスのC. Blochがわれわれの形式を発展させ，ソ連ではAbrikosovらが超伝導の理論に応用して，日本に逆輸入されることになった．そのときには，しかし，われわれの仕事のことは忘れられていた．いつのことだったか，宇宙線の国際会議でソ連の人たちを乗せたバスに添乗したとき，自己紹介したら「おお，あのEか」という声が上がり，バス全体に拍手が広がった．統計力学のFeynman-Dyson形式を完成させた仕事を認めてくれたのである．

梅沢先生に「当たり前だから論文に書かなくてよい」と

いわれたグリーン関数の対称性の証明は，1961年に他のことにかこつけて発表した．一緒に仕事をした友沢さんは，このときはもうアメリカだったろうか．彼は以来，アメリカで活躍している．ついこの間も，ダーク・マターについての最近の実験データは彼の理論にピッタリだというEメイルをくれた．

1956年には，内山龍雄先生が一般ゲージ理論を発表した．これは，ある事情で先生が完成した理論をポケットに入れたままにしていて，1954年に発表されたYang-Millsの理論に先を越された．

ある事情というのは，こうだ．先生は，ちょうどプリンストンの高等研究所に招かれていて，高等研究所から出す論文がないのも困ると考えて，できあがった論文をポケットに入れて研究所に赴いたのであった．研究所に着いてまもなくYangがセミナーで似た論文を発表したのでショックを受け，自分の論文の発表はとりやめた．しかし，Yang-Mills理論がSU(3)という1つの群のみを対象としていたのに対して，内山理論は一般相対論をもゲージ理論として捉える一般的なものであることから思い直して論文を発表した．そういう経緯があったのである．先生とゲージ理論の関わりは戦争中にまでさかのぼり長い．1944年に師である伏見康治先生の見事な報告がある．内山先生は，柔道家を思わせるような体格の持ち主で，大きな声で勇壮に話されたが，繊細な心遣いをされる方であったと聞く．

物　性

1957年には，久保亮五先生の線形非可逆過程の一般論が発表されている．久保理論は，できあがった形を見るといかにもすっきりしているが，そこにたどり着くまでには「物性論研究」誌上で長い歴史があった．

いま「すっきり」と書いたが，この理論にも留保がある．久保理論では，たとえば金属の電気抵抗なら，金属にパルス的な電場をかけて生ずる電流を測り，それから時間 τ の後に再び電流を測って，それが最初の測定値よりどれだけ減衰しているかで抵抗を表わすようになっている．どれだけ減衰するかを理論的に計算すれば金属の電気抵抗が得られるというのである．

久保先生は，論文にこう書いている．「古典物理的には，これに問題はないが，量子論では困難がある．最初の観測を行うと対象の状態が変わってしまうから，第2の観測は別の系をとって行わなければならない」．しかし「ほとんどの巨視的な系では観測による擾乱は無視できると期待される．けれども，そのための正確な条件は知られていない．われわれは擾乱が無視できることを，証明なしに仮定することにしよう」．

実は，この問題は高橋秀俊先生が早くから指摘していた．高橋先生は，電気抵抗（もっと広くインピーダンス）が引き続く2つの電流の測定値の関係で表わされることを1952年に指摘し，同時に量子力学的には観測による擾乱の問題がおこることも述べていた．先生は1953年の理論物理学国際会議でもこの問題をもちだしている．1985年のある対談で先生はこう語っている．「その疑問は依然としてあるわけですけれど，久保亮五さんなどはそんなことはかまわずにいろいろやってゆくとうまくいくから良いのではないかという事ではないかと思います」．いま久保理論を応用して計算をする人たちは，このような問題があったことなど忘れてしまっているだろう．

高橋先生は，これに限らず物理学の原理的な問題を深く考え，深い洞察を示された．たとえば，素粒子論のところで出てきた分散公式の基盤は「原因より先に結果が出ることはない」という因果律にあることや，隣り同士が相互作用する1次元系には相転移がないことなどを1942年に証明している．先生は1915年の生まれだから1942年といえば27歳の若さである．Eは先生の力学の講義を聴いたが，細身で，ずり落ちるズボンを引き上げながら黒板を向いて講義されたのを印象的におぼえている．

それから

1960年代に入ると場の量子論に対する不信がひろがり，この理論から人々は離れていった．しかし，Eはこの理論に対する想いが捨てがたく，ちょうど場の理論の数学的基礎の研究がはじまっていたので，それを勉強してみたいと考えた．その中でvan Hoveの「場の理論のあるモデルにおける発散の困難」という論文に出会い，物理教室の談話会で紹介した.「場の理論の基礎について」という題をつけたので談話会にしては珍しく大入り満員になり，大いに恐縮した．物性理論の大家・小谷正雄先生なども来て下さった．たしかに大げさな題だったが，いまにして思えば，ここで問題にした場の演算子の正準交換関係の非同値な表現の存在は，南部陽一郎先生が2008年のノーベル物理学賞に輝いた対称性の自発的破れにも関係することで，まあ許されるかなと思っている．梅沢先生が場の量子論のセミナーをして本にまとめようといわれた．本の印税をあてにして夕食にご馳走をたべ，それからセミナーをするというのだった．その本は1963年にできた．そこにEは非同値表現のことを書いた．

その年にEはアメリカに渡った.『物理の歴史』が出てから10年になっていた．

*

『物理の歴史』が出た頃の日本の物理学者の群像をというのが編集部からの要請であった．筋を立てる必要から御覧のような構成になり，登場人物はEの周辺に限られることになった．もちろん，日本に物理学者はもっとたくさんいたのである．

2010年2月

（えざわ・ひろし　学習院大学名誉教授）

索　引

ア　行

カ　行

サ　行

タ　行

ナ　行

ハ　行

マ　行

ヤ　行

ラ 行

ワ 行

本書は、一九五三年八月二五日、毎日新聞社より刊行された。

新 物理の散歩道 第3集　ロゲルギスト

高熱水蒸気の威力、魚が銀色に輝くしくみ、コマが起ちあがる力学。身近な現象にひそむ意外な「物の理」を探求するエッセイ。（米沢富美子）

新 物理の散歩道 第4集　ロゲルギスト

上りは階段・下りは坂道が楽という意外な発見、模型飛行機のゴムのこぶの正体などの話題から、物理学者ならではの含蓄の哲学まで。（下村裕）

新 物理の散歩道 第5集　ロゲルギスト

クリップで蚊取線香の火が消し止められる？ バイオリンの弦の動きを可視化する顕微鏡とは？ 噛みごたえのある物理エッセイ。（鈴木増雄）

新版 電子と原子核の発見　S・ワインバーグ　本間三郎 訳

電子の発見に始まる20世紀素粒子物理学の考え方と実験を、具体的にわかりやすく解説したノーベル賞学者による定評ある入門書。写真・図版多数。

宇宙創成はじめの3分間　S・ワインバーグ　小尾信彌 訳

ビッグバン宇宙論の謎にワインバーグが挑む！ 開闢から間もない宇宙の姿を一般の読者に向けて明快に論じた科学読み物の古典。解題＝佐藤文隆

空間・時間・物質（上）　ヘルマン・ワイル　内山龍雄 訳

ヒルベルトを数学の父、フッサールを哲学の母にもった数学の詩人ワイル。アインシュタインを超えて時空の本質を見極めた古典的名著。

空間・時間・物質（下）　ヘルマン・ワイル　内山龍雄 訳

物理的本質への訳者独自の見通しの下に、難解で知られる原書を噛み砕いた、熱のこもった名訳。偉才ワイルの思考をたどる数理物理学の金字塔。

思想の中の数学的構造　山下正男

レヴィ＝ストロースと群論？　ニーチェやオルテガの遠近法主義、ヘーゲルと解析学、孟子と関数概念……。数学的アプローチによる比較思想史。

熱学思想の史的展開1　山本義隆

熱の正体は？　その物理的特質とは？　『磁力と重力の発見』の著者による壮大な科学史。熱力学入門書としての評価も高い。全面改稿。

熱学思想の史的展開2　山本義隆

熱力学はカルノーの一篇の論文に始まり骨格が完成した。熱素説に立ちつつも、時代に半世紀も先行していた。理論のヒントは水車だったのか？

熱学思想の史的展開3　山本義隆

隠された因子、エントロピーがついにその姿を現わす。そして重要な概念が加速的に連結し熱力学が体系化されていく。格好の入門篇。全3巻完結。

力学・場の理論　L・D・ランダウ／E・M・リフシッツ　水戸巌ほか訳

圧倒的に名高い「理論物理学教程」に、ランダウ自身が構想した入門篇があった！　幻の名著「小教程」がいまよみがえる。（山本義隆）

量子力学　L・D・ランダウ／E・M・リフシッツ　好村滋洋／井上健男訳

非相対論的量子力学から相対論的理論までを、簡潔で美しい理論構成で登る入門教科書。大教程2巻をもとに新構想の別版。（江沢洋）

統計学とは何か　C・R・ラオ　藤越康祝／柳井晴夫／田栗正章訳

さまざまな現象に潜んでみえる「不確実性」に立ち向かう新しい学問＝統計学。世界的権威がその歴史・数理・哲学など幅広い話題をやさしく解説。

新 物理の散歩道 第1集　ロゲルギスト

7人の物理学者が夜更けまで白熱の議論。科学少年の好奇心と大人のウイットがまざりあった、日常を科学する洒落たエッセイ集。（江沢洋）

新 物理の散歩道 第2集　ロゲルギスト

ゴルフのバックスピンは芝の状態に無関係、昆虫の羽ばたき、こまの不思議、流れ模様など意外な展開と多彩な話題の科学エッセイ。（呉智英）

マッハ力学史（下）　エルンスト・マッハ　岩野秀明訳

時代を魅了したマッハ哲学の魅力とは？ 思惟経済説とは？ 科学が哲学を凌駕し始めた世紀の、古典力学を通して考察された認識論。上・下巻。

歴史の中の数学　マイケル・S・マホーニィ　佐々木力編訳

数学の歴史にはどのようなドラマがあったのか？ 解析記号や振子時計・計算機にいたる6つの話題で数学思想史のパラダイム・シフトを考察する。

日本の数学 西洋の数学　村田全

和算の特質とは何か。西洋数学との決定的なちがいとは何か。互いの形成の歴史をたどりながら、洋の東西を問わない数学の本質を洞察した名著。

位相のこころ　森毅

微分積分などでおなじみの極限や連続などは、20世紀数学でどのように厳密に基礎づけられたのか。「どんどん」近づける構造のしくみを探る。

現代の古典解析　森毅

おなじみ一刀斎の秘伝公開！ 極限と連続に始まり、指数関数と三角関数を経て、偏微分方程式に至る。見晴らしのきく、読み切り22講義。

数の現象学　森毅

4×5と5×4はどう違うの？ きまりごとの算数からその深みへ誘う認識論的数学エッセイ。日常の中の数を歴史文化に探る。（三宅なほみ）

ベクトル解析　森毅

1次元線形代数学から多次元へ、1変数の微積分から多変数へ。応用面と異なる、教育的重要性を軸に展開するユニークなベクトル解析のココロ。

角の三等分　矢野健太郎　一松信解説

コンパスと定規だけで角の三等分は「不可能」！ なぜ？ 古代ギリシアの作図問題の核心を平明懇切に解説し「ガロア理論入門」の高みへと誘う。

エレガントな解答　矢野健太郎

ファン参加型のコラムはどのように誕生したか。師アインシュタインと相対性理論、パスカルの定理などやさしい数学入門エッセイ。（一松信）

ブルバキ数学史（上）

ニコラ・ブルバキ
村田全／清水達雄／杉浦光夫訳

「構造」の観点から20世紀の数学全体を基礎づけ直したブルバキの理念を、凝縮した形で通覧できる異色の数学史。3篇を増補した決定版文庫。上・下巻。

ブルバキ数学史（下）

ニコラ・ブルバキ
村田全／清水達雄／杉浦光夫訳

数学の各理論の指導的理念や展開過程を、膨大な史料原典を駆使して、背後にある思考様式や哲学を含め考察。「構造主義」哲学の重要な文献。

素粒子と物理法則

R・P・ファインマン／S・ワインバーグ
小林澈郎訳

量子論と相対論を結びつけるディラックのテーマを対照的に展開したノーベル賞学者による追悼記念講演。現代物理学の本質を堪能させる三重奏。

ゲームの理論と経済行動Ⅰ（全3巻）

ノイマン／モルゲンシュテルン
銀林／橋本／宮本監訳
阿部／橋本訳

今やさまざまな分野への応用いちじるしい「ゲーム理論」の嚆矢とされる記念碑的著作。第Ⅰ巻はゲームの形式的記述とゼロ和2人ゲームについて。

ゲームの理論と経済行動Ⅱ

ノイマン／モルゲンシュテルン
銀林／橋本／宮本監訳
銀林／下島訳

第Ⅰ巻でのゼロ和2人ゲームの考察を踏まえ、第Ⅱ巻ではプレイヤーが3人以上の場合のゼロ和ゲーム、およびゲームの合成分解について論じる。

ゲームの理論と経済行動Ⅲ

ノイマン／モルゲンシュテルン
銀林／橋本／宮本監訳
銀林／宮本訳

第Ⅲ巻では非ゼロ和ゲームにまで理論を拡張。これまでの数学的結果をもとにいよいよ経済学的解釈を試みる。全3巻完結。（中山幹夫）

π の 歴 史

ペートル・ベックマン
田尾陽一／清水韶光訳

円周率だけでなく意外なところに顔をだすπ。ユークリッドやアルキメデスによる探究の歴史に始まり、オイラーの発見したπの不思議にいたる。

やさしい微積分

L・S・ポントリャーギン
坂本實訳

微積分の基本概念・計算法を全盲の数学者がイメージ豊かに解説。版を重ねて読み継がれる定番の入門教科書。練習問題・解答付きで独習にも最適。

マッハ力学史（上）

エルンスト・マッハ
岩野秀明訳

古典力学はどこまで科学的か？反形而上学的立場からの根源的検証。アインシュタインの相対性理論を胚胎していた、ニュートン力学批判の古典。

数のコスモロジー　齋藤正彦

数学は言語か？　実数とはなにか？　『線型代数入門』で知られる数学者による、論理とことばが織りなす数の宇宙の魅力をひもとくエッセイ。

ブラックホール　佐藤文隆　R・ルフィーニ

相対性理論から浮かび上がる宇宙の「穴」。星と時空の謎に挑んだ物理学者たちの奮闘の歴史と今日的課題に迫る。写真・図版多数。

もりやはやし　四手井綱英

日本の風景「里山」を提唱した森林生態学者による滋味あふれるエッセイ。もりやはやしと共存した暮らしをさりげない筆致で綴る。（渡辺弘之）

通信の数学的理論　C・E・シャノン／W・ウィーバー　植松友彦訳

IT社会の根幹をなす情報理論はここから始まった。発展いちじるしい最先端の分野に、今なお根源的な洞察をもたらす古典的論文が新訳で復刊。

幾何物語　瀬山士郎

作図不能の証明に二千年もかかったとは！　柔らかな発想で大きく飛躍してきた歴史をたどりつつ、現代幾何学の不思議な世界を探る。図版多数。

宇宙をかき乱すべきか（上）　F・ダイソン　鎮目恭夫訳

若くして相対性理論と量子力学を統合する方程式を発見した物理学の巨人の自伝。芸術、宗教、哲学を含みこんだ壮大なヴィジョンが展開する。

宇宙をかき乱すべきか（下）　F・ダイソン　鎮目恭夫訳

ファインマン、オッペンハイマー等との交流。ヒトという種の未来を宇宙論的視野から考察した人間と科学との関係など。科学教養書の新しい古典。

新式算術講義　高木貞治

算術は現代でいう数論。数の自明を疑わない明治の読者にその基礎を当時の最新学説で説く。「解析概論」の著者若き日の意欲作。（高瀬正仁）

数学の自由性　高木貞治

大数学者が軽妙洒脱に学生たちに数学を語る！　60年ぶりに復刊された人柄のにじむ幻の同名エッセイ集を含む文庫オリジナル。（高瀬正仁）

√2の不思議　足立恒雄

√2とは？　見えてはいるけれどないもの。ないようであるもの。納得しがたいその深淵に、ギリシア人はおののいた。抽象思考の不思議をひもとく！

輓近代数学の展望　秋月康夫

ガウスの整数論からイデアル論へ、そして複素多様体論へ。抽象化をひた走る現代数学の一大潮流を概観する。（飯高茂）

化学の歴史　アイザック・アシモフ　玉虫文一／竹内敬人訳

あのSF作家のアシモフが化学史を？　じつは化学が本職だった教授の、錬金術から原子核までをエピソード豊かにつづる上質の化学史入門。

偉大な数学者たち　岩田義一

君たちに数学者たちの狂熱を見せてあげよう！　ガウス、オイラー、アーベル、ガロア……。少年たちに数学への夢をかきたてた名著の復刊。（高瀬正仁）

数学のまなび方　彌永昌吉

「役に立つ」だけの数学から一歩前へ。教科書が教えない「数学する心」に触れるための、とっておきの勉強法を大数学者が紹介。（小谷元子）

ゆかいな理科年表　スレンドラ・ヴァーマ　安原和見訳

えっ、そうだったの！　数学や科学技術の大発見大発明大流行の瞬間をリプレイ。ときにニヤリ、ときになるほどとうならせる、愉快な読みきりコラム。

算法少女　遠藤寛子

父から和算を学ぶ町娘あきは、算額に誤りを見つけ声を上げた。と、若侍が……。和算への誘いとして定評の少年少女向け歴史小説。箕田源二郎・絵

ヨハネス・ケプラー　アーサー・ケストラー　小尾信彌／木村博訳

混沌と誤謬の中で生まれたケプラー革命とは？　占星術と近代天文学に生きた創造者の思考のゆれと強靭さを、ラディカルな科学哲学者が活写する。

ゲーテ形態学論集・植物篇　ゲーテ　木村直司編訳

花は葉のメタモルフォーゼ。根も茎もすべてが葉である。『色彩論』に続く待望の形態学論集。文庫版新訳オリジナル。図版多数。続刊『動物篇』。

宇宙船地球号 操縦マニュアル
バックミンスター・フラー
芹沢高志訳
地球をひとつの宇宙船として捉えた全地球主義的思考宣言の書。発想の大転換を刺激的に迫り、エコロジー・ムーブメントの原点となった。

ペンローズの〈量子脳〉理論
ロジャー・ペンローズ
竹内薫／茂木健一郎訳・解説
心と意識の成り立ちを最終的に説明するのは、人工知能ではなく、〈量子脳〉理論だ！ 天才物理学者ペンローズのスリリングな論争の現場。

植物一日一題
牧野富太郎
世界的な植物学者が、学識を背景に、植物名の起源を辿り、分類の俗説に熱く異を唱え、稀有な薀蓄を傾ける、のびやかな随筆100題。（大場秀章）

植物記
牧野富太郎
万葉集の草花から「満州国」の紋章まで、博識な著者の珠玉の自選エッセイ集。独学で植物学を学んだ日々など自らの生涯もユーモアを交えて振り返る。

花物語
牧野富太郎
自らを「植物の精」と呼ぶほどの草木への愛情。その眼差しは学問知識にとどまらず、植物を社会に生かす道へと広がる。碩学晩年の愉しい随筆集。

異説 数学者列伝
森毅
ピタゴラスからノイマンまで、数学の歴史をつくった大家30人。悲劇的で喜劇的な数学者の〈人間〉にフォーカスした異色の列伝。（長岡亮介）

クオリア入門
茂木健一郎
〈心〉を支えるクオリアとは何か。ニューロンの発火から意識が生まれるまでの過程の解明に挑む。心脳問題について具体的な見取り図を描く好著。

柳宗民の雑草ノオト
柳宗民・文
三品隆司・画
雑草は花壇や畑では厄介者。でも、よく見れば健気で可愛い。美味しいもの、薬効を秘めるものもある。カラー図版と文で60の草花を紹介する。

柳宗民の雑草ノオト2
柳宗民・文
三品隆司・画
ミズヒキ、ブタクサ、ハルノノゲシ――。雑草には四季の風情が漂う美しさがある。知っているようで知らない路傍の草花60種をまとめた続編。

ちくま学芸文庫

物理《ぶつり》の歴史《れきし》

二〇一〇年四月十日　第一刷発行

編　者　朝永振一郎（ともなが・しんいちろう）

発行者　菊池明郎

発行所　株式会社　筑摩書房
東京都台東区蔵前二―五―三　〒一一一―八七五五
振替〇〇一六〇―八―四一二三

装幀者　安野光雅

印刷所　株式会社精興社

製本所　株式会社積信堂

乱丁・落丁本の場合は、左記宛に御送付下さい。
送料小社負担でお取り替えいたします。
ご注文・お問い合わせも左記へお願いします。
筑摩書房サービスセンター
埼玉県さいたま市北区櫛引町二―六〇四　〒三三一―八五〇七
電話番号　〇四八―六五一―〇〇五三

ISBN978-4-480-09285-4 C142